刘竹林　蒋友源　编著

炼铁原料

LIANTIE YUANLIAO

化学工业出版社

·北京·

本书主要介绍铁矿石、焦炭、熔剂等炼铁主要原料的技术要求、铁矿石入炉前的准备处理、煤粉的炼焦生产、铁矿粉的烧结和造球理论、铁矿粉烧结和球团的生产工艺、烧结新技术、烧结矿和球团矿的质量检验以及炼焦、烧结过程烟尘与粉尘的处理等，内容深度适中，突出实用性。

本书共分7章，即绪论、矿石和熔剂、燃料、铁矿粉烧结的基本理论、烧结生产工艺及设备、球团矿生产、成品矿质量检验及高炉炉料结构。

本书既可作为从事高炉炼铁、烧结及球团研究人员和生产技术人员的参考用书，也可作为高等本科、职业院校冶金工程与冶金技术专业教材及相关人员技术培训教材。

图书在版编目（CIP）数据

炼铁原料/刘竹林，蒋友源编著．—2版．—北京：化学工业出版社，2013.6

ISBN 978-7-122-17265-5

Ⅰ．①炼… Ⅱ．①刘…②蒋… Ⅲ．①炼铁-原料 Ⅳ．①TF52

中国版本图书馆CIP数据核字（2013）第091536号

责任编辑：旷英姿　　装帧设计：史利平

责任校对：蒋　宇

出版发行：化学工业出版社（北京市东城区青年湖南街13号　邮政编码100011）

印　　装：北京科印技术咨询服务有限公司数码印刷分部

787mm×1092mm　1/16　印张13¼　字数307千字　2013年7月北京第2版第1次印刷

购书咨询：010-64518888　　售后服务：010-64518899

网　　址：http://www.cip.com.cn

凡购买本书，如有缺损质量问题，本社销售中心负责调换。

定　　价：32.00元

序　言

现代高炉炼铁过程的高效率（高利用系数、低燃料比、优良的铁水质量和不断延长的高炉工作寿命）是以优质的炼铁原料即所谓的精料为基础的，因此，不断提高入炉含铁原料和燃料的质量与产量，一直是广大炼铁工作者追求的目标。随着 21 世纪的到来，铁矿和煤炭资源的短缺和质量劣化对炼铁工业的制约作用日见明显，要求钢铁企业通过降低能耗减少 CO_2 温室气体排放、改善人类生存环境的呼声日见高涨，相应地也对高炉精料工作提出了更高的要求。

当前，世界范围内在炼铁原料方面的科技进步集中体现在以下两个方面。首先，要求充分利用质量相对较差，但是价格较低的矿石生产出质量能满足高炉冶炼要求的烧结矿和球团矿，利用弱黏结性煤生产出性能优良的焦炭或型煤入炉。其次，要求在铁矿石造块过程中充分利用各种钢铁厂含铁含碳废弃物和废塑料、废轮胎等各种大宗社会废弃物，达到既减少资源浪费，又减少环境污染的目的。

作为长期工作在第一线的高校教师和科研工作者，刘竹林等编著者准确把握了炼铁原料科学进步的脉搏，在所编写的《炼铁原料》一书中对烧结、球团、炼焦等过程的最新研究成果和生产实践经验，都给予了较详细的介绍。通读全书，我深感这是一本不可多得的炼铁原料领域的好书。首先它是一本好的钢铁专业科技参考书，除了对炼铁精料的常识有较详尽的讨论以外，还对与炼铁精料有关的新技术、新工艺尽可能全面地进行了收集和展示，并突出讨论了钢铁厂与环境的关系。同时它也是一本好的专业教科书，为年轻学子全面而又精炼地提供了从矿山、选矿、炼焦、烧结、球团等各个工序的理论、工艺、装备、操作等方面的知识。更为可喜的是，书中还介绍了作者本人关于烧结原料结构和高炉炉料结构优化、烧结简易配料方法等的科研成果和心得。我深信，本书的出版一定会受到包括青年学生在内的广大读者的欢迎。

谨以此为序。

毕学工

前言

入炉原料质量的提高成为当前炼铁技术进步的主要推动力。为强化原料在炼铁过程中的重要作用，作者在参考有关著作、教材、相关文献的基础上并结合自己的工作心得于2007年3月编写了《炼铁原料》。该书第一版得到了广大炼铁工作者及专家的高度评价和认可，同时也提出了很好的意见。为适应炼铁技术的生态化发展，强化丰富节能环保相关知识的传授，特编写了第二版。

本书主要介绍了炼铁主要原料的作用、造块方法与原理、造块设备以及影响产品质量的因素等。具体论述了铁矿石的质量评价和准备处理、焦炭的质量评价与炼焦生产、铁矿粉烧结理论、铁矿粉烧结工艺与设备、铁矿粉球团理论与工艺、烧结矿和球团矿的质量检验方法以及炼焦、烧结过程烟尘与粉尘的处理等。

本书可作为高等院校冶金工程专业教材，也可作为从事高炉炼铁、烧结、球团工作人员技术培训、函授教材以及相关技术人员的参考用书。

本书由湖南工业大学刘竹林、华菱湘潭钢铁集团公司技术中心蒋友源编著，湖南工业大学高泽平、李永清，山西太原钢铁公司炼铁厂冯二莲、李强，江西新余钢铁公司烧结厂彭志强对本书的修订提出了宝贵的建议；全书由中国金属学会和美国钢铁协会（AIST）会员，《炼铁》杂志编委，武汉钢铁（集团）公司技术创新委员会技术专家委员会委员，武汉科技大学首席教授、博士生导师毕学工审稿，武汉科技大学薛正良教授也提出了很多宝贵意见，在此表示感谢。

由于作者水平有限，时间仓促，书中不妥之处在所难免，恳请读者批评指正。

编者

2013 年 4 月

第一版前言

在高炉炼铁理论日趋成熟的今天，入炉原料质量的提高成为炼铁技术进步的主要推动力。为强化原料在炼铁过程中的重要作用，在参考有关著作、教材、相关参考文献的基础上，结合笔者近几年工作的心得，编写了《炼铁原料》这本书。

本书主要介绍了炼铁主要原料的作用、造块方法与原理、造块设备以及影响产品质量的因素等。具体论述了铁矿石的质量评价和准备处理、焦炭的质量评价与炼焦生产、铁矿粉烧结理论、铁矿粉烧结工艺与设备、铁矿粉球团理论与工艺、烧结矿和球团矿的质量检验方法等。

本书可作为从事高炉炼铁、烧结、球团工作人员技术培训、函授教材以及相关技术人员的参考用书，也可作为高等院校本科、高职高专冶金工程专业教材以及供相关人员技术培训使用。

本书由湖南工业大学冶金校区刘竹林、李永清、高泽平编写；山西太原钢铁公司炼铁厂冯二莲、李强，江西新余钢铁公司烧结厂彭志强也参加了本书的编写与书稿的修改；全书由刘竹林统稿。湘潭钢铁公司郭怀魁、文俊雄、唐安山、陈子林参与了稿件的审阅。

全书由中国金属学会和美国钢铁协会（AIST）会员，《炼铁》杂志编委，武汉钢铁（集团）公司技术创新委员会技术专家委员会委员，武汉科技大学首席教授、博士生导师毕学工审稿。非常感谢毕老师在百忙之中认真细致地审阅了书稿并撰写了序言。

由于作者水平有限，书中难免有不妥之处，恳请读者批评指正。

编者

2007 年 3 月

目录

1 绪论

1.1 炼铁原料的种类以及在高炉冶炼中的作用

钢铁材料是国民经济建设和人们日常生活中所使用的最重要的结构材料和产量最大的功能材料，是人类社会进步所依赖的重要物质基础，在经济发展中发挥着举足轻重的作用，现代钢铁工业的水平是一个国家技术进步和综合国力的重要体现。

高炉炼铁仍然是现代炼铁的主要方法，是钢铁生产中的重要环节。这种方法是由古代竖炉炼铁发展、改进而成的。尽管世界各国研究发展了很多新的炼铁法，如直接还原法、熔融还原法等，但直接还原和熔融还原的规模较小，技术也不是很成熟，2007 年直接还原铁全球总产量仅 6700 万吨，熔融还原的产量低于 500 万吨/年。由于高炉炼铁技术经济指标良好，工艺成熟，产量高，劳动生产率高，高炉产铁占世界铁总产量的 90%以上。不同的炼铁方法使用的原料不尽相同，这里主要介绍高炉炼铁原料。

高炉炼铁的原料有铁矿石、燃料、熔剂以及鼓风等，它们在炉内分别起着不同的作用，但相互之间进行了很多物理及化学变化，结果转化成了生铁、炉渣、煤气等高炉主要产品而排出炉外。炼铁原料是高炉生产的基础，原料的质量和性质将直接影响高炉生产指标。所谓“七分原料、三分操作”或者“四分原料、三分设备、三分操作”都说明原料质量在高炉冶炼中的重要性。有专家在总结我国高炉炼铁几十年的技术进步和生产指标的改善时说：70%是得益于炉料质量的改善。因而寻求合理的炉料结构和提高原料质量仍是当今炼铁工作者的重要任务。

铁矿石是铁的主要来源，它的主要成分是铁的氧化物。通过还原剂的还原，把铁氧化物中的铁元素还原出来，构成生铁的主要成分，约为 95%左右。目前高炉铁料主要有烧结矿、球团矿、富块矿。烧结矿又分高碱度烧结矿、自熔剂性烧结矿和酸性烧结矿。烧结和球团是目前两种常用的造块方法。造块的主要目的是提高矿石的品位、机械强度、还原性，并均匀粒度，稳定化学成分等。

燃料在高炉内燃烧产生大量的热量和还原气体，为铁矿石的还原提供了必要条件。目前高炉用燃料按形态分有固体、气体、液体三种，高炉常用燃料有焦炭、煤、重油和天然气。焦炭是从炉顶通过装料设施进入炉内，而煤粉、重油和天然气则是通过风口喷吹进入炉内，从而取代部分焦炭，降低生铁成本。

熔剂也是高炉炼铁不可缺少的原料之一。熔剂一般可分碱性熔剂、中性熔剂和酸性熔剂。由于自然铁矿石都以酸性脉石为主，所以高炉炼铁普遍采用碱性熔剂，一般采用较为廉价的石灰石。当然现在使用石灰石一般不从高炉加入，而是在铁矿造块过程中配加，这样可以降低高炉炼铁的成本。

以前的教科书在讲述炼铁原料的时候一般不提鼓风，严格来说鼓风也是高炉炼铁必需的一种原料。鼓风里的有用成分主要是氧气，在风口前氧化燃料中的碳，产生热量和还原性气体。因此风也是高炉生产必需的原料之一。

1.2 造块方法简介及在炼铁生产中的应用

现代高炉炼铁要求原料要精，即要采用精料。为满足高炉内各区域对原燃料性能的要求，必须在入炉前对天然物料进行精加工，以改善其质量并充分发挥其效用。一般来说，质量优良的原燃料简称精料，采用精料是高炉操作稳定顺行的必要条件。精料的内容可概括为六个字，即高、熟、净、匀、小、稳。

高——品位、机械强度等冶金性能指标高；

熟——熟料率高，即烧结矿和球团矿所占比例高；

净——杂质、粉末筛除干净；

匀——粒度均匀；

小——粒度不宜过大；

稳——化学成分、冶金性能稳定，波动范围小。

铁矿石造块技术是基于采矿过程中产生的粉矿。破碎作业中产生的粉矿，以及选矿过程中产生的精矿，粒度都太细，不能满足高炉冶炼对料柱透气性的要求，所以必须造块以增大粒度。同时，高炉炼铁时为了保证炉内料柱良好的透气性，要求炉料粒度大小适宜而均匀、粉末少、机械强度高，且具有良好的软化和熔滴性能。为了降低炼铁焦比，还要求炉料含铁品位高，有害杂质（S、P 等）少，且具有一定的碱度和良好的还原性能。这些指标要求完会可通过烧结、球团高温造块实现。烧结、球团除能改善铁矿石上述冶金性能外，对于含碳酸盐和结晶水较多的矿石，以及某些难还原和含有有害成分的矿石，均可通过烧结球团高温造块法使有用成分富集和脱除大部分有害或无用成分。钢铁厂内的各种含铁废料，如含铁尘泥与钢渣的综合利用，也可通过烧结球团造块法返回再利用，充分回收含铁金属；而且有试验表明，随着钢渣等回用还可提高烧结矿强度和还原性能，并改善环境质量。

目前人造块状原料的生产方法主要有烧结法、球团法和压团法三种。

（1）烧结法。烧结法是将富矿粉和精矿粉进行高温加热，在不完全熔化的条件下烧结成块的方法。所得产品称为烧结矿，外形为不规则多孔状。烧结所需热能由配入烧结料内的燃料与通入过剩的空气经燃烧提供，故又称氧化烧结。烧结矿主要依靠液相黏结。

（2）球团法。球团法是细精矿粉在造球设备上经加水润湿、滚动而成生球，然后再焙烧固结的方法。所得产品称为球团矿，呈球形，粒度均匀，具有较高强度和还原性。球团矿液相黏结相很少，固相黏结起主要作用。高温氧化焙烧时的热源主要由外部气体的燃烧来提供。

（3）压团法。压团法是将粉状物料在一定外压力作用下，使之在模型内受压，形成形状和大小一定的团块的方法。团块强度主要由添加的黏结剂或粉状物料本身具有的黏结物保持。成型后团块一般还需要某种固结，而化学组成和矿物组成基本上保持原矿特性。

供高炉冶炼用的含铁原料分为生料和熟料。以原矿（一般为富块矿）直接冶炼时，这种炉料称为生料。将多种原料配合并经高温处理的人造块矿称为熟料。由于熟料在形成过程中先完成造渣等过程，在高炉冶炼过程中只进行铁氧化物还原和分离，从而使燃耗大大降低，成本下降，设备生产能力提高，特别是在大型高炉冶炼中尤为显著。所以目前高炉冶炼以熟料为主。20 世纪 70 年代，全世界高炉炉料中，烧结矿平均占 50%，球团矿占 35%，块矿占 15%，其中日本、前苏联和原西德等国烧结矿入炉比达到 80%以上，而美国因球团矿生产量大，烧结矿入炉比仅占 24%左右。

烧结、球团法不仅使粉料成块，还对高炉炉料起着火法预处理作用，熔剂也提前加入，高炉冶炼基本不直接加石灰石，使高炉冶炼容易实现高产、优质、低耗、长寿。高炉冶炼效果随熟料的使用而提高，提高的程度不仅表现于随炉料中熟料率增加而增加，而且还随熟料质量的提高而提高。

(1) 造块产品烧结矿和球团矿物理性能和冶金性能较生矿优良，有害杂质大幅度减少，使高炉冶炼获得良好的技术经济指标。

(2) 充分利用并扩大了有用资源的利用，如富铁矿粉和贫矿经深选得到的精矿粉通过造成块后皆可入炉冶炼。

(3) 可利用工业生产的废弃物如高炉炉尘泥、轧钢皮、硫酸渣、钢渣等。

高炉冶炼的主要燃料是焦炭，它是把炼焦煤粉通过高温干馏而得到的，以提高其适应高炉生产的各种冶金性能，这个过程称之为焦化，实际上是属于煤粉的造块。

1.3 烧结、球团的发展简史

1.3.1 烧结法

Hunting Ton 等在 1897 年申请了硫化铅矿焙烧专利，然后用于生产，主要采用烧结锅设备完成鼓风间断烧结作业。Savelsberg 在 1905 年首次将烧结锅用于铁矿粉鼓风烧结。Penbach 于 1909 年申请用连续环式烧结机烧结铅矿石。1911 年 Dwight 和 Lloyd 首次发明抽风连续带式烧结机用于铁矿粉烧结，即 D-L 型烧结机。1914 年 Greenawalt 发明抽风间断烧结盘用于铁矿粉烧结。从最初间断作业烧结锅到今天普遍采用的连续带式烧结机已经经历了近百年的历史。

带式烧结机因生产能力大而在铁矿石烧结中广泛应用。随着钢铁工业发展，为达到烧结矿产量要求，其烧结机面积也不断增大。例如，日本等国将单机最大烧结机面积从 1970 年开始，已从 $400m^2$、$500m^2$ 扩大到 $600m^2$，台车宽从 4m 增加到 5m。烧结设备大型化是国内外从经济考虑追逐的目标，因为设备大型化，使生产量增大，而设备投资相对降低；同时烧结生产经济效益增大，其相对设备维修和管理费用却大大降低。

建国初期，我国仅有首钢的烧结锅、本钢烧结盘以及鞍钢的 $50m^2$ 带式烧结机。1952 年从前苏联引进当时面积最大的 $75m^2$ 烧结机，而后我国开始自行设计和制造。1970 年起我国设计并制造出 $90\sim130m^2$ 烧结机，20 世纪 80 年代初宝钢引进日本 $450m^2$ 烧结机，经消化和移植，于 20 世纪 90 年代我国已能自行设计和制造该规格烧结机。

自 20 世纪 70 年代以来，为追求高炉冶炼更大的经济效益，烧结技术发展得到了进一步深化。

(1) 加强烧结理论研究　为更好地满足高炉冶炼要求，力求提高烧结矿产品质量，从而强化了烧结理论研究工作。一方面探索和掌握造块工艺规律，提高烧结机利用系数；另一方面研究新的条件下的造块机理，为高炉冶炼提供优良烧结矿，如高碱度烧结矿的生产、低温烧结、料层透气性与质量传递、烧结矿成矿机理等方面的理论研究。

（2）改进并寻找新烧结工艺　主要表现在：改善原料中和，提高混匀效率；改善原料准备工艺（添加生石灰或消石灰，燃料分加，分层布料，强化制粒，小球烧结等）；改进烧结技术（厚料层、高负压、高碱度、低燃耗，混合料预热，富氧和热风烧结，偏析布料与保温）；加强烧结矿整粒，使烧结矿小而匀。近年来我国烧结矿质量明显提高，目前多数钢铁企业的烧结矿品位达到55%以上；SiO_2 含量降低到5%左右，实现了低硅烧结；烧结矿FeO含量7%～10%；采用高碱度烧结，转鼓指数和还原性明显提高。

（3）强调环境保护和重视综合利用　大力提倡采用高效率除尘设备，开发新工艺如烟气循环烧结等，加强烟尘捕集和回收，重新返回到烧结料中利用。坚持在所有产尘源点设置新型收尘设备；对热源和噪声采用隔离和防护措施，改善劳动条件；烧结厂余热利用等。

（4）提高设备自动化和监控水平　烧结生产与产品质量的稳定，与生产过程的自控和监控程度有关。在此方面，国内外已广泛采用了自动配料，对混合料水分、料层透气性与料层厚度、点火温度、烧结终点、烧结矿FeO含量都采用了自动监控装置。

（5）烧结机大型化　逐步淘汰质量差、能耗高、环保效果差的小型烧结机。

1.3.2　球团法

瑞典Andersson于1912年发明了球团法，1913年德国Brackelsberg也有同样发明。二战期间美国针对梅萨比矿区贫矿经深度细选后的铁隧岩精矿制作球团矿进行详细研究，使球团技术获得重大突破，然后在1950～1951年在Ashland钢铁厂完成了第一批大规模竖炉球团生产试验。随后里塞夫矿业公司在明尼苏达州的巴比特建成具有四座竖炉的工业性球团厂。1951年又开始研究带式焙烧机，并于1955年在里塞夫厂建成用带式焙烧机生产球团矿。同时，伊利竖炉球团厂投入生产。随后又研究原用于水泥的链篦机—回转窑设备，直接用加拿大北部的铁隧岩精矿制成生球后，在该设备上进行球团矿生产，最终使这一移植设备获得了成功。

1958年原中南矿冶学院就着手对球团法进行开发研究，于1959年在鞍钢隧道窑进行了球团工业性试验，仅与美国相差4～5年。自1968济钢开发出我国第一座 $8m^2$ 的竖炉以来，至2004已先后建成了76座 $3\sim16m^2$ 的竖炉。20世纪70年代，包钢从日本引进一台 $162m^2$ 带式焙烧机。而后，南京钢铁厂又引进一套处理硫酸渣的链篦机—回转窑球团焙烧设备，并在承德、成都、沈阳自行设计和安装类似设备并投产。到20世纪80年代以后，在本钢新建一台 $16m^2$ 大型竖炉，在鞍钢引进一套 $320m^2$ 带式焙烧机。

球团矿具有优良的冶金性能，因而球团技术发展十分迅速。20世纪60年代以前，生产球团矿主要是美国、加拿大、瑞典等，总年产量约1600万吨。1971年后，已发展到20多个国家，年产量达12000万吨；1982年，世界球团矿总产量增为25600万吨；到目前为止其产量仍在不断增加。表1-1为主要球团矿生产国家及2011年年产量。

有数据显示，2010年全球球团矿产量同比飙升32%，2011年全球球团矿产量同比增长3.5%，达4.16亿吨，创历史新高。2011年继续保持增长反映出许多国家对球团矿需求的持续上扬。铁矿石品位正处于下滑态势，所以目前进行的许多项目会优先选择球团矿。此

表 1-1 主要球团矿生产国家及 2011 年年产量

国家	球团矿产量/百万吨	国家	球团矿产量/百万吨
中国	96.5	智利	3.8
巴西	61.6	荷兰	3.8
美国	45.3	日本	2.9
俄罗斯	35.6	伊朗	2.7
加拿大	21.4	秘鲁	2.4
瑞典	20.2	墨西哥	1.9
乌克兰	20.2	澳大利亚	1.7
印度	10.8	合计	338.1
哈萨克斯坦	7.3		

外，对烧结越来越严厉的环境控制会使得球团矿更具竞争力，昂贵的废钢也正在促进直接还原铁的发展，其生产主要基于球团矿。

当前我国球团焙烧设备类型较齐全，球团产品一般与烧结矿配合使用，占高炉入炉料量约为10%～20%。但在竖炉球团方面，我国却创造出独特的炉型结构，如设置炉内导风墙和炉顶干燥床，已作为我国专利转让给美国伊利球团厂，成功地开发出在竖炉上采用低热值高炉煤气和低压力送风机焙烧高质量球团矿的先例。

高炉强化冶炼给炼铁原料的质量提出了更高的要求，球团矿生产已开始从追求球团矿数量转向提高球团矿质量，降低生产成本和改善工艺，其措施大致有以下几方面。

(1) 研究新的添加剂　膨润土无疑是一种有效的黏结剂，既可提高生球强度和爆裂温度，又可在造球过程中控制水分，故为国内外大多数球团厂使用，但其带入碱金属和其他杂质，对还原有不良影响。目前，荷兰恩卡公司已研究出一种高效有机黏结剂即佩利多（Peridur）代替膨润土，并已投产供应各国。如美国伊利矿山公司球团厂，内陆钢铁公司米诺卡球团厂皆使用，其最佳用量每吨混合料为0.45～0.73kg，且在球团矿高温焙烧时有机物质会烧掉，不留残余物。此外其他新型黏结剂的开发各国仍在继续进行。

(2) 改善球团矿质量　为改善球团矿的冶金性能，日本首先从生产酸性球团矿转向生产自熔性球团矿，以提高其还原性能，瑞典研究出添加白云石或橄榄石的球团矿，以提高其还原和软熔性能，达到防膨胀效果。高炉冶炼表明：这类镁质球团矿与普通酸性球团矿相比，生产吨铁的焦比降低40～50kg，效果明显。

(3) 降低球团矿生产成本　主要通过降低动力和燃料的消耗来实现。实践证明，燃料消耗降低一半以上，工业风机的电耗也相应下降。目前，国外新建球团厂都设有余热回收系统，老厂也进行了改进，目的在于充分回收并利用余热，使成本大大降低。另外，在回热罩内采用喷煤粉提高回流气体温度，降低点火与焙烧带燃油用量使成本下降。焙烧球团矿的热源，用喷煤粉燃烧方法代替液体或气体燃料以降低成本，在美国和日本已取得成功。

思考题

1. 高炉炼铁需要哪些原料？分别有什么作用？

2. 铁矿粉为什么要造块？铁矿石造块有哪几种方法？前景如何？

2 矿石和熔剂

2.1 铁矿石

2.1.1 矿物与矿石的定义

矿物是指地壳中的化学元素经各种地质作用所形成的自然元素或自然化合物。它具有较均一的化学成分和内部结晶构造。大多数矿物都以天然化合物形态存在，少数为天然元素。

矿石和岩石均由矿物所组成，是矿物的集合体。矿石是指在现有的技术经济条件下能从中提取金属、金属化合物或有用矿物的物质总称。矿石又可分为简单矿石和复合矿石。前者是只能从中提取一种有用成分的矿石，后者则可从中同时提取两种或两种以上有用成分的矿石。矿石由有用矿物和脉石矿物所组成。

2.1.2 铁矿石分类及特性

组成地壳的各种岩石中大部分都含铁，已经知道的铁矿石有300多余种，但目前能作为炼铁原料的只有20余种。按照铁矿石的不同存在形态可分为赤铁矿、磁铁矿、褐铁矿和菱铁矿，其主要特性见表2-1。

(1) 赤铁矿　赤铁矿矿物成分为不含结晶水的 Fe_2O_3，理论含铁量为70%，铁呈高价氧化物，为氧化程度最高的铁矿。

赤铁矿的组织结构多种多样，由非常致密的结晶体到疏松分散的粉体。矿物结构成分也具多种形态，晶形为片状和板状。外表呈片状具金属光泽，明亮如镜的叫镜铁矿；外表呈云母片状而光泽度稍差的叫云母状赤铁矿；质地松软，无光泽，含有黏土杂质的为红色土状赤铁矿；以胶体沉积形成鲕状、豆状和肾形集合体的赤铁矿，其结构较坚实。

结晶的赤铁矿外表颜色为钢灰色或铁黑色，其他为暗红色，但所有赤铁矿的条痕检测皆为暗红色。其密度为4.9～5.3t/m^3，结晶完整的赤铁矿硬度为5.5～6.0，其他形态的硬度较低。

赤铁矿所含S和P杂质较磁铁矿要少。呈结晶状的赤铁矿，其颗粒内孔隙多，而易还原和破碎。但因其铁氧化程度高而难形成低熔点化合物，故其可烧性较差，造块时燃料消耗比磁铁矿高。

(2) 磁铁矿　磁铁矿因具强磁性而命名，其化学式为 Fe_3O_4，其理论含铁量为72.4%，晶体呈八面体，组织结构比较致密坚硬，一般呈块状，硬度达5.5～6.5，密度约为5.2t/m^3，其外表呈钢灰色或黑灰色，具黑色条痕，难还原和破碎。

在自然界中，由于氧化作用，可使部分磁铁矿氧化成赤铁矿，成为既含 Fe_2O_3，又含 Fe_3O_4 的矿石，但仍保持原磁铁矿结晶形态。这种现象称为假象化，多称为假象赤铁矿或半假象赤铁矿。一般用磁性率［$w(FeO)/w(TFe)$］的百分率来衡量其氧化程度：

表 2-1 含铁矿物分类及其主要性质

分类			分子式	TFe /%	结晶水 /%	形状	密度 /(g/cm^3)	条痕	颜色	磁性	强度及还原性	成因
氧化铁矿	磁铁矿		$Fe_2O_3 \cdot FeO$			块状	4.9～5.2	黑	铁黑	强	坚硬、致密，难还原	火成
	赤铁矿	磁赤铁矿	γ-Fe_2O_3	70.0		粉状、块状	4.8～5.3	黑褐	黑	强	较易破碎，软，易还原	火成及水成
		假象赤铁矿	α-Fe_2O_3	70.0		八面体		赤褐	铁黑、古铜	弱		
		镜铁矿	α-Fe_2O_3	70.0		片状		赤褐	钢灰	弱		
		云母状赤铁矿	α-Fe_2O_3	70.0		鳞片状		赤褐	钢灰	弱		
		致密质块状赤铁矿	α-Fe_2O_3	70.0		块状		赤褐	赤褐	弱		
		鲕状赤铁矿	α-Fe_2O_3	70.0		鱼卵状		赤褐	赤褐	弱		
		纤维状赤铁矿	α-Fe_2O_3	70.0		放射纤维状		赤褐	赤褐	弱		
		层状赤铁矿	α-Fe_2O_3	70.0		层状		赤褐	钢灰、赤褐	弱		
		代赭石	α-Fe_2O_3	70.0		土状		赤褐	赤、赤褐	弱		
含水氧化铁矿	褐铁矿	水赤铁矿	$2Fe_2O_3 \cdot H_2O$	66.2	5.3	纤维状	3.0～4.2	赤	赤	弱	疏松，大部分属软矿石，易还原	水成
		针铁矿	α-$Fe_2O_3 \cdot H_2O$	62.9	10.1	放射纤维状		黄褐	黄褐、黑褐、赤褐	弱		
		漆状褐铁矿	α-$Fe_2O_3 \cdot H_2O$	62.9	10.1	散点状、块状		黄褐	黑褐	弱		
		磷铁矿	γ-$Fe_2O_3 \cdot H_2O$	62.9	10.1	鳞片状		橘黄	黄赤	弱		
		褐铁矿	$2Fe_2O_3 \cdot 3H_2O$	59.8	14.5	块状、土状		黄褐	黄褐、黑褐、赤褐	弱		
		黄褐铁矿	$Fe_2O_3 \cdot 2H_2O$	57.1	18.7	细针状、同心圆状		黄	金黄	弱		
		氢氧化铁	$Fe_2O_3 \cdot 3H_2O$	52.3	25.3			黄		弱		
		黑铁矿	$Fe_2O_3 \cdot 4H_2O$	48.2	31.3	棒状		黄褐	黑	弱		
		豆状褐铁矿	$Fe_2O_3 \cdot nH_2O$			豆状		黄褐		弱		
		沼铁矿	$Fe_2O_3 \cdot nH_2O$			土状、多孔状		黄	黄褐	弱		
碳酸盐铁矿	菱铁矿		$FeCO_3$	48.2		块状、细粒状、葡萄状、纤维状	3.8	白、淡、黄	灰、黄灰、赤褐、白	弱	焙烧后易碎，易还原	水成

$w(FeO)/w(TFe)$＝42.8％为纯磁铁矿

$w(FeO)/w(TFe)$＞28.6％为磁铁矿

$w(FeO)/w(TFe)$＝28.6％～14.3％为半假象赤铁矿

$w(FeO)/w(TFe)$＜14.3％为假象赤铁矿

FeO 的高低可代表磁铁矿磁性率的大小，即 FeO 越高，则磁性率也越大。磁铁矿可烧性良好，因其在高温处理时氧化放热，且 FeO 易与脉石成分形成低熔点化合物，故使造块能耗较低、结块强度高。

(3) 褐铁矿　褐铁矿是一种含结晶水的 Fe_2O_3，可用 $mFe_2O_3 \cdot nH_2O$ 表示，其中以 $2Fe_2O_3 \cdot 3H_2O$ 形态存在较多。褐铁矿可分为以下六种：水赤铁矿（$2Fe_2O_3 \cdot H_2O$），针赤铁矿（$Fe_2O_3 \cdot H_2O$），水针赤铁矿（$3Fe_2O_3 \cdot 4H_2O$），褐铁矿（$2Fe_2O_3 \cdot 3H_2O$），黄针铁矿（$Fe_2O_3 \cdot 2H_2O$），黄赭矿（$Fe_2O_3 \cdot 3H_2O$）。

褐铁矿的外表颜色为黄褐色、暗褐色和黑色，呈黄色或褐色条痕，密度为 2.5～5.0t/m^3，硬度为 1～4，无磁性。褐铁矿是由其他矿石风化而成，其结构松软，密度小，含水量大，气孔多，且在温度升高时结晶水脱除后又留下新的气孔，故还原性皆比前两种铁矿高。

自然界中褐铁矿富矿很少，一般含铁量为 37％～55％，其脉石主要为黏土、石英等，但杂质 S、P 含量较高。当含铁品位低于 35％时，需进行选矿处理。目前，褐铁矿主要用重力选矿和磁化焙烧一磁选联合法处理。

褐铁矿因含结晶水和气孔多，用烧结球团造块时收缩性很大，使产品质量降低，只有用延长高温处理时间，产品强度可相应提高，但导致燃料消耗增大，加工成本提高。

(4) 菱铁矿　其化学式为 $FeCO_3$，理论含铁量达 48.2％，FeO 达 62.1％。在碳酸盐内的一部分铁可被其他金属混入而部分生成复盐，如 $(Ca \cdot Fe)CO_3$ 和 $(Mg \cdot Fe)CO_3$ 等。在水和氧作用下，易转变成褐铁矿而覆盖在菱铁矿矿床的表面。在自然界中分布最广的是黏土质菱铁矿，其夹杂物为黏土和泥沙。

常见的菱铁矿致密坚硬，外表呈灰色或黄褐色，风化后则转变为深褐色，具有灰色或带黄色条痕，玻璃光泽，无磁性，密度约为 3.8t/m^3，硬度为 3.5～4。

2.2 铁矿石的质量评价

铁矿石质量的好坏，和高炉冶炼进程及技术经济指标有着密切的关系。决定铁矿石质量的主要因素是化学成分、物理性质及其冶金性能。优质的铁矿石应该含铁量高，脉石与有害杂质少，化学成分稳定，粒度均匀，具有良好的还原性、熔滴性及较高的机械强度。

2.2.1 铁矿石的品位

铁矿石的品位即指铁矿石含铁量，用 $w(TFe)$ 表示。品位是评价铁矿石质量的主要指标。铁矿石有无开采价值，开采后能否直接入炉冶炼及其冶炼价值如何，均取决于铁矿石的含铁量。品位高有利于高炉提高产量，降低焦比。实践表明，铁矿石品位升高 1％，焦比可降低 2％，产量提高 3％。因为随着含铁量的升高，脉石数量减少，熔剂用量和渣量相应减少，即减少了热量消耗，又有利于炉况的顺行，为高炉强化冶炼创造了有利条件。从

矿山开采出来的矿石，含铁量一般在40%～65%之间。品位较高，经整粒后可直接入炉冶炼的称为富矿；品位较低，不能直接入炉的叫贫矿，贫矿必须经过选矿和造块后才能入炉冶炼。

2.2.2 脉石成分

脉石含量愈少，矿石品位愈高。当脉石数量相同时，其中酸性脉石 SiO_2 和 Al_2O_3 含量愈少愈好。这样冶炼时可以少加熔剂，减少渣量，有利于焦比降低、炉况顺行和产量提高。脉石中含碱性氧化物（CaO）较多的矿石，具有较高的冶炼价值。这种矿石可视为酸性脉石的富矿和石灰石的混合矿，冶炼时可少加或不加石灰石，对降低焦比是有利的。

炉料中的MgO在冶炼时全部进入炉渣中，矿石中含MgO较高时，渣中MgO含量易升高。渣中有适量MgO能改善炉渣的流动性，增加其稳定性，有利于脱硫和炉况顺行。但若炉渣中MgO含量过高时，又会降低其脱硫能力和流动性，给高炉操作带来困难。

Al_2O_3 在高炉渣中为中性氧化物，但渣中 Al_2O_3 浓度超过18%～22%时，炉渣变得难熔而不易流动。因此对矿石中的 Al_2O_3 要加以控制，一般矿石中 $w(SiO_2)/w(Al_2O_3)$ 不宜小于2～3。若此比值很小，就应与含 Al_2O_3 较低的矿石配合使用。

2.2.3 有害杂质与有益元素

（1）有害杂质　矿石中的有害杂质是指那些对冶炼有妨碍或对冶炼产品的质量产生不良影响的元素。通常有硫、磷、铅、锌等。高炉冶炼希望矿石中有害杂质含量越低越好。

① 硫　硫在矿石中主要以硫化物的形态存在。如黄铁矿（FeS_2）、黄铜矿（$CuFeS_2$）、闪锌矿（ZnS）、方铅矿（PbS）等，也有以硫酸盐形态存在的，如石膏（$CaSO_4 \cdot 2H_2O$）、重晶石（$BaSO_4$）等。硫对钢铁产品的危害主要表现在：

a. 钢中硫超过一定含量时，钢会产生“热脆”现象。这是由于FeS与Fe结合成低熔点（985℃）合金，冷却时最后凝固成薄膜状，并分布于晶粒界面之间，当钢材被加热到1150～1200℃时，硫化物首先熔化，使钢材沿晶粒界面形成裂纹。

b. 硫显著地降低钢的焊接性、抗腐蚀性和耐磨性。

c. 对铸造生铁，硫同样有害。它降低铁水的流动性并阻止 Fe_3C 分解，使铸件产生气孔，难于车削加工，并降低其韧性。

制钢生铁含硫最高允许含量不超过0.07%，铸造生铁不超过0.06%。高炉冶炼过程中可以去除大部分硫，但需要高炉温与较高的炉渣碱度，这不利于增产节焦。根据实践经验，矿石中含硫量升高0.1%，焦比升高5%。所以，要求矿石中含硫愈低愈好。一般规定矿石中 $S \leqslant 0.3\%$。高硫矿需通过选矿、焙烧等处理。

② 磷　在矿石中一般以磷灰石（$3CaO \cdot P_2O_5$）形态存在。磷在选矿和烧结过程中不易除去，而在高炉冶炼中几乎全部还原进入生铁，因此，控制生铁含磷的唯一途径就是控制原料的含磷量，要求矿石中含磷量尽可能低。磷的影响有：

a. 降低钢在低温下的冲击韧性，使钢材产生“冷脆”。因为磷化物是脆性物质，钢水冷凝时，它凝聚在钢的晶界周围，减弱其结合力，使钢材在冷却时产生很大的脆性。

b. 磷高时还使钢的焊接性能、冷弯性能和塑性降低。

c. 由于磷共晶有较低的熔点，可使铁水的熔化温度降低，因而能延长铁水的凝固时间，改善铁水的流动性，对于铸造形状复杂的普通铸件是有利的，可使铁水充满铸型，改善铸件质量。但由于磷的存在要影响铸件的强度，故除少数高磷铸造铁允许有较高的含磷量外，一般生铁含磷量愈低愈好。根据P的平衡：

$$w(P_{矿})K+w(P_{熔、焦})=w(P) \quad 得到$$

$$w(P_{矿})=\frac{w(P)-w(P_{熔·焦})}{K}=\frac{[w(P)-w(P_{熔·焦})]w(Fe_{矿})}{w(Fe)} \tag{2-1}$$

式中 $w(P_{矿})$——矿石允许的磷含量；

$w(P)$——生铁中磷含量，%；

$w(P_{熔、焦})$——生产单位生铁所需熔剂和焦炭带来的磷量，一般为0.03%；

$K=[Fe]/w(Fe_{矿})$——生产单位生铁的矿石消耗量；

$w(Fe)$——生铁中的铁含量，%；

$w(Fe_{矿})$——矿石含铁量，%。

若矿石中含磷量超过允许界限，应与低磷矿石配合使用，以保证生铁含磷量符合规定要求。

③ 铅　某些铁矿石中有少量的铅，它以方铅矿（PbS）的形态存在。铅在高炉内100%被还原。但Pb不溶解于生铁，且密度大，熔点低（327℃），沸点也较低（1550℃），因此对高炉的危害很大。它沉积于炉底，渗入砖缝，使砖飘浮起，严重破坏炉底；在高温下挥发上升，到高炉上部又被氧化成PbO，部分随煤气逸出，部分又随炉料下降再被还原，如此在炉内循环不断积聚，黏结于炉墙上，故冶炼含铅矿石常引起炉瘤。为此，要求矿石中含铅量低于0.1%。

④ 锌　锌在矿石中常以闪锌矿（ZnS）形态存在，我国某些矿石中含有少量的锌。高炉冶炼中锌全部被还原，其沸点低（905℃），不溶于生铁。锌还原后很易挥发，挥发的大量锌蒸气到高炉炉身上部。遇炉料冷凝，并被煤气中的CO_2氧化成ZnO，部分ZnO沉积在炉身上部炉墙上，形成炉瘤；部分渗入炉衬的孔隙和砖缝隙中，引起炉衬膨胀而破坏炉壳。矿石中的含锌量一般应不大于0.1%。

⑤ 砷　矿石中的砷常以毒砂（FeAsS）、斜方砷矿（$FeAsS_2$）及氧化物As_2O_3、As_3O_5等形态存在于褐铁矿石中，其他矿石中很少见。砷在高炉冶炼中全部被还原进入生铁。由于砷的非金属性很强，不具延展性，故当钢中砷含量大于0.1%时，就产生“冷脆”，并降低其焊接性能。高炉冶炼要求矿石的含砷量不大于0.07%。

⑥ 钾和钠　矿石中的碱金属钾和钠以云母$K(Mg·Fe)_3(OH,F)_2(AlSi_3O_{10})$、霓石（$NaFeSi_2O_6$）、钠闪石$Na_2Fe_2{}^{3+}Fe_3{}^{2+}(Si_4O_{11})_2(OH)_2$等碳酸盐及硅酸盐形态存在。

在高炉冶炼中，钾、钠的危害是很严重的。因为它们在高炉内被直接还原，到下部高温区（>1500℃）生成大量碱蒸气，其中一部分碱蒸气在高温下与焦炭中的C、煤气中的N_2生成氰化物。氰化物的沸点较高（>1500℃），呈雾状液体状态。这些碱蒸气和雾状氰化物，随煤气上升到炉身中部的低温区（<800℃），被氧化成碳酸盐，部分沉积在炉料和炉墙上，部分又随炉料下降，如此循环富集。其危害性表现在：

a. 碱金属与炉衬作用生成低熔点物质$Fe_xO·SiO_2·K_2O$，引起渣化，从而破坏炉衬，缩短高炉寿命。同时，使炉料黏在炉墙上，或使炉料黏结在一起，不断恶化上部料层透气性，最后导致炉瘤的形成。

b. 钾、钠与焦炭中的石墨反应，生成插入式化合物 KC_6、KC_8、KC_{12} 等，体积膨胀很大，破坏焦炭的高温温度，使高炉下部料柱透气性变坏。

c. 钾、钠能增大焦炭的反应性，扩大直接还原区，加之前述几个因素的影响，使高炉焦比升高，产量降低。

d. 使烧结矿和球团矿的软化温度降低，低温还原粉化率升高，并导致球团矿的恶性膨胀。

因此，对矿石中的碱金属含量要加以限制，一般要求（K_2O+Na_2O）含量小于 0.1%～0.6%，碱负荷低于 3～5kg/t 铁为宜。

⑦ 铜　铜在矿石中常以黄铜矿（$FeCuS_2$）或孔雀石［$CuCO_3 \cdot Cu(OH)_2$］等形态存在。某些磁铁矿石中含有一定的铜矿物。

高炉冶炼中，铜全部还原进入生铁，后转入钢中。铜对钢铁材料的影响具有两重性。当钢中含铜不超过 0.3%时，能改善其耐腐蚀性能；超过 0.3%时，会出现钢的焊接性能降低，并引起“热脆”性，轧制时产生裂纹。一般矿石允许含铜量不超过 0.2%。

⑧ 氟　F 容易汽化，污染环境，CaF_2 会降低炉渣熔点，对高炉炉衬有一定侵蚀破坏作用。

（2）有益元素　矿石中的有益元素系指对金属质量有改善作用或可提取的元素。如锰（Mn）、铬（Cr）、钴（Co）、镍（Ni）、钒（V）、钛（Ti）、铌（Nb）、钽（Ta）、铈（Ce）、和镧（La）等。当这些元素达到一定含量时，如 $w(Mn)\geqslant 5\%$、$w(Cr)\geqslant 0.6\%$、$w(Co)\geqslant 0.03\%$、$w(Ni)\geqslant 0.2\%$、$w(V)\geqslant 0.1\%\sim 0.15\%$、$w(Mo)\geqslant 0.3\%$即可视为复合矿石，其经济价值很大，是宝贵的矿石资源。我国复合矿石种类多、储量较大，对这类矿石应大力开展综合利用。

2.2.4 铁矿石的还原性

铁矿石中铁氧化物与气体还原剂 CO、H_2 之间反应的难易程度称为铁矿石的还原性。矿石还原性的好坏，在很大程度上影响矿石还原的速率，随即影响高炉冶炼的技术经济指标。因为还原性好的矿石，在中温区被气体还原剂还原出的铁就多，不仅可减少高温区的热量消耗，有利于降低焦比，而且还可改善造渣过程，促进高炉稳定顺行，使高炉冶炼高产、优质。

铁矿石的还原性与矿石的矿物组成和结构，脉石成分、矿石粒度与孔隙率、矿石的软化性等有关。结构致密、气孔度低，与煤气难于接触的矿石较难还原。磁铁矿组织致密，气孔率低，最难还原；赤铁矿稍疏松，具有中等气孔度，较易还原；褐铁矿和菱铁矿加热后失去结晶水与 CO_2，气孔度大大增加，还原性很好。高碱度烧结矿和球团矿具良好的还原性。湘潭钢铁公司（简称湘钢）部分铁矿石还原性测定结果见表 2-2。

表 2-2　单种铁矿石的还原性

矿种名称	烧结矿	进口球团	竖炉球团	澳矿	南非矿	海南矿	湖北大冶矿
*RI*①/%	80.68	74.68	69.66	75.83	65.77	62.83	81.57
*RVI*②	0.48	0.40	0.38	0.43	0.36	0.30	0.49

① *RI* 系指还原度指数。

② *RVI* 系指还原速率指数。

2.2.5 矿石的软熔性

矿石的软熔性是指它的软化性及熔滴性。软化性包括矿石的软化温度和软化温度区间两个方面。软化温度系指矿石在一定的荷重下加热开始变软的温度；软化温度区间系指矿石从开始软化到软化终了的温度区间。熔滴性是指矿石开始熔化到开始滴落的温度及温度区间。

高炉内矿石在下降过程中被上升煤气流不断加热升温和还原，当到达一定温度时，矿石开始软化，继而熔化、滴落，最后以铁水和渣液的状态聚积于炉缸内。在炉料从软化到开始滴落这个区间，形成了一个铁矿石与焦炭层交替分布的软熔带，其透气性很差。软熔带的形状，位置、厚薄对高炉强化冶炼和顺行有重要影响。

矿石的软熔性对软熔带的分布特性有决定性的影响，软化温度高而熔滴性好的矿石使软熔带下移、软熔带变薄，有利于降低高炉下部煤气流阻力，均匀煤气分布，促进顺行和焦比降低；而软熔温度低、软熔区间宽的矿石，使软熔带升高、变厚，既不利于FeO的间接还原，又恶化料柱透气性，影响冶炼过程的正常进行。

矿石的软熔性主要受脉石成分与数量、矿石还原性等的影响。脉石数量少，碱性氧化物含量高，矿石易还原，FeO低者，其软熔温度高，软熔区间窄，有利于高炉冶炼。

研究表明，在混合矿试样中，低软熔温度试样比例较少时，其软化、熔融温度的实验值基本等于各单项数据按比例计算相加得到，其较小的差别主要是由于颗粒界面相互嵌入引起的。但滴下温度差别较大，主要是因为传质作用的影响。在低软熔温度试样比例较大时，由于它先软化，导致嵌入程度不断加大，软化温度试验值比计算值低很多。湘钢用矿石的熔滴性能见表2-3。

表2-3　几种铁矿石熔滴试验数据

矿种名称	开始软化温度 T_s/℃	开始熔化温度 T_m/℃	开始滴下温度 T_D/℃	T_D-T_S 区间/℃	T_D-T_m 区间/℃	最高压差 Δp_{max}/kPa	透气性指数 $S^{①}$/kPa·℃	滴下量 M_D/g	残留量 M_{ch}/g
烧结矿	1074	1286	1480	406	194	4.609	456	80.7	105.0
进口球团	988	1222	1375	387	153	6.865	253	142.2	29.3
竖炉球团	1044	1256	1385	341	129	5.099	345	143.8	25.3
澳矿	930	1268	1475	545	207	3.040	203	128.6	33.1
南非矿	944	1324	1475	531	151	4.805	352	127.0	39.0
海南矿	1002	1250	1460	458	210	5.001	624	77.8	94.7
湖北大冶矿	954	1158	1415	461	257	7.747	820	132.6	38.3

① $S=\int_{T_s}^{T_D}(\Delta p_D-\Delta p_s)\cdot dT$。

2.2.6 矿石的机械强度

矿石的机械强度是指矿石耐冲击、摩擦、挤压的强弱程度。矿石在炉内下降过程中，要受到料柱之间、炉料与炉墙之间的摩擦力、挤压力的作用，若矿石的强度差，就会破碎而产生大量粉末，恶化料柱透气性，并增加炉尘损失，影响设备寿命和环境条件，因此高炉要求矿石具有一定的机械强度。

高炉的大型化要求入炉铁矿石具有更高的机械强度。高炉生产表明，铁矿石的常温强度并不能反映炉内的实际情况，人造富块矿（特别是球团矿）在一定温度还原条件下，往往因还原膨胀、粉化而使块状矿石爆裂，粉末增加，高炉透气性恶化。因此，对烧结矿和球团矿都应该进行低温还原粉化率测试并采取有效措施降低其粉化率。

2.2.7 矿石的粒度与气孔率

矿石的粒度影响料柱的透气性和传热、传质条件，因而影响高炉顺行和还原过程。粒度大一般来说料柱透气性好，但与煤气接触面积小，扩散半径大，矿块中心部分不易加热和还原，煤气利用变坏，焦比升高；反之，若粒度太小，特别是粉末较多时，会使煤气流上升的阻力增大，有碍顺行，使产量降低。

确定矿石粒度，必须兼顾高炉气体力学和传热传质两方面的因素，应在保证有良好透气性的前提下，尽量改善还原条件。为此，应降低粒度上限，提高粒度下限，缩小粒度范围，力求粒度均匀，尽量减少粉末含量。

适宜的矿石粒度与矿石的还原性、机械强度及高炉大小等因素有关。目前我国高炉入炉矿的粒度如表 2-4 所示。

表 2-4 入炉矿石粒度

高炉类型	还 原 性	粒 度/mm	分级粒度/mm
大型高炉	难 还 原	8～40	8～20,20～40
	易 还 原	8～50	8～25,25～50
中型高炉	难 还 原	8～30	8～15,15～30
	易 还 原	8～40	8～20,20～40
小型高炉	≤25～35		

与国外先进指标相比，上述粒度尚偏大一些。日本大于 $2000m^3$ 级的高炉，矿石的粒度仅为 10～40mm，甚至 8～28mm，冶炼效果很好，根据国内外生产实践，矿石的粒度宜小而均匀，高炉使用的铁矿石都必须严格进行整粒，将入炉矿石粒度控制在以下范围 8～20mm，小于 5mm 的粒度一定要筛除。

矿石的气孔率系指矿石中孔隙所占体积与它的总体积的百分比。气孔率愈高，透气性愈好，与煤气接触的表面积愈大，愈有利于还原。开口气孔对还原有利。

上述指标中，尤其是矿石品位、脉石成分与数量、还原性与强度、有害杂质含量，必须保持相对稳定，高炉生产与操作才能保持稳定。否则，将引起炉温、炉渣碱度和生铁质量的波动，破坏高炉的正常作业制度，影响高炉稳定和获得优良的产品。为确保矿石成分的稳定，加强整粒与中和是非常必要的。

表 2-5 为烧结矿、球团矿和块矿的典型化学成分。

表 2-5 几种铁矿石化学成分

品种	w(TFe)/%	w(FeO)/%	$w(SiO_2)$/%	w(CaO)/%	w(MgO)/%	$w(Al_2O_3)$/%	R
宝钢烧结矿	59.47	7.55	4.25	8.20	1.27	1.09	1.93
鞍钢烧结矿	58.49	7.90	4.60	9.70	2.30	0.50	2.11
巴西球团矿	65.81	1.61	3.67	0.47	0.73	0.49	0.13
国产球团矿	63.21	0.17	6.01	1.22	0.48	0.76	0.20
巴西块矿	66.62	4.23	7.94	0.70	0.23	1.11	0.09
南非块矿	62.89	2.11	6.49	0.59	0.03	2.36	0.09

2.3 我国与世界铁矿资源及特点

2.3.1 全球铁矿资源状况

2001年我国铁矿石资源量581.19亿吨，居世界第四位，但是铁矿品位比世界品位低11%，而且难采难选。我国铁矿资源的特点：一是贫矿多，贫矿储量占总储量的80%；二是多元素共生的复合矿石较多；三是磁铁矿多。此外矿体复杂，有些贫铁矿床上部为赤铁矿，下部为磁铁矿。

我国铁矿资源无法满足钢铁行业迅猛发展的需要，近几年我国铁矿进口呈高比率增长。2005年我国钢产量34936万吨，生铁33040万吨，自产铁矿石42050万吨，进口铁矿石27256万吨。进口矿来自于18个国家，进口国家按数量排序依次为澳大利亚、巴西、印度、南非、秘鲁等国。瑞典LKAB公司开采的新型铁矿石在我国南方地区受到欢迎，加拿大IOC球团和智利CMP球团也进入我国市场。虽然海外供应商不断扩张其矿石开采能力，但其扩张速度依然满足不了我国市场对铁矿石需求的急剧增长。从全球范围来考虑铁矿资源供应，优化矿产资源配置，建立长期、稳定的供应基地，锁定供应渠道，应该是我国钢铁工业重点思考并解决的问题。

世界铁矿资源主要集中分布在乌克兰、俄罗斯、澳洲、美洲等地，巴西和澳大利亚是两个最大的矿石输出国。近年来，铁矿开采供应出现规模巨大的并购活动，基本形成了巴西CVRD、英澳合资的Rio Tinto和BHP-Billion三分天下的格局。三大公司总生产规模为35540万吨，约占世界矿石总产量35%，掌控了世界铁矿石海运量的70%。

(1) 澳大利亚　澳大利亚铁矿工业发达，年产铁矿石1.8亿吨以上，是世界最大铁矿出口国，其铁矿主要赋存在西澳大利亚皮尔巴拉地区。我国进口的第一船铁矿就来自于澳大利亚。澳大利亚港口优良，主要港口均可接纳16～25万吨级运矿船。澳矿多为赤铁矿，品质稳定，明显缺陷是Al_2O_3含量偏高。澳大利亚离我国运距近，运费相对低廉。

(2) 巴西　巴西铁矿工业现在居世界第二位，年产铁矿石超过2亿吨，矿区主要集中在铁四角地区。巴西全境内的铁矿现在都属于淡水河谷公司（CVRD）控股，该公司是巴西矿业霸主，掌控了1.8亿吨铁矿产品的出口权。巴西矿可以说是世界上最好的矿，其含铁品位最高达68%，有害杂质少，成分稳定。巴西港口水深在16～20m，可停靠25万吨级运矿船。巴西离我国约7700英里，运距较远，运费较高。

(3) 印度　印度铁矿石主要有赤铁矿和磁铁矿两种，赤铁矿大部分属于富矿。对我国来说，印度可能是今后潜力最大的选择之一。以印度贝拉迪拉（Bailadila）地区为主的铁矿区蕴藏着上百亿吨高品位赤铁矿的储量。印度港口水浅，除新建的维萨帕特南港可停靠14万吨级运矿船外，其余港口基本只能停靠6～7万吨轮。印度矿的结晶水含量高。

(4) 南非　南非年产铁矿石3480万吨。主要铁矿企业是ISCOR联合矿业公司的库博矿业，矿区主要位于南非北开普省。主要港口萨尔达尼亚港，可接纳28万吨级运矿船。但南非铁矿碱金属含量较高。

(5) 秘鲁　秘鲁铁矿全部来自于我国首钢秘鲁公司的马科纳铁矿（Marconn），该矿拥有14亿吨储量，含铁54.1%，年生产能力700万吨。马科纳铁矿主要为首钢自用。

世界铁矿石主要采购国有日本、欧盟、中国和韩国。近年来，由于西欧和日本环保意识增强，耗钢铁量大的行业出现萎缩趋势，主要进口国开始由日本、欧盟逐步转向中国、韩国。我国作为当今世界上最大的钢铁生产国和消费国，应积极争取谈判桌上的主导地位。

2.3.2 我国主要铁矿区

(1) 东北地区铁矿　东北地区铁矿主要是鞍山矿区，它是目前我国储量以及开采量最大的矿区。大型矿体主要分布在辽宁省的鞍山、本溪。鞍山又包括大弧山、樱桃园、东鞍山、西鞍山、弓长岭等矿山，本溪包括南芬、歪头山、通远堡等矿山，部分矿床分布在吉林通化。鞍山矿区是鞍钢和本钢的主要原料基地。

鞍山矿区矿石矿物以磁铁矿和赤铁矿为主，部分为假象赤铁矿和半假象赤铁矿。其结构致密坚硬，脉石分布均匀而致密，选矿比较困难，矿石的还原性较差。该矿区矿石除极少富矿外，98%为贫矿，含铁量平均仅30%左右。主要脉石矿物由石英组成的，SiO_2 达40%～50%，选矿后含铁量可达60%以上。

(2) 华北地区铁矿　主要分布在河北省宣化、迁安和邯郸、邢台地区的武安、矿山村等的地区以及内蒙古和山西各地。是首钢、包钢、太钢和邯郸、宣化及阳泉等钢铁厂的原料基地。

迁滦矿区矿石为鞍山式贫磁铁矿，含酸性脉石，S、P杂质少，矿石的可选性好。邯郸矿区主要是赤铁矿和磁铁矿，矿石含铁量在40%～55%之间，脉石中含有一定的碱性氧化物，部分矿石硫较高。

(3) 中南地区铁矿　中南地区铁矿以湖北大冶铁矿为主，其他如湖南的湘潭，河南省的安阳、舞阳，江西和广东省及海南省等地都有一定规模的储量，这些矿区分别为武钢、湘钢及本地区各大中型高炉的原料供应基地。

大冶矿区是我国开采最早的矿区之一，主要包括铁山、金山店、成潮、灵乡等矿山，储量比较丰富。矿石主要是铁铜共生矿，铁矿物主要为磁铁矿，其次是赤铁矿，其他还有黄铜矿和黄铁矿等。矿石含铁量40%～50%，最高的达54%～60%。脉石矿物有方解石、石英等，脉石中含 SiO_2 8%左右，$w(CaO)/w(SiO_2)$ 为0.3左右，矿石含P一般0.027%，含S高且波动很大，达0.01%～1.2%，并含有Cu和Co等含有色金属。矿石的还原性较差，矿石经烧结、球团造块后进入高炉冶炼。

(4) 华东地区铁矿　华东地区铁矿产区主要是自安徽省芜湖至江苏南京一带的凹山，有南山、姑山、桃冲、梅山、凤凰山等矿山。此外，山东的金岭镇等地也有相当丰富的铁矿资源储藏，是马鞍山钢铁公司及其他一些钢铁企业原料供应基地。

芜宁矿区铁矿石主要是赤铁矿，其次是磁铁矿，也有部分硫化矿如黄铜矿和黄铁矿。铁矿石品位较高，还原性较好。一部分富矿（含Fe50%～60%）可直接入炉冶炼，另一部分贫矿要经选矿、烧结造块后供高炉使用。脉石矿物为石英、方解石、磷灰石和金红石等，矿石中含S、P杂质较高（含P一般为0.5%，最高可达1.6%，梅山铁矿含S平均可达2%～3%)，矿石有一定的熔剂性，部分矿石含V，Ti及Cu等金属。

(5) 其他地区铁矿　除上述各地区铁矿外，我国西南地区、西北地区各省，如四川、云南、贵州、甘肃、新疆、宁夏等地都有丰富的不同类型的铁矿资源，分别为攀钢、重钢和昆钢等大中型钢铁厂高炉生产的原料基地。

我国一些矿区铁矿石化学成分列于表 2-6。

表 2-6 我国一些矿区铁矿石的化学成分

矿石产地	矿种	化学成分/%											
		TFe	FeO	SiO_2	Al_2O_3	CaO	MgO	MnO	S	P	烧损	Cu	Zn
樱桃园	磁	48.30	21.40	25.80	0.79	1.07	0.43	0.23	0.075	0.014			
弓长岭	赤	44.00	6.90	34-38	1.31	0.28	1.16	0.15	0.007	0.02			
东鞍山	贫	32.73	0.70	49.78	0.19	0.34	0.80		0.031	0.035			
本溪	磁	60.90	27.0	14.53	0.39	0.68	0.55	0.11	0.162	0.22			
齐大山	贫	31.70	4.35	52.94	1.07	0.84	0.80		0.01	0.05			
南芬	贫	33.63	11.90	46.36	1.425	0.576	1.593	Mn 0.087	0.073	0.056			
武安	磁	60.90	16.20	6.44	0.53	2.13	0.75	0.21	1.11	0.018			
庞家堡	赤	50.12	2.00	19.52	2.10	1.50	0.36	0.32	0.067	0.156			
武安	赤	55.20	8.125	12.96	1.06	2.02	1.48	0.24	0.047	0.035			
邯郸		42.59	16.30	19.03	0.47	9.58	5.55	0.11	0.208	0.048			
矿山村	赤	54.50	10.8	11.82	1.68	3.09	0.86	0.313	0.98	0.034			
山东莱芜	磁	45.30	18.52	11.20	1.68	10.05	3.34	0.22	0.286				0.199
山东黑吁	褐	40.08		11.17	3.953	10.53	1.069	0.985	0.033				0.108
芥川	菱	46.45	0.10	17.06	3.14	1.46	0.62	1.41	0.016	0.121	9.89		
山东利国	赤	53.10	4.50	11.98	2.47	3.44	0.95	0.35	0.0284	0.024			
山东利国	磁	50.40	15.10	7.71	3.92	6.30	5.75	0.35	0.028	0.009			
武钢铁山		54.38	13.90	10.30	2.43	3.66	1.51	0.178	0.325	0.096			
武钢灵乡		49.50	8.30	12.90	3.40	4.02	1.56	Mn 0.156	0.420	0.088			
海南省		55.90	1.32	16.20	0.96	0.26	0.08	Mn 0.14	0.098	0.020			
梅山	富	59.35	19.88	2.50	0.71	1.99	0.93	0.323	4.452	0.399	6.31	CaO 0.038	0.041
大冶	磁	52.78	7.9	12.78	2.34	2.32	1.55	0.21	0.228	0.080			
迁安(大石河)		32.73	10.27	47.54	0.19	0.36	2.07	Mn 0.14	0.027	0.048			

2.4 铁矿石冶炼前的准备和处理

矿山开采出来的铁矿石其粒度和化学成分都不能满足高炉冶炼的要求，都要经过破碎、筛分、混匀、焙烧、选矿和造块等加工处理过程。对于富矿，主要要完成整粒过程，即通过破碎和筛分控制矿石粒度大小，这是矿石冶炼前准备处理的基本环节。而对于贫矿而言，除了破碎筛分外，还要经过混匀、选矿、焙烧和造块等处理阶段。贫矿、富矿石处理流程见图 2-1。

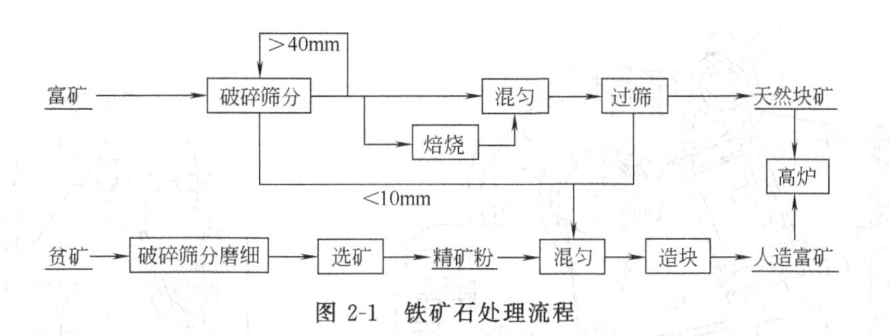

图 2-1 铁矿石处理流程

2.4.1 破碎及破碎设备

当矿石粒度很大时，破碎一般要分段进行，根据破碎的粒度大小，可以分粗碎、中碎、细碎和粉碎。其破碎的范围可从 1m 以上破碎到 1mm 以下。给矿的最大矿块尺寸与破碎产品的最大矿块尺寸的比值，称为破碎比。它表明矿石经过破碎以后，其粒度缩小的倍数。各个破碎阶段破碎比的乘积，称为总破碎比，分别表示为：

$$i=\frac{D_{最大}}{d_{最大}} \tag{2-2}$$

$$i_{总}=i_1 i_2 i_3 \cdots\cdots i_n=\frac{D_{最大}}{d_{最大}}$$

式中 $D_{最大}$——给料的最大块直径，mm；

$d_{最大}$——破碎产品的最大块直径，mm；

i——破碎比。

破碎机的生产能力用台时产量（吨/台·时）表示，它是破碎机的重要技术指标。

破碎设备的种类应根据矿石的性质和破碎产品的粒度要求来选择。对于天然铁矿石的粗、中、细碎作业，目前采用的主要破碎设备有颚式破碎机和圆锥式破碎机。

（1）颚式破碎机　颚式破碎机是一种间歇工作的破碎机械。它适用于坚硬或中坚硬矿石的粗碎和中碎。其结构简单，制造容易，工作可靠，维护和调节方便，价格便宜。但生产率低，破碎比小，工作时振动大，给矿不均匀时易堵塞，产品粒度不均匀，不适于片状和平板状矿石的破碎。在工业上广泛应用的有简单摆动和复杂摆动两种结构型式的颚式破碎机。图 2-2 是国产 900mm×1200mm 简摆型颚式破碎机。

复杂摆动颚式破碎机的结构如图 2-3 所示。这种破碎机的构造和动作原理与简摆式颚式破碎机大体相似。区别仅在于复摆式破碎机的动颚和连杆合并成一个整体，连杆被简化了；动颚的悬挂轴同时也是偏心轴，两者合而为一；前推力板取消，只有一个后推力板。因而结构更简单些，但动颚的运动状态要比简摆颚式破碎机复杂。当电动机带动偏心轴转动时，动颚上端做圆周运动，而下端则作椭圆运动，故是复杂摆动的。它对矿石除有压力作用外，还有磨剥作用，因此其生产率较高，能量消耗较少。不过矿石的粉碎现象严重，衬板磨损也较快。

我国复摆型颚式破碎机多制成中小型，主要用于矿石的中碎，只在中小型厂可作为第一段破碎。破碎比可达 10 左右。而简摆型颚式破碎机多制成大中型，主要用作粗碎作业，破碎比为 3～5。

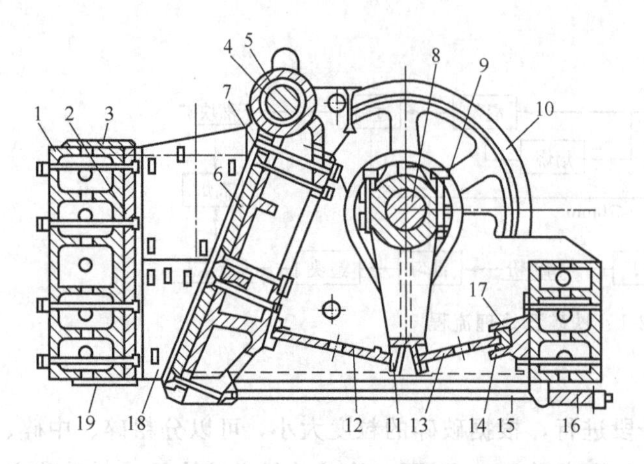

图 2-2　900mm×1200mm 简摆型颚式破碎机

1—机架；2—衬板；3—压板；4—心轴；5—动颚；6—衬板；7—楔铁；8—偏心轴；9—连杆；10—皮带轮；11—推力板支座；12—前推力板；13—后推力板；14—后支座；15—拉杆；16—弹簧；17—垫板；18—侧衬板；19—钢板

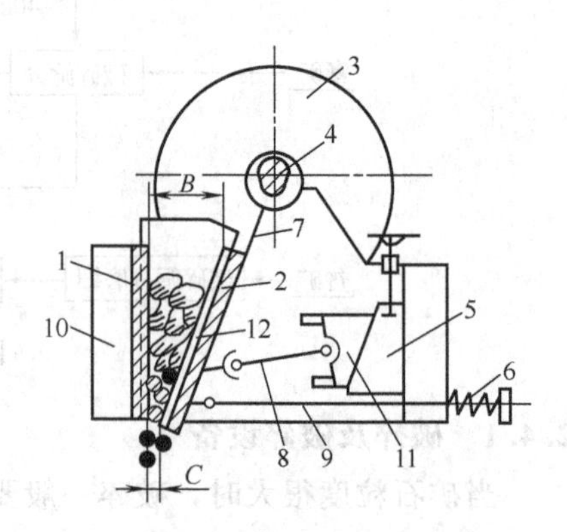

图 2-3　复杂摆动颚式破碎机

1—固定颚板；2—可动颚板；3—飞轮；4—偏心轴；5—滑块调整装置；6—弹簧；7—连杆；8—肘板；9—拉杆；10—机体；11—楔铁；12—衬板

颚式破碎机的规格用给矿口宽度（B）和长度（L）表示。给矿口宽度决定矿机最大给矿块度的大小，是选择碎矿机规格的重要参数。一般颚式破碎机的最大给矿块度（D）是破碎机给矿口宽度的 75%～85%，即 $D=(0.75\sim0.85)B$，通常简摆型取 75%，复摆型取 85%。

(2) 圆锥式破碎机　圆锥式破碎机是一种连续式破碎设备，它广泛应用于破碎各种硬度的矿石。根据使用范围的不同，可分为粗碎、中碎和细碎三种圆锥式破碎机。

圆锥式破碎机较颚式破碎机生产能力大，电耗低；工作平稳，振动小；产品外形尺寸整齐，粉末较少以及破碎比较大等。但构造复杂，制造较困难，价格高；机身高度和重量大，厂房建筑费用高；安装维修较复杂，排矿口调整较困难。图 2-4 是圆锥式破碎机示意图。

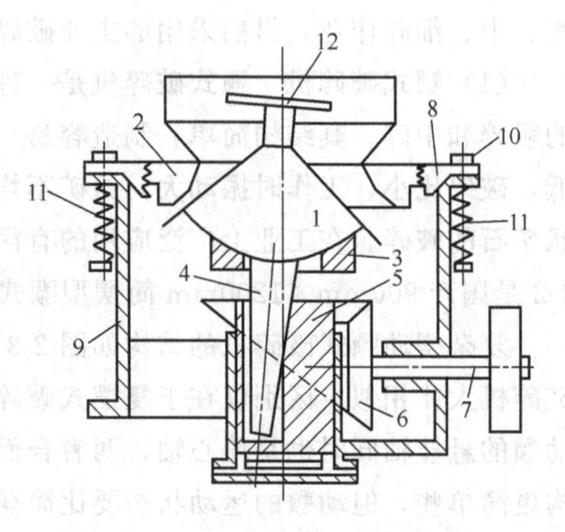

图 2-4　圆锥式破碎机示意图

1—可动圆锥；2—固定圆锥；3—球面轴承；4—主轴；5—偏心轴套；6—伞形齿轮；7—转动轴；8—支承环；9—机体；10—螺栓；11—弹簧；12—分矿盘

2.4.2　筛分及筛分设备

筛分是将颗粒大小不同的混合物料通过单层或多层筛面分成若干个不同粒度级别的过程。其目的是筛出大块和粉末，并对合格粒度范围的矿石进行分级，既可提高破碎机的工作效率，又可改善物料的粒度组成，更好地满足高炉冶炼的要求。

物料通过筛分得到筛上物和筛下物，分别在筛孔尺寸数字前冠以“+”号和“−”号表示；而从上下层筛网之间排出的物料，则以上下筛孔尺寸的范围表示。筛孔尺寸大小一般用毫米表示。对于粒度很细的物料，则常用网目表示（简称“目”）。网目是指 1 英寸（25.4mm）长的筛网上所具有的大小相同的方孔数目。根据国际标准筛制，网目和毫米的对应关系有：

网目	325	200	150	100	65	48	32	16	10
毫米	0.04	0.075	0.1	0.15	0.2	0.3	0.5	1	1.6

筛分作业的生产指标常用筛分生产率和筛分效率表示。前者表示筛子的生产能力，后者表示筛分质量，用以衡量筛分设备工作的好坏。

生产率以每平方米筛面每小时所能处理的原料量表示，单位为 $t/(m^2 \cdot h)$。

筛分效率是指实际得到的筛下产物质量（Q_1）与入筛物料内所含小于筛孔尺寸的粒级质量（Q）之比，一般用百分数表示。

$$\eta=\frac{Q_1}{Q}\times 100\% \tag{2-3}$$

但实际生产中，筛分过程是连续进行的，要称量全部入筛物料和筛下产物量既很困难，也不经济。通过推导，筛分效率可根据原矿和筛上产物中小于筛孔尺寸粒级的百分含量间接求出。

$$\eta=\frac{100(a-b)}{a(100-b)}\times 100\% \tag{2-4}$$

式中 η——筛分效率，%；

a——原矿中小于筛孔尺寸的粒级含量，%；

b——筛上产品中残存的小于筛孔尺寸的粒级含量，%。

筛分效率愈高，物料的筛分愈彻底，筛分质量愈好。影响筛分效率的因素很多，主要与入筛物料的性质（如粒度组成、湿度、含泥量、物料颗粒形状等），筛面运动特性及构造参数（筛面上物料运动状态、筛面大小、筛孔尺寸与形状等）和操作条件（包括生产率大小和给矿的均匀性等）有关，选择高效率的筛分设备并改进操作，是提高筛分效率的主要途径。

在矿石准备处理过程中，常用的筛分设备有以下几种。

（1）圆筒筛　它是具有圆筒形或圆锥形筛面的回转筛。筛面用金属丝编织或用钢板冲孔制成，圆筒筛筛体的中心轴线与水平面呈 5°～7°倾斜安装，以利于筛分时筒内的矿石向前移动。圆锥形筛安装时，轴线则保持水平。

圆筒筛多用于中、细碎作业的筛分，尤其含泥沙较重的矿石需水洗时，边冲洗边筛分更为方便，我国常用于小铁厂。这种筛结构简单，易于制造和管理，工作时无振动，噪声小。但生产率和筛分效率低，筛分过程中对原料有磨碎作用。

（2）固定筛　一般用于大块矿石粗、中碎前的预先筛分。在我国，目前也有的烧结厂用于机尾烧结矿的筛分，使成品与返矿分开。此种筛具有坚固、简单、投资少，且不用传动设备和动力的优点。其缺点是筛缝易堵塞，筛分效率低（最高为 50%～60%），倾角大（不小于 40°～50°），要占据较大的净空高度。

（3）振动筛　振动筛是工业上使用最广泛的一种筛分设备。其振动方向与筛面垂直或近似垂直，因而物料在筛面上的运动方向与筛面垂直。这样物料层在筛面上能很好分层并发生析离现象，有助于筛分过程的进行。

振动筛的筛分效率高，可达 80%～95%，单位面积产量大，筛孔不易堵，调整较方便，适宜于筛分的粒度范围广，可用于中、细粒物料的筛分。缺点是需要专门的传动装置和消耗动力。

振动筛可分为偏心振动筛、惯性振动筛和自定中心振动筛等种。由于前两种结构和使用上存在缺点，目前广泛采用的是自定中心振动筛，自定中心振动筛由框架、筛体和传动机构组成。框架是钢结构，筛体由钢绳和弹簧架设于框架中间。筛体包括筛框和传动装置，见图2-5。电动机通过三角带带动振动子，使筛体产生振动。通过圆筒给料器均匀地把物料给至筛网上，物料沿具有一定角度的筛面运行。

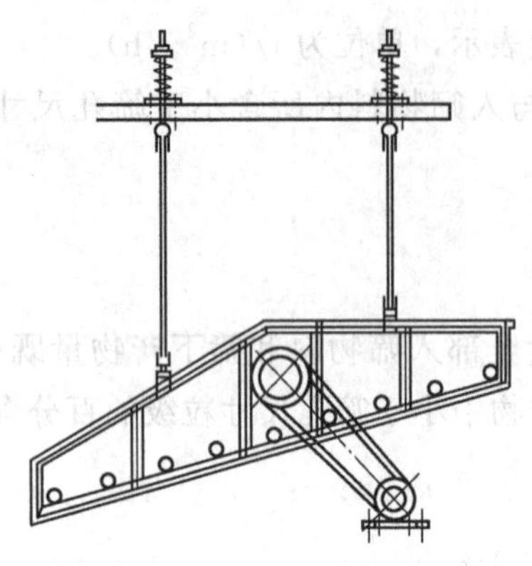

图 2-5　自定中心振动筛动

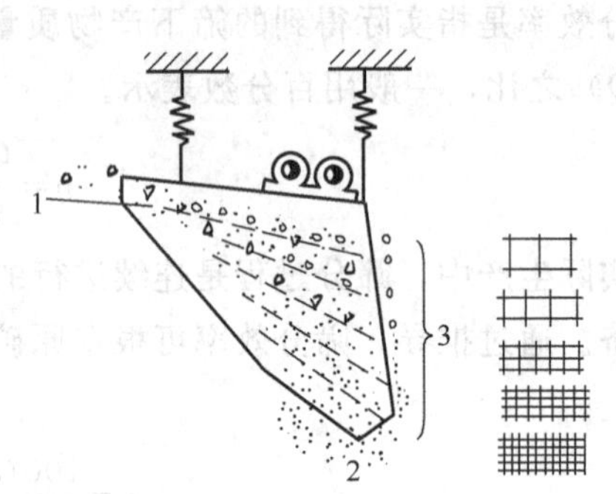

图 2-6　概率筛示意图

1—给料；2—筛下产品；3—筛上产品

(4) 概率筛　概率筛是一种多层新型的筛分机械，它是利用颗粒通过筛孔的概率差异来完成筛分的。其结构原理如图 2-6 所示。

概率筛的特点是多层筛面、大筛孔、大倾斜角。其意义在于：多层筛面可减少各层筛面上物料层的厚度；增大筛孔尺寸，可使细粒物料迅速透过筛孔，减少堵塞现象；较大的筛面倾角，使物料的运动大大加快。从而可大幅度提高筛子的生产率和筛分效率。此外，概率筛还有体积小、质量小、消耗功率少、易于防尘、噪声小、便于维修等优点。目前多用于储矿槽下用作焦炭、烧结矿等物料的筛分。

2.4.3　铁矿石的混匀

混匀就是将多种散状原料按一定比例进行混合，从而使其成分均匀，粒度稳定。炼铁原料的混匀是高炉精料工作的重要组成部分，是现代钢铁工业不可缺少的生产环节。

高炉用的原料品种多、来源广、成分杂、理化性质很不均一，若不经混匀直接用于高炉冶炼，势必造成热制度和造渣制度的波动，影响高炉顺行和其他强化手段作用的发挥，从而引起焦比升高，产质量下降。现在，虽随高炉熟料比不断增加，天然矿混匀工作量已逐渐减小，但对造块的精矿、粉矿、杂料同样需要加强混匀。否则，将对烧结、球团生产过程和产品质量产生不良影响，最终将波及高炉生产。

原料混匀的意义在于：①提高烧结和高炉生产的产量和质量，降低燃料消耗。如国外有的烧结厂使用混匀原料后，烧结机产量提高 7%～15%，燃料消耗降低 15%，高炉增产 10%～15%。我国首钢对精矿粉进行混匀，使含铁量波动由±2.5%降低到±1.0%，结果烧结矿合格率和一级品率分别提高 23%和 53%，高炉利用系数提高 10%，焦比降低 10%，效果非常显著。②通过混合，可使质量低劣的矿石（包括氧化铁皮、高炉灰、转炉渣等工业废料）与质量优良的主要冶炼原料混合均匀，成为合格的烧结料，这既充分利用了资源，又降低了冶炼成本，还减轻了环境污染。③质量稳定的原料，有利于实现烧结和炼铁生产的自动化，促进技术进步。

原料混匀手段多种多样，但混匀原则却是相同的，即“平铺直取”。先将来料按顺序一薄层一薄层地往复重叠铺成一定高度和大小的条堆，然后再沿料堆横断面一个截面一个截面地垂直切取运出。这样，在铺料时，成分波动的原料被分成若干重叠的料层，每层的成分虽然不一样，但在料堆高度方向高低成分的原料相叠加后，其成分就趋于均匀了。所铺料层愈薄，成分愈均匀；料堆越高，堆积的层数愈多，其混匀程度愈高；在取料时，每次都切取到各料层的料，进行着各层料的互相拌和，从而使原料在每一截面上实现混匀。

混匀铺料方法主要有两种，即“人”字形堆料法和混合（又称菱形）堆料法，如图 2-7 所示。前者是按来料顺序在混匀料场上堆成“屋脊”形的条堆，直堆至预定的高度。但这种堆法容易产生粒度偏析。为了提高混匀效果，有的厂采用混合堆料法，即第一层铺成若干小“人”字形断面的条堆，第二层开始，将料填入第一层条堆构成的沟中，形成菱形断面条堆，逐层上堆，直至堆顶。

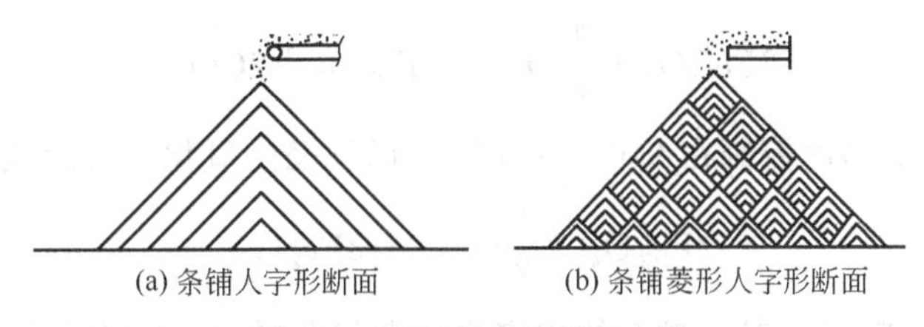

图 2-7 原料混匀的铺料方法

混匀效率是指混匀前和混匀后铁矿石含铁量的波动幅度之比。其比值越大，混匀效果越好。提高混匀效率是原料管理的重要目标，主要措施如下。

① 有完善的中和混匀系统和科学的管理方法。一次料场要有足够的原料储量，一般应不少于一个月的用量；来料必须按品种、成分和粒级分别堆放，不能混堆；对品种多、成分波动大的原料，混匀前应根据原料实际成分和配料目标值进行预配料。

② 混匀料场矿堆应不少于两堆，一堆一取，交替进行。每堆料量应不少于 7～10 天的用量。铺料要匀、薄，层数尽量多。另外，取料时，应从料堆端部全断面切取，避免不均匀取料。

③ 根据物料水分、粒度、成分波动大小和原料品种的不同，合理安排不同料在料堆中的分布位置，以减小沿料堆横切面方向的波动。如水分高、粒度大的物料不应最后入堆；杂料（如锰矿粉、炉尘等）应堆置在料堆横断面的中部；品位较高的原料堆置在起始层；品位相差很大的几种原料组合在一起等等，均可减小出料成分的波动范围。

④ 由于料堆端部原料成分波动大，影响混匀矿质量，故除采用合理方法以减少端部料成分变化外，应将端部料除去，返回一次料场循环使用。

⑤ 矿山开采、输送、装卸、破碎筛分直至入炉或进入烧结配料前，均应遵循“平铺直取”的原则，以逐步减小矿石成分的波动范围。

⑥ 对于块矿，要先破碎、筛分和分级后再混匀。要严格控制原料粒度和水分，以免因粒度和水分变化而引起铺料偏析影响混匀效果。

2.4.4 铁矿石的焙烧

铁矿石的焙烧是将其加热到低于软化温度 200～300℃的一种处理过程。焙烧的目的是改变矿石的矿物组成和物理结构；去除某些有害杂质；回收有用元素，以改善其冶炼性能或为进一步加工处理做准备。

根据矿石性质和焙烧目的的不同，在焙烧中控制气氛的性质，按照气氛性质，焙烧分为氧化焙烧、还原磁化焙烧、氯化焙烧等。

(1) 氧化焙烧　铁矿石在氧化性气氛中焙烧。主要用于去除褐铁矿中的结晶水、菱铁矿中的CO_2，以减少其在高炉内的分解耗热，并提高品位，改善还原性；对于小高炉冶炼坚硬致密的磁铁矿石，通过氧化焙烧，可使其结构变得松脆，从而改善破碎和还原条件；此外。在氧化焙烧中可去除部分硫、磷杂质，这对高硫矿石有特殊意义。

焙烧温度和焙烧过程中的反应：

褐铁矿脱水，在250～500℃时发生分解，焙烧温度控制在400～600℃。反应如下：

$$2Fe_2O_3 \cdot 3H_2O \longrightarrow 2Fe_2O_3 + 3H_2O\uparrow$$

菱铁矿分解放出CO_2，反应温度在500～900℃之间，焙烧温度控制在800～1000℃。反应式为：

$$2FeCO_3 + \frac{1}{2}O_2 \longrightarrow Fe_2O_3 + 2CO_2$$

磁铁矿氧化，焙烧温度控制在900～1000℃，以利完全氧化。反应式：

$$2Fe_3O_4 + \frac{1}{2}O_2 \longrightarrow 3Fe_2O_3$$

当Fe_3O_4转化为Fe_2O_3时，矿石体积膨胀，微气孔增加，结构变得疏松。

在氧化焙烧中，矿石所含FeS_2（黄铁矿）按下式反应：

$$3FeS_2 + 8O_2 \longrightarrow Fe_3O_4 + 6SO_2$$

根据通化钢铁厂的经验，其脱硫率可达30%～60%。

氧化焙烧方法简单，多采用竖炉，亦可堆烧。焙烧用燃料、白煤、焦粉或高炉煤气均可。为保证焙烧质量必须：①通过调节燃料配比，控制适宜温度。温度低，焙烧不透；温度过高，产生硅酸铁，引起矿石局部熔化，既影响还原性，也影响焙烧过程的正常进行。②矿石应有适宜的粒度，多为75～100mm。③焙烧的空气量必须充足，不仅要满足燃料燃烧的需要，还应保证矿石氧化的需要。

(2) 还原磁化焙烧　还原磁化焙烧在还原气氛中进行。其作用是将弱磁性赤铁矿（或褐铁矿、菱铁矿）及非磁性的黄铁矿转化为具有强磁性的磁铁矿，以便磁选。

① 赤铁矿石的还原磁化焙烧　主要反应式为：

$$3Fe_2O_3 + H_2 \longrightarrow 2Fe_3O_4 + H_2O$$

$$3Fe_2O_3 + CO \longrightarrow 2Fe_3O_4 + CO_2$$

根据被还原磁化焙烧出来的矿石冷却方式的不同，又可分为还原磁化焙烧和还原氧化磁化焙烧两种。前者是将焙烧产品在水中或CO_2气氛中冷却，使过度还原生成的FeO又被氧化成Fe_3O_4，其反应式为：

$$3FeO + CO_2 \longrightarrow Fe_3O_4 + CO$$

$$3FeO + H_2O \longrightarrow Fe_3O_4 + H_2$$

后者是将焙烧产品先在还原气氛中冷却至350℃，再在空气中冷却，使还原生成的FeO急剧氧化成为具有强磁性的磁赤铁矿$\gamma\text{-}Fe_2O_3$。

② 褐铁矿和菱铁矿的还原磁化焙烧　可采取两种方法实现。一种是先在氧化性气氛中加热到一定温度，将菱铁矿、褐铁矿转化为 Fe_2O_3，然后在还原气氛下将 Fe_2O_3 还原成 Fe_3O_4：

$$2FeCO_3+\frac{1}{2}O_2 \longrightarrow Fe_2O_3+2CO_2$$

$$2Fe_2O_3\cdot 3H_2O \longrightarrow 2Fe_2O_3+3H_2O$$

$$3Fe_2O_3+H_2 \longrightarrow 2Fe_3O_4+H_2O$$

$$3Fe_2O_3+CO \longrightarrow 2Fe_3O_4+CO_2$$

将菱铁矿石在隔绝空气的条件下加热至一定温度，使 $FeCO_3$ 分解生成 Fe_3O_4。反应式为：

$$3FeCO_3 \longrightarrow Fe_3O_4+2CO_2+CO$$

当有少量空气进入时，则有

$$2FeCO_3+\frac{1}{2}O_2 \longrightarrow Fe_2O_3+2CO_2$$

所生成的 Fe_2O_3 与 CO 反应：

$$3Fe_2O_3+CO \longrightarrow 2Fe_3O_4+CO_2$$

铁矿石还原磁化焙烧的质量指标用还原度表示：

$$R=\frac{w_{FeO}}{w_{TFe}}\times 100\% \tag{2-5}$$

式中　R——还原度，%，表示达到的磁化程度；

w_{FeO}——焙烧后矿石中的 FeO 含量，%；

w_{TFe}——焙烧后矿石中的全铁含量，%。

焙烧产品的磁化程度受焙烧温度、气氛和时间的影响。温度过低或还原时间不足，则矿石中的 Fe_2O_3 不能全部转化为 Fe_3O_4，使磁化程度低于理论值；反之，温度过高或还原时间过长，不仅降低生产率，还会产生过还原。过还原形成的 FeO 溶于 Fe_3O_4 中成为弱磁性浮士体，使磁化程度高于理论值，从而造成磁选时铁的回收率降低。此外，焙烧温度过高，还会引起矿石表面熔结，影响焙烧过程的正常进行。

适宜的焙烧温度与矿石软化温度有关，一般控制在 750～800℃。对于致密又大块的难还原矿石，或采用固体燃料时，焙烧温度可提高到 850～950℃。

还原磁化焙烧的设备有竖炉、回转窑和沸腾炉。前者适用于块矿，后两者适用于粉矿的焙烧。

(3) 氯化焙烧　氯化焙烧是对某些含有一定量有色金属（如 Cu、Pb、Zn 等）的铁矿粉（如硫酸渣）的一种处理方法。其目的是既回收有色金属，又获得符合高炉冶炼要求的含铁原料，以充分利用国家资源。

氯化焙烧是利用许多金属氯化物具有沸点低、易挥发的特点，在焙烧过程中，实现有色金属与铁氧化物相分离的目的。氯化焙烧中常用的氯化剂有氯气（Cl_2）、食盐（NaCl）、胆巴（$CaCl_2$、$MgCl_2$）等。焙烧废气必须加以处理，回收挥发的有色金属。

2.4.5 铁矿石的选矿方法

根据矿石中各矿物的物理性质或物理化学性质的不同，借助各种选矿设备将矿石中的有用矿物与脉石矿物分离，并使有用矿物相对富有成效集。尽可能提高矿石品位，对复合矿石而言，要将其共生矿物单独分离，以回收有用成分。剔除矿石中的有害杂质硫、磷等，从而充分、经济合理地利用国家的矿产资源。

（1）选矿工艺过程及生产指标　选矿过程分为三个连续的作业阶段，即准备阶段（包括破碎、磨细、筛分分级，有的还要磁化焙烧）；选别阶段（选矿过程）；产品处理阶段（包括浓缩、过滤、干燥等脱水作业）。

矿石经过选矿后可得到的产品有三种：精矿、中矿和尾矿。精矿是指分选后得到的有用矿物含量较高的产品，适合于冶炼加工。中矿是指选矿过程中得到的一种中间产品（或半成品），含有用矿物和脉石矿物都较多，尚需进一步选分处理。尾矿是经选矿后留下的含有用矿物很少，不需进一步处理。选矿工艺指标主要如下。

① 品位　即选矿产品中金属质量与该产品质量的比值（%）。

② 产率　即精矿产出率，指精矿质量与入选原矿质量之比（%）。根据金属平衡，可求得表示精矿产出率的关系式：

$$\alpha=\gamma\cdot\beta+(1-\gamma)\cdot\theta \tag{2-6}$$

整理得：

$$\gamma=\frac{\alpha-\theta}{\beta-\theta}\times100\% \tag{2-7}$$

式中　α——原矿品位，%；

β——精矿品位，%；

θ——尾矿品位，%；

γ——精矿产出率，%。

③ 选矿比　原矿质量与精矿质量之比，即精矿产出率的倒数$\frac{1}{\gamma}$。

$$选矿比=\frac{1}{\gamma}=\frac{\beta-\theta}{\alpha-\theta}\times100\%$$

它表示获得1t精矿所需处理的原矿石的吨数。

④ 富集比　精矿中有用成分含量的百分数（β）与原矿中该有用成分含量的百分数（α）之比值，常用i表示。

$$i=\frac{\beta}{\alpha} \tag{2-8}$$

它表示精矿中有用成分含量比原矿中该有用成分含量增加的倍率。

⑤ 金属回收率　精矿中金属的质量与原矿中该金属的质量之比的百分数，常用ε表示。

$$\varepsilon=\frac{\gamma\beta}{\alpha}\times100\% \tag{2-9}$$

或

$$\varepsilon=\frac{\beta(\alpha-\theta)}{\alpha(\beta-\theta)}\times100\% \tag{2-10}$$

金属回收率越高，表示选矿过程回收的金属越多。选矿过程中，应在保证精矿品位的前提下，努力提高金属回收率。

（2）选矿方法　铁矿石常用的选矿方法主要有三种：重力选矿法、磁力选矿法和浮游选矿法。

① 重力选矿法（简称重选法） 根据矿物密度的不同，在选矿介质（水或重介质液）中具有不同的沉降速度而进行选别。一般铁矿物的密度为4～5g/cm^3，而脉石矿物的密度为2～3g/cm^3。

重选法又可分为冲洗选矿、跳汰选矿、重介质选矿、摇床选矿和离心选矿等方法。

a. 冲洗选矿 此法是用来处理与黏土黏结在一起的矿石的一种选矿方法。适用于脉石为砂质黏土，易为水冲洗和机械力搅拌成分散状态，而有用矿物仍为粒状、块状的矿石。如某些褐铁矿石、菱铁矿石和锰矿石等。

选矿过程包括黏土的碎散和将分散后的黏土与呈粒状、块状的矿物相分离两个作业。碎散作业主要借助水的冲洗和浸泡，或机械的搅拌与磨剥，使黏土分散。分离作业一般采用湿式筛分或水力分级方法分出矿泥。其实质是按粒度分离的重选过程。

洗选常用的设备有圆筒洗矿机、槽式洗矿机等。

b. 跳汰选矿 该法是处理密度差别较大的粗粒矿石的一种最有效的重力选矿方法，一般在以水为介质的跳汰机中进行，如图2-8。

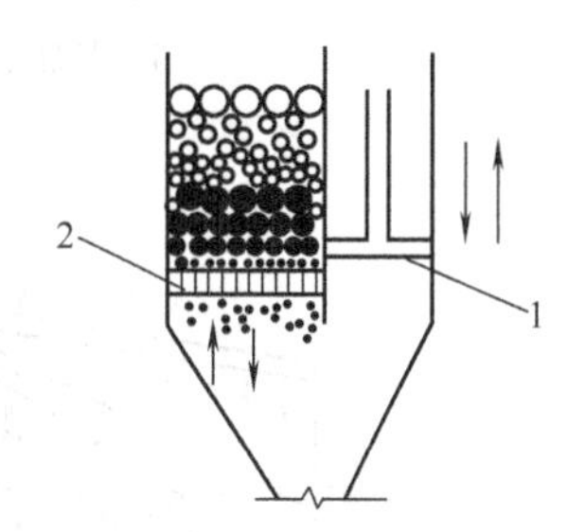

图2-8 跳汰机工作原理示意图

1—活塞；2—栅箅

借助于传动机构的强烈振动，使跳汰机箱体内的水做周期性的垂直上下运动，置于筛板上的矿粒群按密度、粒度分层。轻而大的矿粒，因沉降速度较小，集中于上层；重而小的矿粒，因具有较大的沉降速度沉积于下层；大而重或小而轻的大粒居于中层。下层矿物借助于排矿装置由筛体下部排出，成为精矿；上层矿物则随水溢流排出，成为尾矿；中间层矿粒则继续分离。跳汰选矿时，主要按密度分层，但粒度和形状影响按密度分层的精确性。跳汰选矿的粒度范围，金属矿石一般为0.074～30mm。该法工艺简单，操作方便，处理量大，但选矿指标不太好。

c. 重介质选矿 它是利用重悬浮液作介质的一种流膜选矿方法。重悬浮液的密度大于脉石而小于金属矿物的密度。该悬浮液由高密度的固体颗粒（如硅铁、重晶石、磁铁矿、方铅矿等）同水配制而成，其密度约为1.25～4.0g/cm^3。

重悬浮液选矿的基本原理是阿基米德定律。在分选过程中矿粒群的分层主要取决于矿物密度的大小，粒度和形状对其影响较小。不论矿粒的大小和形状如何，大密度的矿粒都将下沉，集中于选矿机底部；小密度矿粒则浮起，集中于选矿机上部，然后分别排出，获得重产物（精矿）和轻产物（尾矿）。

重悬浮液选矿的选分精确度较高，可选分密度差很小（小于0.05～0.1g/cm^3）的矿物；入选物料粒度范围宽，金属矿一般为2～70mm；设备处理能力大，我国已广泛采用。

目前用于重悬浮液选矿的主要设备为重介质振动溜槽，如图2-9所示。它适用于处理6～75mm的矿石。

d. 摇床选矿 摇床选矿是利用水力和机械力的联合作用，使密度不同的矿粒在摇床面上分离的一种流膜选矿方法。它是处理细粒物料的主要重选方法之一。目前我国最常见的是平面摇床，如图2-10所示。

床面由传动装置驱动作前后往复摇动，给水槽给出的水与床面运动方向垂直，在床面上形成均匀薄层的横向水流。当矿浆给入往复摇动的床面（其上嵌有来复条或刻槽）时，矿粒

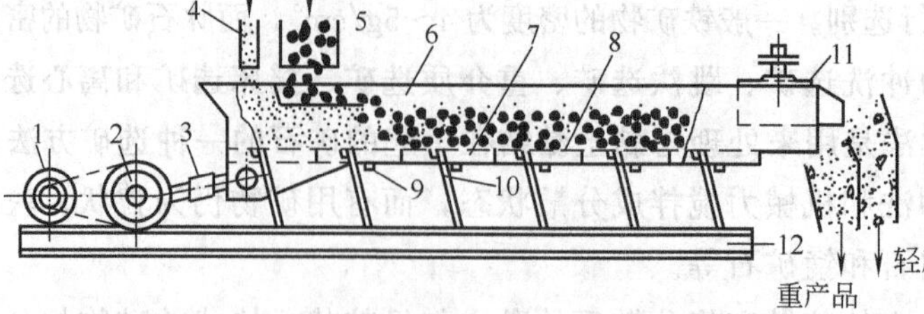

图 2-9　重介质振动溜槽示意图

1—电动机；2—振动机构；3—连杆；4—给入介质；5—给矿；6—槽体；
7—槽底水室；8—筛板；9—给水管；10—板簧；11—分离隔板；12—机架

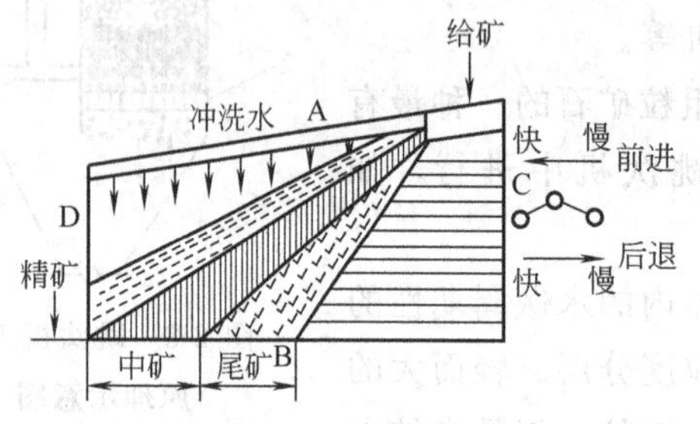

图 2-10　摇床上矿粒分带情况示意图

A—给端；B—尾矿端；C—传动端；D—精矿端

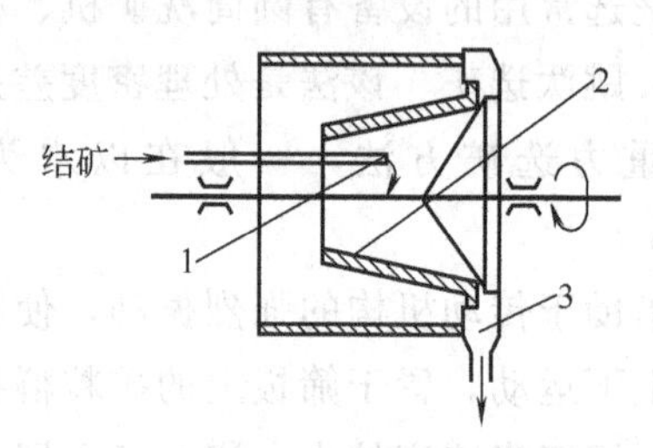

图 2-11　离心选矿机工作原理示意图

1—矿浆；2—转鼓内壁；3—分离器

在自身重力、水流冲力、床面摇动产生的惯性力以及摩擦力等综合作用下，按密度松散分层。由于密度和颗粒大小的差异，不同矿粒沿床面横向与纵向的运动速度是不同的，因而合速度方向偏离摇动方向的角度也不一样，这就造成不同密度的矿粒在床面上呈扇形分布。精矿密度不大，纵向速度大于横向速度，加之沉积于床面底部的来复条间，故最后移向左端；尾矿则相反，横向速度大于纵向速度，并浮在精矿表面而越过来复条，向给矿端的斜对面移动；中矿则介于两者之间。这样，就达到了分选的目的。

该选矿方法入选矿粒细，一般小于2mm，对0.04～1mm细粒物料的分选特别有效；分选效率高。但单位面积处理量小，占地面积很大；颗粒大小也影响按密度分选的精确性。

e. 离心选矿机选矿　离心选矿机是在离心力作用下实现流膜选矿的一种设备。选分是在一空心锥形转鼓内进行的，如图 2-11 所示。

将矿浆在旋转的转鼓内壁形成一个矿浆层，并随之转动。因转速很高，产生很大的离心力，加速了颗粒的沉降。重矿物从矿层中的间隙钻到矿层底，贴在转鼓上成为精矿，轻矿物在表面。由于转鼓是倾斜的，在离心力轴向分力作用下，矿浆形成很薄的流膜，加速了尾矿从盘底和转鼓间的空隙排入接矿槽。鼓面上的精矿，则需间断性地停转转鼓，用高压水冲走，进入分矿器。离心选矿比一般的流膜选矿生产率高，选分粒度细（适宜于选分0.074～0.01mm 的颗粒），选分效果好，是处理细粒嵌布弱磁性贫赤铁矿的良好选分设备。

② 磁力选矿法（简称磁选）　磁选是利用各种矿物的磁性差别，在不均匀磁场中实现分选的一种选矿方法。当细磨后达到单体分离的矿粒群通过非均匀磁场时，磁性矿物被磁选机的磁极吸引，而非磁性的脉石则被磁极排斥，从而达到选分的目的。

矿物的磁性差别，是磁选的依据。自然界中的各种矿物，由于原子结构的不同，磁性差别是客观存在的。矿物的磁性强弱，可用比磁化系数（即单位质量矿物的磁化系数）来衡量。根据矿物的比磁化系数的不同，磁选可将矿物分成四大类。

a. 强磁性矿物　比磁化系数大于 $3000\times10^{-8}cm^3/g$。如磁铁矿、磁赤铁矿（γ-Fe_2O_3）、钛磁铁矿、磁黄铁矿等。

b. 中磁性矿物　比磁化系数为（$500\sim3000)\times10^{-8}cm^3/g$。如半假象赤铁矿及某些钛铁矿、铬铁矿等。

c. 弱磁性矿物　比磁化系数为（$15\sim500)\times10^{-8}cm^3/g$。如赤铁矿、褐铁矿、菱铁矿、黄铁矿、软锰矿、硬锰矿、菱锰矿、金红石等。

d. 非磁性矿物　比磁化系数小于 $15\times10^{-8}cm^3/g$。如方解石、白云石、磷灰石、长石、萤石、方铅矿、重晶石等。

当细磨的矿粒群进入磁选机的磁场时，磁性矿粒被磁极吸引附着在磁选机的圆筒表面上，它们随着圆筒一起转动到一定位置，离开磁极时，由于磁感应消失而落下，得到精矿；非磁性的脉石颗粒不被磁极吸引，从圆筒下部排出，叫尾矿。磁选过程见图 2-12。

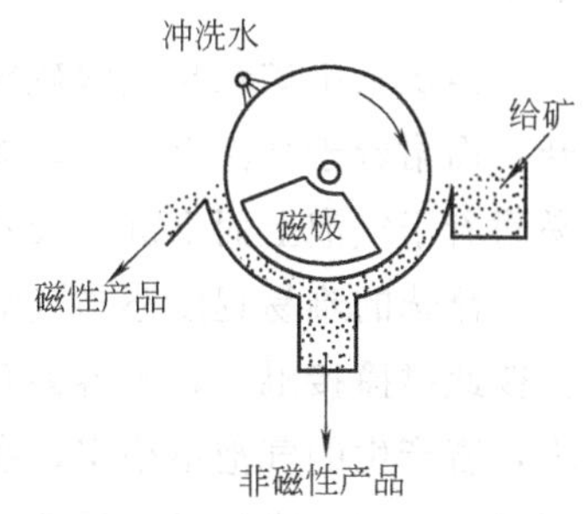

图 2-12　磁选过程示意图

磁选机的种类很多，常根据磁场强度的强弱分为：弱磁场磁选机，其磁场强度约为 72～136kA/m，用于强磁性矿石的选分；强磁场磁选机的强度为 480～1600kA/m，可用于弱磁性矿石的选分；中磁场磁选机的磁场强度介于上述两者之间，适用于中磁性矿石的选分。

由于我国磁铁矿多，所以磁选是我国目前富选铁矿石中应用最广、规模最大的方法，在各主要大矿山和中小矿山普遍采用。它用于强磁性矿石的选分，可得到满意的效果。对于含弱磁性矿物的矿石，采用强磁场磁选机分选时，亦可达到较好的指标。若能预先进行还原磁化焙烧，则效果会更好。

③ 浮游选矿（简称浮选）　浮选是利用不同矿物表面具有不同亲水性，而进行选分的。现在工业上广泛应用的是泡沫浮选。它的基本特点是，借助于送入矿浆中的大量气泡，选择性地将疏水性强的矿粒附着上浮，携带到矿浆表面形成泡沫层；而亲水性强的矿粒则被水润湿留在矿浆中，从而实现不同矿物彼此分离的目的。

因此，被选矿石中的各种矿物能否彼此分离，关键在于矿粒与气泡能否实现选择性地附着及附着后上浮至矿浆表面。这取决于矿粒表面润湿性的差异和气泡性质。

由于矿物晶格结构的不同，在与水接触时，其润湿性是有差异的。如水滴在光滑洁净的石英表面上会铺展开，即石英能被水所润湿，是亲水性的；而水滴在石蜡表面上则不能铺展开，仍呈球形，这表明石蜡不易被水润湿，是疏水性的，如图 2-13 所示。

浮选矿浆是由固体矿物颗粒、水和气泡组成的三相体系。在体系中，矿物颗粒能否被润湿或润湿性的大小，是由气、水、固之间接触角的大小决定的，如图 2-14 所示。接触角 θ 角愈大，矿物的亲水性越弱；相反 θ 越小，矿物则愈亲水。

各种天然矿物的接触角是有差别的，因而它们被水润湿的程度就也有所不同。按照这样润湿的差别，将天然矿物分成三类，见表 2-7。

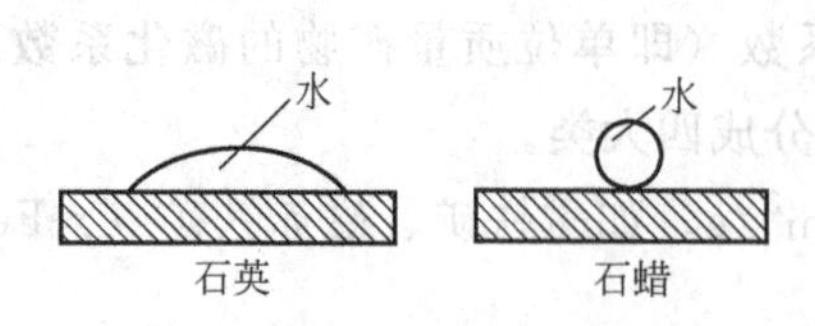

图 2-13　石英、石蜡的润湿性

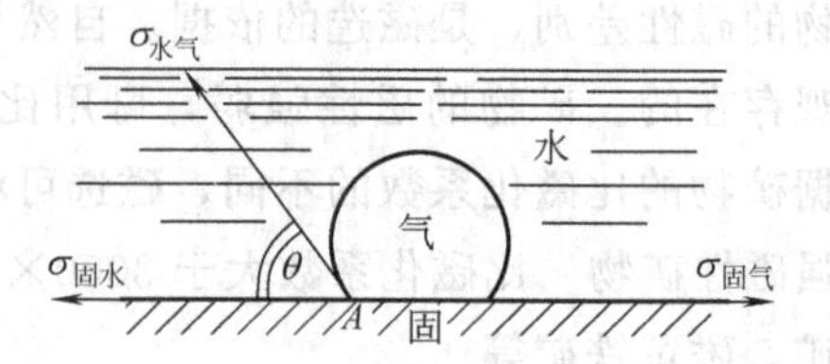

图 2-14　浸入水中的矿物表面所形成的接触角

表 2-7　天然矿物可浮性分类

类别	1	Ⅰ			Ⅱ							
表面润湿性	小	中			大							
代表性矿物	自然硫	滑石	石墨	辉钼矿	方铅矿	黄铜矿	萤石	黄铁矿	重晶石	方解石	石英	云母
在水中接触角	78°	69°	60°	60°	47°	47°	41°	30°～33°	30°	20°	0°～10°	0°
天然可浮性	好	中			差							

当矿浆中矿粒与气泡碰撞接触时，亲水性弱的矿粒易被气泡将水化膜从它的界面上排开，而附着于气泡上上浮，故天然可浮性好；反之，亲水性强的矿物，则被水润湿包围，不易附着于气泡上而下沉，天然可浮性差。

浮选的难易程度还与气泡的性质有关。在矿浆中若能弥散大量稳定而坚韧的气泡，它们在彼此碰撞接触中，不容易互相兼并和破裂，则矿粒能稳定地附着于其上，就易于浮选；反之，若产生的气泡不稳定，在彼此接触中兼并破裂，则附着其上的矿粒可能脱落，重新被水润湿而下沉，也就难于浮选。

矿物表面的亲水性和气泡的稳定性，都可以通过浮选药剂的作用来改变的。因此，在浮选过程中为提高浮选效率，要加入选药剂。浮选药剂按其用途可分为捕收剂、起泡剂、抑制剂、活化剂、介质调整剂五类。

浮选过程中将有用矿物浮入泡沫产品中，而将脉矿物留在矿浆中的方法，叫正浮选，此法广泛用于生产。相反，若将脉石矿物浮入泡沫产品中，将有用矿物留于矿浆中的浮选方法，称为反浮选。

浮选适用于处理细粒嵌布的弱磁性贫矿石和多金属复合矿石。对前者，比用其他选矿方法选分效率高；对后者，可使矿产资源得到充分的利用。因此，浮选方法已在冶金工业中得到广泛的应用。

2.5　熔剂与其他含铁原料

2.5.1　熔剂的作用及有效熔剂性

传统的高炉冶炼除加入铁矿石和焦炭外，还要加熔剂。熔剂在冶炼过程中的主要作用如下。①使还原出来的铁与脉石和灰分实现良好分离，并顺利从炉缸流出。铁矿石中含有一定数量的脉石、焦炭和喷吹的固体燃料中含有相当数量的灰分。脉石和灰分中的主要成分多为酸性氧化物 SiO_2、Al_2O_3，少量为碱性氧化物 CaO、MgO 等。它们的熔点都很高，依次为1713℃，2050℃，2370℃和2800℃。而在高炉冶炼的温度下，都不可能熔化。为确保高炉生产的连续性，必须使还原出来的铁和未被还原的脉石都熔融成为液体，实现铁水和熔渣的分离，并顺利地从炉内排出。要使脉石和灰分在高炉内熔融成为液态炉渣，并具有良好的流动性，必须使炉料中碱性氧化物与酸性氧化物达到一定的比例。它们在高温下彼此接触时发生化学反应，生成低熔点的化合物和共熔体——炉渣。绝大多数天然矿石中，酸碱性氧化物的含量是达不到造渣所需要的适宜比例的。因此，需要加入熔剂来造渣。②去除有害杂质硫，确保生铁质量。铁矿石和焦炭中都含有一定量的硫，当加入适量碱性熔剂（常指CaO)，造成一定数量和一定物理化学性质的炉渣，就可改善去硫条件，使更多的硫从生铁转入炉渣而排出。

根据矿石中脉石成分的不同，高炉冶炼使用的熔剂主要为碱性熔剂。其质量要求如下。

① 碱性氧化物 CaO 和 MgO 含量高，酸性氧化物 SiO_2、Al_2O_3 含量愈少愈好，否则，冶炼单位生铁的熔剂消耗量增加，渣量增大，焦比升高。

石灰石（$CaCO_3$）理论含 CaO 量为 56%。在自然界中石灰石都含有铁、镁、锰等杂质，故一般含 CaO 仅为 50%～55%。石灰石呈块状集合体，硬而脆，易破碎，颜色呈白色或乳白色。有时，其成分中常含有 SiO_2 和 Al_2O_3 杂质，在冶炼中它本身造渣还要消耗部分碱性氧化物，从而使石灰石所能提供的有效碱性氧化物含量减少。

② 有害杂质硫、磷含量要少。石灰石中，一般硫、磷杂质都较低，我国各钢铁厂使用的石灰石，S、P 分别只有 0.01%～0.08%和 0.001%～0.03%左右。

白云石也常作为高炉冶炼的熔剂。主要作用是提供造渣所需要的 MgO，以保证炉渣中有适宜的 MgO 含量而改善其流动性与稳定性，这对保持炉况顺行，提高炉渣脱硫能力是有利的。尤其在渣中 Al_2O_3 很高和炉料硫负荷高，需要有较高炉渣碱度的情况下，就更有必要加入白云石。对白云石的质量要求与石灰石是一致的，特别是 MgO 含量越高越好。纯白云石的理论组成为 $CaCO_3$ 54.2%（CaO 30.41%），$MgCO_3$ 45.8%（MgO 21.87%），一般白云石的成分为 CaO 26%～35%，MgO 17%～24%。

必须指出的是当前现代高炉冶炼所需的熔剂几乎都是在造块过程中加入，而不在高炉中直接加入。传统的高炉加入的熔剂必须具备一定的粒度和机械强度。

石灰石的有效熔剂性是指石灰石根据炉渣碱度的要求除去自身所含酸性氧化物造渣所消耗的碱性氧化物外，剩余的 CaO 含量。

当渣中 Al_2O_3、MgO 都较稳定时，炉渣碱度多以二元碱度表示。

$$w(\text{CaO}_{\text{有效}})=w(\text{CaO}_{\text{石}})-w(\text{SiO}_{2\text{石}})\times\left[\frac{w(\text{CaO})}{w(\text{SiO}_2)}\right]_{\text{渣}}\% \tag{2-11}$$

式中 $w(\text{CaO}_{\text{石}})$和$w(\text{SiO}_{2\text{石}})$——石灰石中相应成分的含量，%；

$\left[\frac{w(\text{CaO})}{w(\text{SiO}_2)}\right]_{\text{渣}}$——为炉渣中相应成分的比值；

$w(\text{CaO}_{\text{有效}})$——石灰石的有效 CaO 含量，%。

同种成分的石灰石，由于要求的炉渣碱度不同，其有效熔剂性是不同的。要求的炉渣碱度愈高，其所含酸性氧化物对有效熔剂的影响越大。要求石灰石的有效熔剂性越高越好。

2.5.2 其他含铁原料

工业生产中会产生一些含铁的“废弃”物料，对它们的回收利用可扩大铁矿资源，降低生铁成本，而且有助于环境保护，即“变废为宝”。目前可供炼铁利用的这类物料有高炉炉尘、转炉炉尘、钢渣、轧钢皮、硫酸渣以及一些有色金属选矿后的高铁尾矿等。部分含铁物料的化学成分列于表 2-8。

表 2-8　部分含铁物料的化学成分/%

物料名称	TFe	FeO	CaO	MgO	SiO_2	Al_2O_3	MnO	S	P	烧损	Cu	Pb	Zn
高炉炉尘	46.06	13.79	8.03	1.63	11.60	1.25	0.19	0.21	0.013	12.6			
铁屑	67.50	9.00	2.05	0.91	10.50	3.26	0.63	0.123	0.045				
轧钢皮	72.40	50.00	1.52	0.50	1.45			0.097					
硫酸渣	50.70	3.7	2.69	1.96	～14	1.35		1.7			0.18	0.34	0.6
炼钢尘泥	56.83	51.00	8.70	2.14	5.02	0.55	0.542	0.13	0.068				
转炉钢渣	15.85	13.78	14.13	11.73	16.40	2.55		0.09	0.1455	1.79			

(1) 高炉炉尘　高炉炉尘是从高炉煤气系统中回收的副产品，由矿石和焦炭的粉末组成。其数量和成分随高炉冶炼条件而异，大致为 30～50kg/t，含铁 40%左右，含碳 10%～20%和较多的 CaO。其粒度较细，亲水性差，用于烧结配料，可代替部分铁矿粉和燃料，并有助于降低成本。一般配加量为 3%～5%。

(2) 氧气转炉炉尘　这种炉尘是从氧气转炉的炉气中经除尘器回收的含铁粉料，其产出量每吨钢约 20～25kg。含铁量达 50%～60%，主要成分是 Fe_3O_4，还有 16%～30%的金属铁。粒度极细，可作为烧结或球团的辅助原料。

(3) 轧钢皮　轧钢皮是轧钢生产过程，从炽热的钢锭或钢材表面剥落下来的氧化铁皮，一般占钢材量的 2%～3%。轧钢皮呈鳞片状，含铁很高，可达 60%～70%，主要以 Fe_3O_4 形态存在，也有少量金属铁，含 SiO_2 和 Al_2O_3 很少。用于烧结配料，可稳定或提高烧结矿品位，对高炉冶炼是有利的。烧结配料前，应筛去大块夹杂物，使粒度小于 10mm。

(4) 其他铁屑料　其他铁屑料包括铸铁机和机械加工中的车削、锻造时产生的铁屑与钢屑，主要成分是铁和少量的碳。加于烧结料中，高温氧化时放热，可节省烧结固体燃料消耗，并提高其含铁量。

(5) 硫酸渣　硫酸渣是化工厂制造硫酸时焙烧黄铁矿留下的残渣。其含铁量 50%左右，主要以 Fe_2O_3 形态存在。含硫高，一般为 1%～2%，并含有 Cu、Pb、Zn、Co 等有色金属和 Au、Ag 等贵金属。硫酸渣粒度较细，小于 0.1mm 的占绝大部分。

我国硫酸渣每年的产出量很大，其中一部分含铁较低者多用于水泥生产配料，含铁较高者主要通过造块处理，供高炉冶炼。

目前炼铁用硫酸渣有两种处理方法：一是通过烧结或球团直接炼铁。在烧结配料中，根据硫的含量及要求，硫酸渣加入量可达 3%～5%。另一方法是在球团生产的配料中加入氯化剂，高温焙烧时 Cu、Pb、Zn 等氯化物汽化挥发并加以回收，所得球团矿再进入高炉冶炼。

(6) 钢渣　钢渣是氧气转炉所产生的炉渣或以前平炉炼钢堆积的炉渣。钢渣中含有一定量的铁和较多的碱性氧化物 CaO、MaO，其矿物组成中有低熔点物质。用于烧结配料，既可回收铁，又可代替部分石灰石和白云石，还具有降低烧结温度，提高烧结矿强度，降低成本的效果。但因钢渣中含磷较高的特点，易使磷富集，因此烧结料中配比不宜过高。

思 考 题

1. 什么叫矿石？铁矿石分哪几类的？各有什么特性？

2. 高炉冶炼对铁矿石的质量有什么要求？

3. 铁矿石的还原性、软化性和熔滴性的含意是什么？它们与高炉冶炼有什么关系？

4. 某矿石含 $w(TFe)=62\%$，$w(P)=0.45\%$，生铁允许含 $w(P)\leqslant 0.3\%$，生铁中含 $w(Fe)=94\%$，均来自矿石；若冶炼时熔剂、焦炭带入的 $w(P)=0.03\%$，那么单独用此矿石能否冶炼出合格生铁？如果不能应该怎么办？

5. 试述富铁矿和贫铁矿冶炼前的准备和处理流程。

6. 何谓石灰石的有效熔剂性？石灰石化学成分一定，是否其有效熔剂性就一定？

3 燃料

炼铁过程，实际是个还原过程，需要大量还原剂和热量来源。高炉炼铁消耗的燃料很多，2000多年前炼1吨铁需要大约7吨的燃料，目前先进高炉炼1吨铁，需要约0.5吨燃料（包括焦炭和煤粉）。这样巨大的燃料需求量，能满足高炉此要求的只有碳元素。

最早使用的高炉燃料是木炭。木炭含碳高、含硫低，有一定强度和块度，是高炉较好的燃料。但木炭价格太贵，而且大量用木炭炼铁，必然破坏大片森林。煤在炼铁上应用，我国最早。公元4世纪成书的《释氏西域记》曾有记载。

煤的储量巨大，但作高炉燃料，局限性很大，煤含有20%～40%的挥发物，在250～350℃左右开始剧烈分解，坚硬的煤块爆裂成碎块和煤灰。这些粉煤会填塞到大块铁矿石、烧结矿、球团矿的间隙中，显著破坏高炉料柱的透气性，较大的高炉难以顺利生产，灰渣还会填满炉缸。在高炉中使用煤，开始时技术经济指标降低，接着就是炉况不佳甚至出现大的事故。同时，煤中含硫一般较高，用煤炼铁，常常引起铁水硫量升高，降低了生铁质量。现在，除风口喷吹煤粉外，从高炉炉顶加入的燃料仅为焦炭。因此，焦炭是高炉炼铁的主要燃料。

3.1 焦炭质量评价

焦炭是高炉冶炼的主要燃料，其作用如下。

(1) 发热剂　高炉冶炼是一个高温物理化学过程，矿石被加热，进行各种化学反应，熔化成液态渣铁，并将其加到能从渣铁中顺利流出的温度，需要大量的热量。这些热量主要是靠炉料中的燃料的燃烧提供。燃料燃烧提供的热量约占高炉热量总收入的70%～80%。

(2) 还原剂　高炉冶炼主要是一个高温还原过程。生铁中的主要成分Fe、Si、Mn、P等元素都是从矿石的氧化物中还原得来的。提供廉价还原剂的也是加入炉内的燃料。

(3) 高炉料柱的骨架　高炉料柱中的其他炉料，在下降到高温区后，相继软化熔融，唯有块状固体燃料不软化也不熔化，在料柱中所占体积较大，约1/3～1/2，如骨架一样支撑着软熔状态的矿石炉料，使煤气流能从料柱中穿透上升。这也是当前其他燃料无法代替焦炭的根本原因。

另外，由于还原出的纯铁熔点很高，为1535℃，在高炉冶炼的温度下难以熔化。但当铁在高温下与燃料接触不断渗碳后，其熔化温度逐渐降低，可至1150℃。这样生铁在高炉内能顺利熔化、滴落，与由脉石组成的熔渣良好分离，保证高炉生产过程不断地进行。生铁中含碳量达3.5%～4.5%，均来自燃料。所以说焦炭是生铁中组成成分中碳的来源。

目前高炉普遍采用喷吹技术，从风口喷入煤粉、天然气和重油等，以代替部分价格昂贵、资源匮乏的冶金焦。从全面考察燃料在高炉冶炼中的作用看，质量优良的冶金焦仍是最主要的燃料组成部分。它的数量和质量在很大程度上决定着高炉的生产和冶炼的效果。

3.1.1 焦炭的物理力学性能

高炉对焦炭物理力学性能的要求是：粒度均匀，耐磨性和抗碎强度高，适宜的气孔度。焦炭的物理力学性能主要有筛分组成和转鼓强度实验测定。

(1) 筛分组成　焦炭粒度的大小及其组成的均匀性，均影响料柱的透气性，特别是软熔带及其以下的透气性。粒度太小，或组成不均匀，含碎焦多，将降低料柱透气性，还易引起炉缸堆积。但块度过大，与矿石粒度相差过于悬殊，会影响布料的均匀性，对煤气流的分布亦会产生不利影响。而且大块焦粒度不稳定，在炉内产生二次破碎要更为严重一些。有实践表明，40～25mm 一级的焦炭强度最好，性能稳定；其次是 25～15mm，再次是 40～60mm；大于 60mm 的最差。

适宜的焦炭粒度与焦炭机械强度、高炉大小及矿石粒度有关。高炉大、焦炭强度差和矿石粒度大者，焦炭粒度应大一些；一般认为，焦炭的平均直径为矿石直径的三倍左右时，炉内总的透气性最好。目前高炉都使用整粒后的烧结矿，粒度明显减小，故焦炭粒度也呈变小的趋势。国外大型高炉，焦炭粒度范围一般为 20～60mm，4000～5000m^3 级的巨型高炉，焦炭粒度上下限可适当提高。因而，焦炭也要整粒，目前中型高炉和小型高炉用焦炭，其粒度分别以 20～40mm 和大于 15mm 为宜。

焦炭的粒度组成，用筛分试验测定。试样依次通过孔径为 $\phi 80$、$\phi 60$、$\phi 40$、$\phi 20$ 和 $\phi 10$ 的筛网，可得到大于 80mm、80～60mm、60～40mm、40～20mm、20～10mm 和小于 10mm 六个粒级的焦炭，各粒级质量对试样总质量的百分比，即为焦炭的粒度组成。高炉冶炼要求其料度组成均匀，其均匀性可用均匀性指数 k 衡量。k 值用下式计算：

$$k=\frac{w_{80\sim60}+w_{60\sim40}}{w_{+80}+w_{40\sim25}}\times100\% \tag{3-1}$$

式中　$w_{80\sim60}$——80～60mm 级的焦炭质量分数，%；

$w_{60\sim40}$——60～40mm 级的焦炭质量分数，%；

w_{+80}——+80mm 级的焦炭质量分数，%；

$w_{40\sim25}$——40～25mm 级的焦炭质量分数，%。

k 值愈大，表明焦炭粒度愈均匀，料柱透气性愈好。筛除碎焦，焦炭分级入炉等都是提高 k 值，强化高炉冶炼的有效措施。对中、小高炉也可按 $k=\frac{w_{40\sim25}}{w_{+40}+w_{25\sim10}}\times100\%$计算。

焦炭中的粉末（小于 10mm）含量对高炉透气性有很不利的影响，如图 3-1 所示。该图表示气流通过焦炭柱的压差与焦炭粒度的关系。

由图可见，当焦炭粒度大于 20mm 时，对压差影响不大；而当其粒度小于 20mm 时，压差急剧上升，表明透气性恶化。

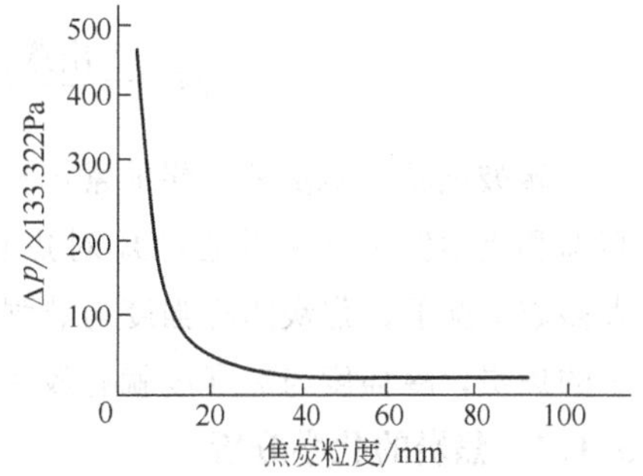

图 3-1　焦炭柱压差与粒度的关系

(2) 气孔率　气孔率是指焦炭中气孔体积占焦炭总体积比的百分数，可用下式求得：

$$气孔率=\left(1-\frac{视密度}{真密度}\right)\times 100\%$$

焦炭的真密度系指除去全部气孔后单位体积焦炭的质量，视密度是包括气孔在内的单位体积焦炭的质量。高炉用焦炭的气孔率在45%～53%之间，此值大小与炼焦煤性质和炼焦制度等因素有关。

气孔率过高对冶炼是不利的。一则使气孔壁减薄，耐磨强度下降；二是使焦炭的反应性增大，会扩大直接还原区，并降低焦炭的高温耐磨强度。

(3) 机械强度　焦炭的机械强度包括耐磨强度和抗碎强度。耐磨强度是焦炭抵抗摩擦破坏的能力；抗碎强度是抵抗冲击破碎的能力。焦炭是形状不规则的多孔体，又有很多裂纹，它从焦炉出来到加入高炉直至风口带燃烧前，要经受多次落下冲击和摩擦作用，在高炉内还要受到高温和化学反应的作用。当焦炭的耐磨性和抗碎性不好时，在其表面受到切向摩擦力超过气孔壁强度的情况下，会产生表面薄层分离现象，形成焦炭细屑或粉末；在受到外力冲击时，由于应力集中，焦炭会沿裂纹碎裂，产生碎块或粉焦。料柱中碎焦和粉末增多，堵塞气孔通道，使透气性恶化，更何况焦炭在炉内不熔不软，当粉焦渗入熔渣时，将大大增加熔渣的黏度，使流动性变坏，煤气上升的阻力增大，引起炉况不顺。特别在炉缸，大量粉焦在风口循环区前面会聚时，会在循环区外围形成一层透气性很差的外壳，煤气流只能从循环区顶部较疏松的焦炭层流出，从而形成炉缸中心堆积和边缘气流过分发展，燃烧层中液态铁滴不易渗透下沉，导致风口大量烧坏。高炉强化程度高，焦炭机械强度的影响越大，对其要求也更高。

焦炭机械强度的测定，采用转鼓试验。有大小两种转鼓，过去我国采用大转鼓，现均采用小转鼓，即米库姆转鼓。

转鼓系用钢板焊接而成。鼓的内径 ϕ1000mm，内壁每隔 90°焊有 100mm×50mm×10mm 的角钢一块，共四块。试验时，取大于 60mm 的焦炭 50kg，装入转鼓，转鼓以 25r/min 的转速转动 100 转后自动停下，放出焦炭，用筛孔为 ϕ40mm 和 ϕ10mm 的筛子筛分。以大于 40mm 或 25mm 的焦炭占加入转鼓试样的百分数，记为 M_{40} 或 M_{25}，作为焦炭的抗碎强度指标；以小于 10mm 的焦炭占入鼓试样的百分数，记为 M_{10}，作为焦炭的耐磨强度指标。一般要求大型高炉用焦炭的 M_{40} 应大于 75%，M_{10} 小于 9%；中型高炉的 M_{40} 为 60%～70%；小高炉的 M_{40} 应大于 55%。

$$M_{10}=\frac{出鼓焦炭中小于10\text{mm}的质量}{入鼓焦炭质量}\times 100\%$$

$$M_{40}=\frac{出鼓焦炭中大于40\text{mm}的质量}{入鼓焦炭质量}\times 100\%$$

转鼓试验只能反映焦炭的常温机械强度。而焦炭作为高炉料柱的疏松骨架，它在炉内经受高温和化学作用（主要是 CO_2 对焦炭的溶损反应）后的热强度，对高炉冶炼更有实际意义。大多数情况下，焦炭的冷强度与热强度有一定的内在联系，然而某些焦炭，特别是结构很不均一的焦炭，冷强度与热强度就有较大的差异。因此，焦炭热强度的测定已引起人们的重视。

3.1.2　焦炭的化学分析

焦炭的化学分析包括固定碳、灰分、硫分、磷分、挥发分和水分等的百分含量，这些成

分对焦炭的质量有重要影响。

(1) 固定碳含量高，灰分 (A_d) 含量低　固定碳和灰分是焦炭中最主要的组成部分，两者互为消长。固定碳含量高，单位质量的焦炭所能提供的热量和还原剂就多，因而可降低焦比。实践经验表明，固定碳升高1%，焦比可降低2%。

灰分主要由酸性氧化物 SiO_2、Al_2O_3 组成，两者之和一般约占灰分的75%～85%。灰分增加，则造渣所需熔剂增加，渣量增大，使焦比升高，还使高炉下部透气性变坏，影响顺行和减少产量；灰分增高，还严重影响焦炭的耐磨性及高温强度，对高炉冶炼的影响极大。因为灰分的硬度比煤质大，破碎后的颗粒较粗，而它在炼焦过程中又不熔融，在结焦时，灰分与固定碳之间有明显的分界面，结构强度减弱；加之灰分质点与碳素质点的热膨胀系数不同，受热时易沿界面产生裂纹；高温下灰分中的成分又与碳进行选择性的还原，焦炭结构进一步疏松。在料与料的摩擦冲击下，易产生粉末和碎焦。

世界主要产钢国家高炉所用冶金焦，灰分都小于10%～11%。我国重点企业焦炭的灰分约为12%～14%。应通过洗煤和配煤进一步降低焦炭灰分，以提高焦炭质量。

(2) 硫、磷等有害杂质要少　焦炭中的硫对高炉冶炼和生铁质量的影响甚大，因为高炉冶炼中约80%的硫来自焦炭。为保证生铁质量，焦炭含硫量很大程度上决定着高炉采取的造渣制度与热制度，因而影响熔剂消耗量、渣量、焦比和产量。经验表明，焦炭中硫分每增加0.1%，焦比约升高1.2%～2.0%，产量降低2%以上。因此，要求焦炭含硫量愈低愈好，大中型高炉使用的焦炭含硫量小于0.4%～0.7%。

焦炭中的硫有三种形态。一般 $S_{有机}$ 占67%～75%，$S_{硫化物}$ 占18%～25%，$S_{硫酸盐}$ 占3%～9%。在洗煤中，可去除大部分硫化物和硫酸盐，而有机硫则无法去除。在炼焦过程中，无机硫和有机硫均可去除一部分，但总硫量中还会有70%～90%留在焦炭中。因此，控制煤的含硫量和确定合适的配煤比是控制焦炭含硫量的基本途径，而加强煤的洗选则是根本措施。

焦炭中一般含磷很少，冶金焦含磷量应在0.03以下。但大量的研究表明，焦炭灰分中不同程度地含有碱金属 K_2O 和 Na_2O。它们在高炉内循环积累，对焦炭和烧结矿、球团矿的强度以及炉衬寿命都有极坏的影响。因此，要求焦炭含碱金属钾、钠要少。

(3) 挥发分 (V_{daf}) 含量适当　挥发分是炼焦过程中未分解挥发完的有机物质，当焦炭重新加热到900℃左右时，以气体形态挥发出来，如 H_2、CH_4、和 N_2 等。挥发分本身对冶炼并无什么影响，但其含量反映了焦炭的成熟程度。正常情况下，焦炭的挥发分一般为0.7%～1.2%，焦炭呈银灰色，敲击有金属声音。含量过高，表示焦炭成熟程度不够，颜色发黑，敲之声音喑哑，夹生焦多，不耐磨，在炉内易产生碎屑而降低料柱透气性，并增加炉尘量和炉尘中含碳量；含量过低，说明结焦过火，这种焦裂纹多，极脆，受冲击时易产生碎块粉末，同样对高炉冶炼不利。

(4) 水分 (M_t) 要稳定　焦炭中的水分是湿法熄焦时带入的，目前提倡采用干法熄焦使水分少而稳定。因为水分的波动，在焦炭按质量入炉的情况下，必然引起入炉干焦量的波动，从而导致炉缸热制度的波动，不利于炉况的稳定。

焦炭含水量与熄焦操作和焦炭块度有关。块度小，比表面积大，吸附的水分就多。水分太高，影响入炉粉焦的筛除。我国规定，粒度大于 40mm 的焦炭水分为 3%～5%，大于 25mm 的，水分为 3%～7%。通常水分为 2%～6%。当前大力提倡干法熄焦，降低和稳定水分含量，并改善环境。

3.1.3 焦炭的高温反应性

（1）焦炭反应性　焦炭反应性是指焦炭与二氧化碳、氧和水蒸气等进行反应的能力。焦炭在高炉冶炼过程中，与 CO_2、O_2 和水蒸气发生化学反应：

$$C+O_2 \longrightarrow CO_2+393.3kJ/mol$$

$$C+\frac{1}{2}O_2 \longrightarrow CO+110.4kJ/mol$$

$$C+CO_2 \longrightarrow 2CO-172.5kJ/mol$$

$$C+H_2O \longrightarrow CO+H_2-131.3kJ/mol$$

由于焦炭与 O_2 和 H_2O 的反应有与 CO_2 反应相类似的规律，大多数国家都用焦炭与 CO_2 间的反应特性评定焦炭反应性。焦炭反应性与焦炭块度、气孔结构、光学组织、比表面积、灰分的成分和含量等有关。

根据 GB/T 4000—96 焦炭的反应性及反应后强度实验方法，称取直径 20mm、质量 200g 的焦炭试样，置于反应器中，在（1100±5）℃时与 CO_2 反应 2h 后，以焦炭质量损失的百分数表示焦炭反应性（*CRI*）。反应后的焦炭经Ⅰ型转鼓试验后，大于 10mm 粒级焦炭占反应后焦炭的质量百分数，表示反应后强度（*CSR*）。

（2）焦炭的燃烧性　作为燃料是焦炭的主要用途，发热量、着火温度等是焦炭的重要参数。

① 焦炭的发热量　焦炭的发热量是用氧弹量热计测定的，按 GB 213 标准进行，操作精细，误差可在 125J/g 以内。焦炭中的碳、氢、硫、氮都能与氧化合，由其反应热可以计算出焦炭的发热量，其值在 33400～33650J/g。对焦炭 CO_2 反应性有影响的各因素对焦炭的燃烧性也具有相同的影响。

② 焦炭的着火点　焦炭的着火点是指焦炭在干燥的空气中产生燃烧现象的最低温度。高炉焦炭着火温度为 550～650℃。

（3）焦炭抗碱性　它是焦炭在高炉冶炼过程中抵抗碱金属及其盐类作用的能力。虽然焦炭本身的钾、钠碱金属含量很低（约 0.1%～0.3%），但在高炉冶炼过程中，由矿石带入大量的钾、钠，并富集在焦炭中（可高达 3%以上），对焦炭反应性、焦炭机械强度和焦炭结构均会产生有害的影响，危及高炉操作。提高焦炭抗碱能力的措施。

① 采取各种措施降低焦炭与 CO_2 的反应性，提高反应后强度。

② 从高炉操作采取措施，降低高炉炉身上部温度，减少碱金属在高炉内的循环，从而降低焦炭中的钾、钠富集量。

③ 炼焦煤料适当配用低变质程度、弱黏结性气煤类煤。

部分国家的冶金焦炭质量指标对比见表 3-1。

我国 $1000m^3$ 以上高炉冶炼用焦炭质量指标见表 3-2。

我国十家钢铁企业冶金焦炭质量状况见表 3-3。

表 3-1 部分国家冶金焦炭质量指标

指 标	中 国			美国	德国	法国	英国	日本	俄罗斯（大高炉）
	Ⅰ级	Ⅱ级	Ⅲ级						
含硫 $w(S)$/%				0.6	0.9	0.8	0.6	0.6	0.6
焦炭块度/mm	25～75			25～70	25～70	25～70	25～70	25～70	25～60
抗碎强度 M_{40}/%	≥80.0	≥76.0	≥72.0	≥80	≥80	≥75	≥75	DI^{150}_{15}[1]>80 或 DI^{30}_{15}>93	M_{25}≥90
耐磨强度 M_{10}/%	≤8.0	≤9.0	≤10.0	≤7.0	≤6	≤7	≤6.0		M_{10}≤6
灰分 A_d/%	≤12.0	12.01～13.50	13.51～15	7.0	8.0	9.0	8.0	9.0	10.0

① *DI* 系粉化指数。

表 3-2 我国 $1000m^3$ 高炉用焦炭质量指标

炉容级别/m^3	1000	2000	3000	4000	5000
M_{40}/%	>78	>82	>84	>85	>86
M_{10}/%	<8.0	<7.5	<7.0	<6.5	<6.0
反应后强度 *CSR*/%	>58	>60	>62	>64	>65
反应性指数 *CRI*/%	<28	<26	<25	<25	<25
灰分 A_d/%	<13	<13	<12.5	<12	<12
硫分 $S_{t,ad}$/%	<0.7	<0.7	<0.7	<0.6	<0.6
焦炭粒度范围/mm	25～75	25～75	25～75	25～75	30～75
含量(>75mm)/%	<10	<10	<10	<10	<10
含量(<25mm)/%	<8	<8	<8	<8	<8

表 3-3 我国十家钢铁企业冶金焦炭质量状况

指 标		首钢	太钢	邯钢	武钢	攀钢	宝钢	鞍钢	唐钢	包钢	马钢
焦炭质量	M_{40}/%	89(M_{25})76	79.5	78.9	78.8	81.4	89.9	78.4	78.4	78.37	92.5(M_{25})
	M_{10}/%	7.4	7.3	7.45	7.7	7.5	4.9	7.48	8.0	7.77	5.95
	A_d/%	12.4	12.77	12.39	12.57	12.43	11.38	12.72	13.23	13.25	12.52
	$S_{t,ad}$/%	0.60	0.52	0.50	0.51	0.49	0.46	0.55	0.70	0.70	0.61
配煤质量	A_d/%	9.6～9.7	8.5～9.0	<9.5	9～10	10.0	8.5	9.25	10.84	10.21	9.64
	V_{daf}/%	24	25.50	25	25	21.0	27～28	27.28	26.55	25.92	26.93
	$S_{t,ad}$/%	0.66	0.59	0.45	<0.5	<0.5	0.51	0.61	0.81	0.77	0.72
	G	55	85	70	70	65	79	70	70.7		
	Y/mm	19	22	16	17	16	15	13～16	17.11	20.29	19.70

注：各企业焦炭 M_{40}、M_{10} 指标由于取样地点，取样方式的不同，可比性差，最好取高炉入炉焦炭检验其 M_{40}、M_{10} 指标。

3.2 焦炭生产简介

炼铁工业的发展使焦炭的需求量猛增，对其质量要求更为苛刻。我国现有机械化焦炉2000多座，其中炭化室高度大于5m的有106座，年生产能力在5000万吨左右。太钢、马钢、山东兖州的7.63m大型焦炉的投产，标志着我国炼焦装备水平已达国际先进水平。我国一批焦化厂已实现了四大机车自动控制，生产过程也实现计算机控制和现代化管理，一些焦化的技术经济指标已达到国际先进水平。优化备煤、捣固炼焦、煤脱湿，干法熄焦、大型焦炉煤气脱氰脱酚、焦炉废水治理和多项余热回收技术等得到了积极推广。

2006 年全国生产焦炭 2.8 亿吨，产量已多年居世界第一。

焦炭生产过程包括洗煤、配煤、炼焦和产品处理等四个工序。洗煤是为降低煤中的灰分和其他有害杂质而对原煤在炼焦之前进行洗选；配煤是将各种结焦性能不同的煤经洗选后按一定比例配合炼焦，以便在保证焦炭质量的前提下，扩大炼焦用煤的使用范围，合理利用国家资源，并尽可能多得到一些化工产品；炼焦是将配合准备好的煤料，装入焦炉的炭化室，在隔绝空气的条件下，通过两侧燃烧室加热干馏，形成焦炭；焦炭产品的处理是将从焦炉炭化室推出的红热焦炭，送熄焦塔喷水或通惰性气体熄火冷却，再经整粒（筛分分级），获得不同粒度的焦炭产品，分别供给高炉、烧结等用户。焦化生产的工艺流程如图 3-2 所示。

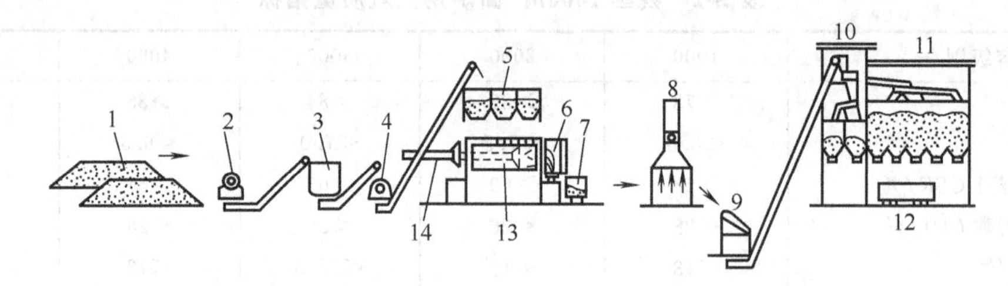

图 3-2　焦化生产工艺流程

1—煤堆；2—破碎机；3—配煤槽；4—粉碎机；5—储煤塔；6—拦焦机；7—熄焦车；8—熄焦塔；9—晾焦台；10—筛分机；11—焦槽；12—装焦车；13—炼焦炉；14—推焦机

炼焦主产品为焦炭，副产品有焦炉煤气以及焦油、粗苯、氨等化学产品。焦炉煤气经洗涤冷却处理后，作为炼焦本身和烧结、热风炉、炼钢、轧钢生产的燃料。其主要成分见表 3-4。

表 3-4　焦炉煤气的化学成分

成分	H_2	CH_4	C_mH_n	CO	CO_2	N_2	O_2
含量/%	54～59	23～28	2～3	5.5～7	1.5～2.5	3～5	0.3～0.7

3.2.1　炼焦煤资源及煤质特性

我国炼焦煤较丰富，但在地区和品种分布上明显存在两个不平衡。从总的分布来看，东部沿海地区煤的储量小，而产量较大，而内陆及西部地区储量高，近几年的产量逐步加大。仅山西、河南、内蒙古、安徽四省区的炼焦煤储量就占全国炼焦煤储量的 70%。从各大区的分布情况看，也很不平衡，华北地区炼焦煤储量约占全国储量的 2/3，其中山西省就占 50%以上。华东地区炼焦煤储量集中在安徽、山东两省。安徽省炼焦煤储量占全国 9%，全省 90%以上的煤集中在淮南、淮北。东北地区炼焦煤储量较少，仅占全国炼焦煤储量的 5%，主要分布在黑龙江、吉林两省。由于东北三省的开发强度大，不少矿区如本溪、抚顺等煤矿资源已经枯竭。

煤是由远古植物残骸没入水中经过生物化学作用，然后被地层覆盖并经过物理化学与化学作用而形成的有机生物岩。煤生成过程中的成煤植物来源与成煤条件的差异造成了煤种类的多样性与煤基本性质的复杂性，并直接影响煤的开采、洗选和综合利用。

根据成煤植物种类的不同，煤主要可分为两大类，即腐殖煤和腐泥煤。

(1) 腐殖煤　由高等植物形成的煤称为腐殖煤。腐殖煤是因为植物的部分木质纤维组织在成煤过程中曾变成腐殖酸这一中间产物而得名。它在自然界分布最广，储量最大。绝大多数腐殖煤都是由植物中的木质素和纤维素等主要组分形成的。

(2) 腐泥煤　由低等植物和少量浮游生物形成的煤称为腐泥煤。腐泥煤包括藻煤和胶泥煤等。藻煤主要由藻类生成，山西浑源有不少藻煤，在山东兖州、肥城也有发现；胶泥煤是无结构的腐泥煤，植物成分分解彻底，几乎完全由基质组成。这种煤数量很少，山西浑源有少量存在。胶泥煤中的矿物质含量大于40%即称为油页岩，我国辽宁抚顺、吉林掸甸、广东茂名和山东黄县等地有丰富的油页岩资源。

由于储量、用途和习惯上的原因，除非特别指明，人们通常讲的煤，就是指主要由木质素、纤维素等形成的腐殖煤。

煤是由有机物和无机物组成，但以有机质为主体。而煤的有机质主要由碳、氢、氧及少量的氮、硫、磷等元素构成。通常所说的元素分析是指煤中碳、氢、氧、氮和硫的测定，这五种元素是组成煤有机质的主体。煤的组成变化与煤的成因类型、煤的岩相组成和煤化度密切相关。煤的元素组成对研究煤的成因、类型、结构、性质和利用等都有十分重要的意义。

(1) 碳　碳是煤中最重要的元素。煤的碳含量随煤化度的升高而增加，褐煤为60%～77%；烟煤为74%～99%；无烟煤为90%～98%。

(2) 氢　氢是煤中第二个重要组成元素，在煤的有机结构中，氢结合在碳的链状或环状结构中。煤的氢含量随煤化度的升高而减少。

(3) 氮　煤中的氮通常都是以有机氮的形式存在，主要由成煤植物中的蛋白质转化而来。煤中氮的质量分数约为0.8%～1.8%，氮的质量分数随煤化度的升高而略有下降。在干馏时，煤中的大部分氮转化为氨与吡啶类等。

(4) 氧　氧是煤的主要元素之一。在整个煤的变质过程中，氧的质量分数随煤化度的增加而迅速降低。从褐煤到无烟煤，煤中氧的质量分数从30%～40%下降为2%～5%。

(5) 硫　硫分是评价煤质的重要指标之一。在炼焦、气化、燃烧等各种用煤工艺中，硫都是一种有害的杂质。硫在煤中以有机硫和无机硫两种形式存在。无机硫主要存在于矿物质中，在洗选煤的过程中可除去一部分；有机硫存在于煤的有机质结构中，很难清除，一般用物理洗选的方法不能脱除。

(6) 磷　煤中的磷主要是无机磷，也有微量的有机磷。炼焦时，煤中磷全部进入焦炭；炼铁时，焦炭中的磷几乎全部进入生铁，使钢铁冷脆。因此，磷是煤中的有害成分。我国的煤源一般含磷都很低，一般不会超过炼焦用煤的工业要求（$<0.03\%$）。因此，我国通常不测定煤中的磷含量。

(7) 矿物质　有原生矿物质和次生矿物质之分。原生矿物质是植物生长期间，从土壤中吸收的碱性物质和成煤过程中泥炭化阶段混入的黏土、沙粒、硫化铁等，前者无法除掉，后者可通过洗选除掉一部分。次生矿物质是指煤在开采过程中混入的顶板、底板和煤夹层中的煤矸石，这部分矿物质密度较大，可用重力洗选法将其除掉。矿物质在煤完全燃烧后以固体形式残留下来，称为灰分。在炼焦过程中，煤的灰分几乎全部残留在焦炭中。

根据腐殖煤的煤化程度将所有的煤分为褐煤、烟煤和无烟煤三大类，再按有关参数将每类煤分成若干小类。

烟煤的煤化程度参数也以无灰基挥发分 V_{daf} 为指标，其工艺性能用表征烟煤黏结性的参数表示。根据黏结性大小，采用黏结指数 G、胶质层最大厚度 Y（或奥亚膨胀度 b）作指标，将其分为贫煤至长焰煤共十二个小类。

褐煤是最年轻的煤，其煤化程度以透光率 P_M 作为区分褐煤和长焰煤的主要指标和褐煤划分小类的指标。按 P_M 值高低，褐煤分为两个小类。

各类煤用两位阿拉伯数码表示。十位数为按煤的挥发分分组，无烟煤为 0，烟煤为 1～4，褐煤为 5。个位数中 1～3 为无烟煤类，1～2 为褐煤类，均表示煤化程度；1～6 为烟煤类，表示黏结性。表 3-5 即为采用上述指标划分的我国煤炭分类总表。

表 3-5　我国煤炭分类总表（GB 5751—86）

类别	符号	数码	分类指标				
			V_{daf}/%	G	Y/mm	b/%	P_M②/%
无烟煤	WY	01	0～3.5				
		02	＞3.5～6.5				
		03	＞6.5～10.0				
贫煤	PM	11	＞10.0～20.0	4≪5			
贫瘦煤	PS	12	＞10.0～20.0	＞5～20			
瘦煤	SM	13	＞10.0～20.0	＞20～50			
		14	＞10.0～20.0	＞50～65			
焦煤	JM	15	＞10.0～20.0	＞65	≤25.0	(≤150)	
		24	＞20.0～28.0	＞50～65			
		25	＞20.0～28.0	＞65	≤25.0	(≤150)	
肥煤	FM	16	＞10.0～20.0	(＞85)①	＞25.0	(＞150)	
		26	＞20.0～28.0	(＞85)①	＞25.0	(＞150)	
		36	＞28.0～37.0	(＞85)①	＞25.0	(＞220)	
1/3 焦煤	1/3JM	35	＞28.0～37.0	＞65	≤25.0	(≤220)	
气肥煤	QF	46	＞37.0	(＞85)①	＞25.0	(＞220)	
气煤	QM	24	＞28.0～37.0	＞50～65			
		43	＞37.0	＞35～50			
		44	＞37.0	＞50～65			
		45	＞37.0	＞65	≤25.0	(≤220)	
1/2 中黏煤	1/2ZN	23	＞20.0～28.0	＞30～50			
		33	＞28.0～37.0	＞30～50			
弱黏煤	RN	22	＞20.0～28.0	＞5～30			
		32	＞28.0～37.0	＞5～30			
不黏煤	BN	21	＞20.0～28.0	≤5			
		31	＞28.0～37.0	≤5			
长焰煤	CY	41	＞37.0	≤5			
		42	＞37.0	＞5～35			＞50
褐煤	HM	51	＞37.0				≤30
		52	＞37.0				＞30～50

① 对 G＞85 的煤再用 Y 值或 b 值来区分肥煤、气肥煤与其他煤类，当 Y＞25mm 时，应划分为肥煤或气肥煤，如 Y≤25mm，则根据其 V_{daf} 的大小而划为相应的其他煤类。当用 b 值来划分肥煤、气肥煤与其他煤类的界线时，V_{daf}≤28.0%，暂定 b＞150%的为肥煤；V_{daf}＞28.0%，则暂定 b＞220%的为肥煤或气肥煤。当按 b 值和 Y 值划分的类别有矛盾时，以 Y 值划分的类别为准。

② 对 V_{daf}＞37.0%、G≤5 的煤，再以 P_M 来确定其为长焰煤或褐煤。

三类煤中变质程度很浅的褐煤和变质程度很深的无烟煤，由于在加热时不能软化形成胶质体，无黏结性，因而不属于炼焦用煤。只有在隔绝空气条件下加热，能软化形成胶质体并结为焦炭的烟煤，才能可用于炼焦。烟煤种类中由于变质程度及黏结性差别很大，所以其结焦性能差异比较大。

① 贫煤　是变质程度最高的一种烟煤，不黏结或微弱黏结，在层状炼焦炉中不结焦，故一般不用于炼焦。

② 贫瘦煤　是黏结性较弱的高变质、低挥发分烟煤。结焦性差。单独炼焦时，焦炭耐磨强度低，产生很多粉焦。但在瘦煤缺乏的地区，配料中煤料较富时，可细粉碎后加入少量作瘦化剂。

③ 瘦煤　是低挥发分的中等黏结性的炼焦用煤。加热过程中能产生相当数量的胶质体。单独炼焦时，能得到块度大、裂纹少、抗碎强度高的焦炭，但焦炭的耐磨强度较差，故作为炼焦配煤使用，效果较好。

④ 焦煤　具有中等挥发分的中等及强黏结性烟煤，加热时能产生较多的胶质体，黏度较大，热稳定性很高，加之挥发分适中，半焦的收缩量和收缩速度小，故焦炭不仅耐磨强度高，而且块度大，裂纹少，抗碎强度高。但单独炼焦时，产生很大的膨胀压力，推焦困难，以致损坏炉墙。所以一般作为配煤炼焦使用，可提高焦炭的机械强度。

⑤ 肥煤　是中等及中、高挥发分的强黏结性烟煤。加热时能产生大量胶质体，且流动性好，热稳定性高，能黏结一部分弱黏结煤。单独炼焦时，可得到强度高的焦炭。但由于挥发分含量较高，半焦形成后收缩量和收缩速度较大，单独炼焦时，焦炭的横裂纹多，易碎成小块；也因膨胀压力较大，推焦困难；焦炭气孔度高，焦饼中心部分常有海绵焦。此为我国炼焦配煤中的基础煤之一。

⑥ 1/3 焦煤　是中高挥发分的强黏结性煤，也是介于焦煤、肥煤和气煤之间的过渡煤。单独炼焦时，能生成熔融性良好，强度较高的焦炭。在配煤炼焦中，其配入量可在较宽的范围内波动而获得强度较高的焦炭。因此，1/3 焦煤也是炼焦配煤中的基础煤。

⑦ 气肥煤　挥发分含量和胶质体厚度都很高，黏结性很强。其结焦性介于肥煤和气煤之间。单独炼焦时能产生大量气体和液体化学产品，因而用于配煤炼焦可增加化学产品的产率。

⑧ 气煤　变质程度较低，挥发分含量很高。加热时能产生一定数量的胶质体，但胶质体的热稳定性差，很容易分解，加之挥发分很高，形成半焦后，收缩大，故焦炭裂纹（纵裂纹）最多，焦块细长，易碎，块度小，焦炭的抗碎强度和耐磨强度均较其他炼焦煤差。但在配煤中增加气煤时，可以降低结焦过程中的膨胀压力，有利于推焦，并增加化学产品。

⑨ 1/2 中黏煤　是一种中等黏结性的中高挥发分烟煤。有一定的黏结性，可作为配煤炼焦时的原料适量配入。

⑩ 弱黏煤　是一种黏结性较弱的从低变质到中等变质程度的烟煤。加热时产生的胶质体较少，炼焦时有的能结成强度很差的小块焦，有的粉焦率很高。

烟煤中还有变质程度浅的不黏煤和长焰煤。前者在加热时基本不产生胶质体；后者有的无黏结性，有的有弱黏结性，其中煤化程度较高者在加热时能产生一定数量的胶质体，也能结成细小的长条形焦炭，但焦炭强度差，粉焦率甚高。因此，这两种煤一般不作炼焦用煤，但在加入黏结剂的情况下，可作为炼制型焦的主要煤料。

3.2.2 炼焦配煤原则及技术要求

(1) 炼焦配煤原则　烟煤中能够单独炼焦或参与配煤炼焦的主要是气煤、肥煤、焦煤、瘦煤四种及其过渡性煤1/2中黏煤、气肥煤、1/3焦煤和贫瘦煤四种。但由于单种煤炼焦在性能上的缺陷及储量上的原因，实际上，都是采用配煤炼焦的。我国大多数地区煤炭有以下特点：

① 肥煤、肥气煤黏结性好，有一定的储量，但灰分和硫分较高，大部分煤不易洗选；

② 焦煤黏结性好，在配煤中可以提高焦炭强度，但储量不多，且大部分焦煤灰分高、难洗选；

③ 弱黏结性煤储量较多，灰分、硫分较低，且易洗选。

炼焦配煤应以肥煤和肥气煤为主，适当配入焦煤，尽量多利用弱黏结性煤。按此原则确定的配煤方案，结合我国煤炭资源的实际，打破了过去沿袭前苏联以焦煤、肥煤为主，少量配入气煤、瘦煤的配煤传统，为合理利用资源和不断扩大炼焦煤源开辟了新的途径。

确定配煤比应以配煤原则为依据，结合本地区的实际情况，尽量做到就近取煤，防止南煤北运及对流，避免重复运输，降低炼焦成本。此外应考虑焦炉炉体的具体情况，回收车间的生产能力，备煤车间的设备情况等，如炉体损坏严重时，配煤的膨胀压力应小些，回收车间生产能力大时，可多配人高挥发分的煤。

为保证焦炭质量，又利于生产操作，配煤应遵循下述原则。

① 配合煤的性质与本厂的煤料预处理工艺以及炼焦条件相适应，保证炼出的焦炭质量符合规定的技术质量指标，满足用户的要求。

② 焦炉生产中，注意不要产生过大的膨胀压力，在结焦末期要有足够的收缩度，避免推焦困难和损坏炉体。

③ 充分利用本地区的煤炭资源，做到运输合理，尽量缩短煤源平均距离，便于车辆调配，降低生产成本。

④ 在尽可能的情况下，适当多配一些高挥发分的煤，以增加化学产品的产率。

⑤ 在保证焦炭质量的前提下，应多配气煤等弱黏结性煤，尽量少用优质焦煤，合理利用我国煤炭资源。

(2) 炼焦配煤的技术要求　炼制焦配合煤的基本质量指标为：

① 灰分　配合煤的灰分在炼焦中全部转入焦炭。由于配合煤的成焦率一般为70%～80%，因此，焦炭灰分约为配合煤灰分的1.3～1.4倍。我国规定一级冶金焦的灰分不大于12%，则配合煤的灰分应不大于9%（按成焦率75%计）。

② 硫　炼焦煤中的硫约有60%～70%转入焦炭，故焦炭中的硫约为配合煤的80%～90%。据此，可根据对焦炭含硫量的要求确定配合煤的含硫量，一般应不大于1.0%～1.2%。

③ 挥发分　配合煤的挥发分高，则焦炉煤气和化学产品的产率也高。但大多数情况下，挥发分过高的煤结焦性较差，因此，多配高挥发分煤会降低焦炭的强度。综合考虑焦炭质量和资源特点，一般大中型高炉用焦的配合煤，可燃基挥发分为28%～32%；中小型高炉用焦，此值可高一些。

④ 胶质层厚度与膨胀压力　胶质层厚度通常反映煤在结焦时的黏结性能。胶质层厚度

大，黏结性强，焦炭的强度高；但过大的胶质层厚度，又使结焦过程中的膨胀压力过大，且收缩量小，对焦炉炉墙的保护不利。我国大中型高炉所用焦炭的配合煤，胶质层厚度为14～20mm，膨胀压力为0.014～0.02MPa。

3.2.3 结焦过程

炼焦炉由一系列相间排列的炭化室和燃烧室组成，两室之间的隔墙用硅砖砌筑。炭化室顶部有装煤孔，准备好的配合煤通过装煤机从装煤孔装入，然后用平煤杆推平。炭化室两侧有可启闭的炉门，推焦后炉门关闭；焦炭成熟后，用移门机移开炉门，借助推焦机将红热焦炭推出，通过拦焦车导入熄焦车。焦炉炉体结构模型如图3-3所示。

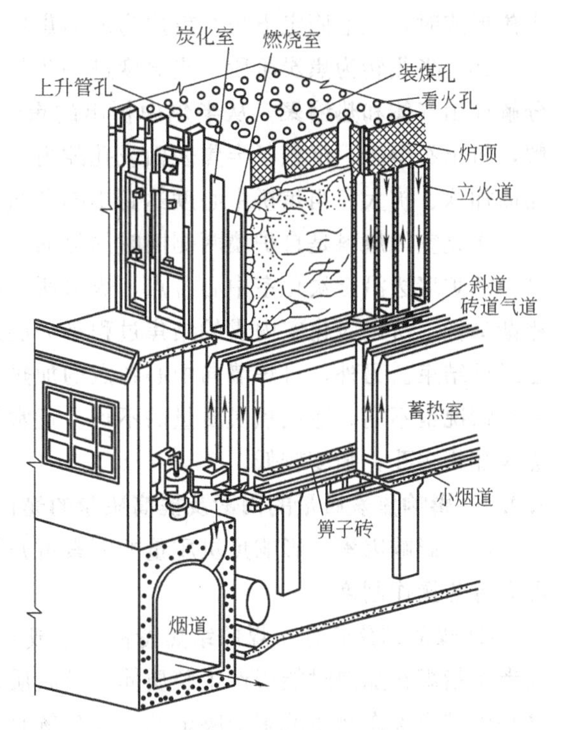

图 3-3 焦炉炉体结构模型图

燃烧室下有空气预热室，预热的空气与焦炉煤气混合燃烧，产生1350℃左右的高温废气，将炉墙加热，炉墙则从两侧把热量传递给炭化室的煤料。煤在隔绝空气的情况下加热干馏，完成炼焦过程。随温度升高，煤料经过干燥、预热、热分解、软化熔融、形成半焦和半焦转化为焦炭。结焦过程见图3-4。

（1）干燥和预热阶段　从煤料装入温度到加热至200℃左右，主要是煤料中的水分蒸发和释放出被吸附的CO_2、CH_4、H_2S等气体，部分结晶水分解，煤质不变，煤料被预热。

（2）部分分解和焦油析出阶段　温度范围在200～400℃左右，煤开始逐步分解，在一般焦炉升温速度下，不同变质程度的煤，其开始分解温度约为：气煤210℃，肥煤260℃，焦煤300℃，瘦煤390℃，贫煤更高。分解放出气体挥发物CO_2、CO、CH_4和结晶水，同时放出少量蒸气压较高的焦油蒸气。

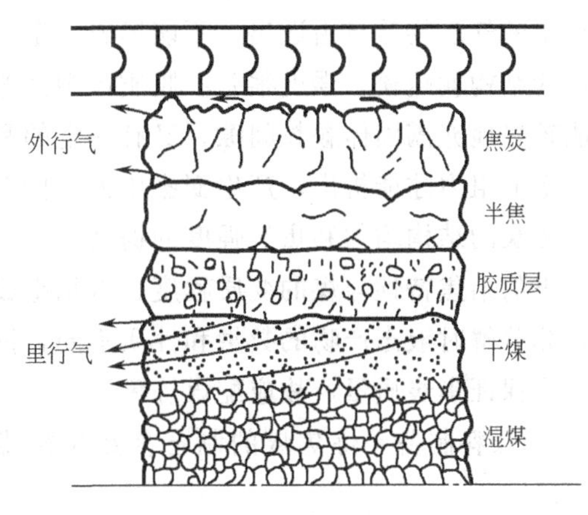

图 3-4 结焦过程

（3）胶质体形成阶段　当温度升高到350～450℃时，煤质继续分解产生大量焦油蒸气和高沸点的液体，它们与残留的固体颗粒一起组成具有一定黏度的胶质体，煤开始软化，固体颗粒被润湿而黏结起来。同时由于胶质体中的气态产物不能自由析出，因而出现膨胀现象。

（4）胶质体固化半焦形成阶段　当温度升高到450～500℃时，胶质体中的液态物质逐渐分解，一部分分解产物呈气体析出，放出大量气体挥发物；一部分在膨胀压力的推动下与胶质体中的固体颗粒融为一体相互缩聚固化，生成固体的、强度不高的多孔状半焦。一般加热速度下，不同变质程度的煤，其胶质体开始固化的温度为：气煤410℃、肥煤460℃、焦煤465℃、瘦煤490℃。温度继续升高到650℃左右时，由于重焦油的析出以及胶质体的逐渐减少，半焦开始收缩，焦质变紧密，强度进一步增大，并产生收缩裂纹。在胶质体形成阶段，由于胶质体具有一定黏度，分解产生的气体不易析出而鼓成很多气泡，当胶质体固化，半焦形成时，气泡固定下来，就成为成品焦炭中的气孔。

(5) 半焦转为焦炭阶段　当温度进一步从650℃升高到950℃时，半焦内的有机质继续分解放出气体和热缩聚，从半焦中析出的重焦油自加热侧析出时，由于受到高温作用被裂解，析出石墨碳，沉积于半焦表面或孔隙内，使焦炭变得更紧密、更坚硬，裂纹也进一步收缩而加深、扩大。当焦饼中心度达到1050℃左右时，焦炭成熟。

炭化室的煤料是自炉墙两侧同时加热的。由于煤的导热性差，传热速度很慢，在同一时刻，从炉墙边沿至炭化室中心各点，煤料所处的温度水平是不一样的，边沿温度高，向中心逐渐降低。所以炭化室内煤的结焦过程是分层进行的，自炉墙边沿开始逐渐向中心推移，中心最后结束。另外，自炉墙向中心各点的加热速度也有很大差异，因而各部位热分解、热缩聚的情况也不同，造成焦炭质量的不均。正常情况下，靠近炉墙处，焦炭强度好，而中心处焦炭疏松多孔，强度较低。

3.2.4 影响焦炭质量的因素及提高质量的途径

(1) 影响因素　影响焦炭质量的因素可归结为三个方面，即煤的结焦特性、煤料制备情况和炼焦操作制度。

① 煤的结焦特性　煤的结焦特性是形成半焦前的黏结性和半焦形成后的收缩性的综合。前者是指煤在加热时能否产生胶质体以及胶质体的数量、流动性及热稳定性。胶质体的多少又是以其中液态物质的多少决定的。煤分解时无液态物质出现，即无胶质体的煤，没有黏结性，不能炼焦，更不能单独炼焦；胶质体中液态物质太少，远远不能充满固体颗粒间隙，分解产生的气态物质自由逸出，不能形成一定的膨胀压力，固体颗粒也不能紧密地黏结起来，焦炭的结构就疏松，强度很差。胶质体中液态产物较多，流动性适宜，热稳定性又好时，则既能较好地充满固体颗粒间隙，又有一定的黏度，此时胶质体的透气性差，气态产物必须克服一定的阻力才能析出，产生膨胀压力，推动固态颗粒互相靠拢和液态产物的均匀充填，有利于焦炭的结构均匀和焦炭强度的提高。

煤的结焦特性与煤的变质程度、岩相组成有关。不同的煤具有不同的变质程度和岩相组成，热分解时液态产物的数量和性质不同，挥发分多少不同，因而具有不同的黏结性和收缩性。为保证焦炭质量，故应配煤炼焦。

② 煤料制备　炼焦煤的制备参数包括煤的水分、粒度组成、堆积密度和配煤的均匀性等。

a. 配合煤的水分　配合煤的水分含量影响其堆积密度和结焦时间，因而影响焦炭的产量、质量，还影响炉体寿命。水分过高时，煤粒表面因水膜存在，彼此产生黏结力而不能达到最紧密排列，使堆积密度降低，炭化室装煤量减少；另外，水分蒸发需吸收大量的热，而中心部分热量传递又很慢，从而延长结焦时间。煤料水分不稳定易造成焦饼中心温度偏低以至出现生焦，影响焦炭强度。一般要求配合煤中的水分含量为7%～10%，并保持相对稳定。

b. 配合煤的细度　配合煤的细度指煤粉碎后 0～3mm 粒级的质量占全部煤料质量的百分数。细度过低，配合煤混合不均，焦炭内部结构不均一，强度降低；细度过高，不仅粉碎煤的动力消耗增加，装煤也困难，而且使煤的体积密度降低，会降低焦炭产量和质量。一般要求配合煤的细度为 80％左右。强黏结煤应粗一些，弱黏结煤和灰分高的煤应细一些。

③ 炼焦操作制度　炼焦操作制度包括升温速度和加热温度。煤粉大量分解出挥发分的先后与煤的变质程度，即煤的种类有关，并受加热速度影响。应根据不同煤种的特性，确定相应的加热速度和加热时间。变质程度较浅的煤，分解温度较低，热稳定性差，应采取提高加热速度的方法，使分解出大量气体的温度恰好在煤质软化阶段，以利于提高膨胀压力，增加煤的结焦性；对于变质程度较深的煤，分解温度较高，应降低加热速度，并相应延长结焦时间，使分解析出大量挥发分的时间提前，有助于裂纹减少。另外，加热温度要适宜。加热温度不够时，焦炭中煤质分解不完全，含生焦多，挥发分高，焦炭疏松，强度低；加热温度过高，焦炭收缩加剧，裂纹多而宽，焦炭变脆，强度也降低。

(2) 提高焦炭质量的途径

① 配入型煤炼焦　配入型煤炼焦工艺是将弱黏结性煤粉炼焦的成熟技术，目前在日本配入型煤炼焦产品占总焦炭产量的 40％～50％。我国宝钢 20 世纪 70 年代末也引进了该工艺，炼焦配煤中配入型煤配入比例约 30％。

型煤炼焦是将配合煤用机械的方法，制成型块（如用圆盘造球机造成 6～12mm 的球粒或对辊成型机压块），然后与一般装炉煤混合装入炭化室炼焦，其所产焦炭耐磨性提高。主要原因是：型块的堆积密度提高，由常规煤料的 0.7 左右提高到 1.1～1.2t/m^3 的水平，因而型煤中煤粒间隙小，相互接触面增大，当煤热解产生胶质体时，即使液态产物较少，也能充满颗粒间隙，显著地增加相互间的黏结作用，由此而提高焦炭的密度和结构强度；同时，这种高密度的型煤同散状煤配合炼焦时，在煤质的软化阶段膨胀压力增大（透气性差所致），对软化状态的配合料有压缩作用，从而强化了型块和煤料颗粒间的黏结，使配合煤的结焦性得到改善。

日本实践表明，型煤的配入量以不大于 40％为宜，否则膨胀压力会超过焦炉的允许值。与常规备煤炼焦相比，焦炭强度可提高 2％～3％。若保持原焦炭强度不变，则可多配入高挥发分的弱黏结煤，从而能更充分利用煤炭资源。

② 预热煤炼焦　用专门的设备将配合煤预热到 150～200℃，再用专门的装煤方法把预热煤加入炭化室炼焦。

预热煤炼焦可提高焦炭的耐磨强度，增加焦炉产量，扩大弱黏结煤的配比。原因是预热煤的堆积密度增大，加热速度提高，结焦性能变好，并使结焦时间缩短。图 3-5 示出预热煤炼焦与常规炼焦法对焦炭强度的影响。可见，

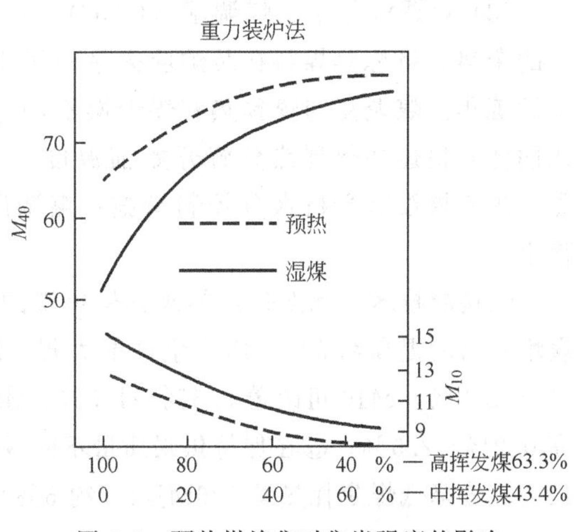

图 3-5　预热煤炼焦对焦炭强度的影响

预热法炼焦对改善焦炭强度的效果是很显著的。

③ 捣固炼焦 捣固炼焦是将配合煤在捣固机内制成体积略小于炭化室的煤饼，再推入炭化室内炼焦。煤料经捣固后，体积密度显著增加，可达0.95～1.1t/m^3，因而能较大幅度地提高焦炭的机械强度，为大量使用弱黏结煤炼焦开辟了新的途径。该工艺的主要缺点是捣固机庞大，煤料水分较高（达10%左右），加之煤饼与炉墙有间隙，影响传热，因而结焦时间要比常规炼焦长2h左右。

3.2.5 焦炉余热利用与烟尘控制

焦炉热平衡计算表明，从焦炉炭化室推出的950～1050℃红焦带出的显热（高温余热）占焦炉支出热的37.52%。目前大多数焦化企业都采用传统的湿法熄焦技术，即将出炉的红焦用喷水的方式熄焦，这种熄焦方式不但使红焦携带的显热无法回收，造成能源严重浪费，而且在熄焦过程中产生大量的废水、废气，大气污染非常严重。

(1) 干熄焦技术 干熄焦（CDQ）是利用150℃的惰性气体冷在干熄槽中与赤热焦炭（950～1050℃）换热，从而冷却焦炭（200℃）。吸收焦炭热量的惰性气体（850℃）将热量传给干熄焦锅炉产生蒸汽并再次冷却，被冷却的惰性气体再由循环风机鼓入干熄槽循环使用。干熄焦锅炉产生的中压（或高压）蒸汽并入厂内蒸汽管网活用于发电。

与常规湿法熄焦相比，干熄焦主要有以下特点：①可回收约80%的红焦显热。平均每熄1t红焦可回收3.9MPa、450℃蒸气0.45～0.58t，蒸气可直接送蒸汽管网，也可发电。②改善焦炭质量，降低高炉焦比。干熄焦与湿熄焦相比，避免了湿熄焦急剧冷却对焦炭性能的不利影响，其机械强度、耐磨性、其比重都有所提高（M_{40}提高3%～6%，M_{10}降低0.3%～0.8%，反应性指数CRI明显降低），高炉焦比降低2.3%，高炉生产能力提高1%～1.5%。③减少环境污染。由于采用惰性气体在密闭的干熄槽内冷却红焦，并配备良好有效的除尘设施，基本消除对环境的污染。在保持焦炭质量不变的情况下，采用干熄焦可在配煤中多用10%～15%的弱黏结性煤，降低炼焦能耗50～60kg/t。

(2) 荒煤气余热利用技术 回收荒煤气带出的显热，对焦化厂节能降耗、提高经济效益具有非常重要的作用。荒煤气带出的热量大部分转移到循环氨水和初冷器的冷却水中，因此，对煤气初冷系统的余热回收主要是回收利用循环氨水和初冷器循环水的热量。

(3) 煤调湿技术 煤调湿（CMC）是“装炉煤水分控制工艺”的简称，是利用焦化厂的余热，将炼焦煤料在装炉前去除一部分水分，保持装炉煤水分稳定在6%左右，然后装炉炼焦。煤调湿与煤预热和煤干燥不同，煤预热是将入炉煤在装炉前用热载体（气体或固体）快速加热到热分解开始前温度（150～250℃），此时煤水分为零，然后装炉炼焦；煤干燥没有严格水分控制措施；煤调湿有严格水分控制措施，能够确保装炉煤水分稳定。

煤调湿技术的优点是：①改善炼焦煤的粒度组成，各粒级煤质变化趋于均匀；②装炉煤堆积密度提高约5%，焦炉生产能力提5%～10%；③焦炭强度大大提高，M40可提高1%～2.5%，M10可改善0.5%～1.5%；④焦炭反应性降低0.5%～2.5%，反应后强度提高0.2%～2.5%；⑤在保持焦炭质量不变或略有提高的情况下，可多配加弱黏结性煤8%～12%；⑥降低煤焦耗热量326MJ/t（约5%）；⑦煤料水分的降低可减少产生1/3的剩余氨水量，减轻了废水处理装置的生产负荷。

(4) 焦炉粉尘、烟尘控制

① 焦炉的烟气控制　焦炉烟气污染源大体上分为两类：一类是阵发性尘源，如装煤、推焦、熄焦等；一类是连续性尘源，如炉内、烟囱等。前一类尘源的排放量约占排尘量80%，其中装煤占60%，推焦、熄焦各占50%，后一类尘源的排放量约占20%。

② 装煤时的烟尘控制　通常采用无烟装炉。为达此目的，装煤时炭化室必须造成负压，以免烟气冲出炉外。产生负压的方法是在上升管或桥管内喷蒸汽或高压氨水（工作压力为196～245kPa），双集气管使用流量为20m^3/h，在上升管根部可产生294～490Pa的负压。结果可使炉顶上空气含尘量减少70%左右。此外还有顺序装煤和煤预热管道装煤等方法。

③ 推焦时的烟尘控制　推焦操作是短暂的，大约持续90～120s（推焦用40～60s，熄焦车到熄焦站约50～60s）。排放物中的固体粒子主要由焦炭粉、未焦化的煤和飞灰组成。每吨推焦的排放物约为0.3～0.4kg，还含有一定量的焦油和碳氢冷凝物。推焦时烟尘控制系统由集烟罩、烟气管道、除尘器三个部分组成。

④ 熄焦时的烟尘控制　湿熄焦时水淋到炽热的焦炭上，将产生大量蒸汽，蒸汽又带出若干焦粉。排出的水雾中所含的杂质使周围的构筑物受到腐蚀。为此在熄焦塔顶部设有百叶板式除雾器，可减少焦尘和排放的雾滴。从推焦和熄焦这两个过程来看，还是采用干熄焦有利于保护环境。

3.3 焦炭代用燃料

高炉冶炼需要大量质量优良的冶金焦，而优质焦炭的生产依赖于结焦性能良好的煤。就目前世界上已探明的煤炭资源来看，这种煤所占比例仅约24%左右。根据我国炼焦煤储量少，而且分布很不均衡，有较多的无烟煤、贫煤或褐煤等资源特点，若能对这些煤种加以开发，用作高炉燃料，不仅可促进地方钢铁工业的发展，又能改变“北煤南运”的状况，并有利于降低生铁成本。

随着新型高效添加剂的研究与使用，用无烟煤，褐煤、或其他弱黏结煤生产的型焦部分或完全取代高炉炼铁的主要燃料焦炭将成为可能；而高炉喷吹煤粉技术的发展，为非结焦煤的利用开辟了更广阔的前景。

3.3.1 型焦

型焦是将弱黏结煤加热，或无黏结性煤加入一定黏结剂，然后热压或冷压成型，再经高温炭化而成焦炭。它是现代炼焦技术的发展和补充。

由于炼焦用煤缺乏，国外从20世纪50年代起就开始进行冶金型焦的试验研究，20世纪60年代中期到70年代初，先后在前苏联、美国、德国、英国、日本等国家650～1350m^3的高炉上进行冶炼试验。

从国内外实践看，型焦生产的共同特点是：利用无烟煤、贫煤、褐煤等非结焦煤作主要原料，加少量焦油、沥青或配入适量弱黏结煤作黏结剂，机械挤压成型，高温炭化成焦。目的是充分利用本国、本地区丰富的自然资源，为高炉生产合格燃料，以代替用结焦煤炼制的冶金焦。

型焦块度均匀，外形规则整齐，冷强度尚可，但热强度差，型块较致密，气孔度低，体积密度大。用于高炉冶炼时，透气性较差，风压偏高，炉尘吹损量较大。不过，在容积较小的高炉上应用，不会给冶炼造成很大困难。

型焦按成型方式，基本上可分为热压型焦和冷压型焦两大类。

（1）热压型焦　热压型焦的生产特点是快速加热，热压成型。首先将高挥发分的弱黏结性煤（如气煤和长焰煤）快速加热到烟煤的塑性温度（一般为430～500℃）。其作用是，使其中部分液态产物来不及热分解和热缩聚，从而使胶质体的固化温度提高，软化温度间隔增大、改善胶质体的流动性；同时，使挥发分在胶质体形成时大量析出，造成适当的膨胀压力，由此改善颗粒间的接触，提高煤的黏结性；在此温度下维持几分钟，使煤质分解形成胶质体后，采用机械的办法，施以一定的外压，将处于胶质状态的煤料压制成型块，促使煤质黏结，并获得一定形状和尺寸的半焦产品。将半焦产品以1.5～2℃/min的速度缓慢升温，热焖一段时间，使胶质体转化为固态物质，以便在进一步加热炭化时不易产生过大的收缩应力而破坏型焦的结构和强度。

热压型焦的工艺流程，根据快速加热所用载热体的不同，可分为两种，即气体载热体热压工艺流程和固体载热体热压工艺流程。

① 气体载热体热压工艺流程　该流程的载热体是热废气，它既可适用于单种弱黏结性煤，也可适用于以无烟煤、贫煤为主体，加入具有黏结性烟煤的配合煤。实践表明，只要煤的胶质体厚度 y 大于6mm，即可成型。

该流程主要由三部分组成：湿煤的干燥预热、快速加热和维持温度及热压成型。采用旋转圆筒干燥机干燥预热，利用快速加热后的废气余热，将湿煤干燥并预热到150～160℃后，送入快速加热设备。采用旋风加热筒快速加热，加热介质（气体载热体）为燃烧炉燃烧煤气生成的高温废气，它经由烟泵来的循环冷却洗涤后的废气配合调节到550～600℃，送入旋风加热圆筒内，形成强烈的旋流，在几秒钟之内将已经预热的煤加热到所要求的塑性温度，再经分离器将煤一气分开，煤料进入维温筒，在塑性温度下维持几分钟，分解形成胶质体。热压成型采用螺旋挤压机和对辊压球机。前者将胶质状态的煤料粉碎、搅拌，挤压成煤带，以利于型球结构的均一，并提高其强度；后者将煤带进一步压制成型球，使煤粒间空隙减小，增加胶质体的不透气性，促进煤粒间的黏结。

② 固体载热体热压工艺流程　该流程对煤的快速加热采用固体物料作载热体（如热半焦、矿粉、无烟煤粉等），如图3-6所示。适用于黏结性煤与低挥发分不黏结煤或黏结煤与高挥发分不黏结煤的半焦的热压型焦。即成型温度取决于煤的性质和配比，可由固体载热体和烟煤的加热温度以及两者的配比来调节。

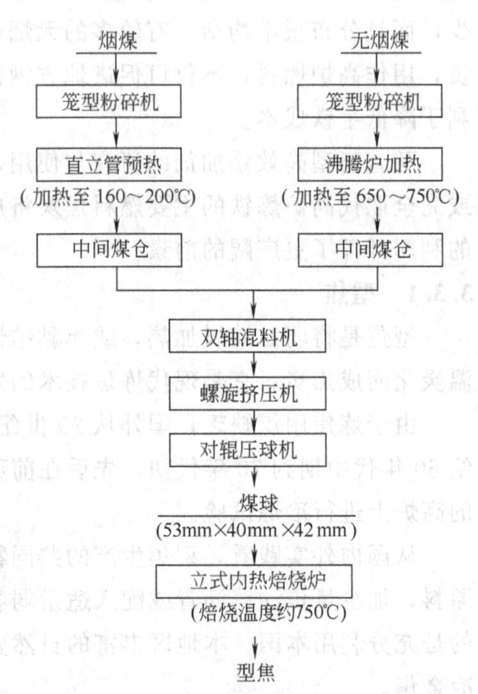

图3-6　固体载热体热压型焦工艺流程

为提高型煤的机械强度，热压型球用外燃内热式炭化炉炭化成型焦。型焦炭化后，抗碎强度 M_{40} 由 42%～51%提高到 66%～74%，耐磨强度 M_{10} 由 43%～44%降至 22%～25%，基本上可用于小高炉。

该流程由于恒温时间不够和缺少热焖手段，对型焦强度有一定影响。它适用于以无烟煤为主体，以烟煤为黏结剂的热压型焦和热压料球（即把矿粉与煤球压在一起）。目前，可供使用的烟煤，其胶质层厚度应在 10mm 以上。

(2) 冷压型焦　冷压型焦是将低挥发分的弱黏结煤或不黏结煤，也有将高挥发分的弱黏结煤或不黏结煤的半焦，配加适量的黏结剂，在黏结剂的软化温度（一般为 50～100℃）下，冷压成型，再经高温炭化而成。

冷压型焦的工艺流程，根据所用煤料的性质和压型情况，我国主要有两种。

① 两段法褐煤、长焰煤冷压流程　对于高挥发分的不黏结性煤制取型焦时，因其收缩性大，全焦率低，气体析出速度快，故应先制成半焦粉，再将半焦粉加黏结剂压制成型。

② 型球—炭化冷压型焦流程　利用无烟煤、贫煤或瘦煤等配入一定数量的黏结剂（如煤焦油、沥青等）冷压成型，然后在高温下炭化成焦。

以无烟煤为原料的工艺，目前多数是配 13%～16%的中温焦油沥青作黏结剂，这些黏结剂在煤中起胶质液相的作用。当前理想黏结剂的研制也是很重要的课题。

3.3.2 喷吹燃料

当前高炉冶炼主要燃料还是焦炭，为降低焦炭的消耗，降低生铁成本，从风口喷吹气体燃料天然气、液体燃料重油、粉状固体燃料煤粉也成为高炉炼铁燃料重要的组成部分。根据各国、各地区资源条件的不同，喷吹燃料的种类又各有侧重。我国天然气和重油相对较少，价格较高，还有更重要的用途，故目前较少采用。无烟煤或弱黏结性的烟煤储量丰富，分布较广，价格低廉，因而已在各类高炉上广泛用作喷吹燃料。高炉喷吹煤粉是将原煤磨制成＜200 网目的粒度，通过管道，从高炉的风口喷入炉内。喷吹用煤基本要求是固定碳含量高，灰分低，有害杂质硫分少，挥发分较低，可磨性好。

思　考　题

1. 焦炭在高炉冶炼中有哪些作用？如何理解焦炭在高炉料柱中的骨架作用？

2. 高炉冶炼对焦炭的化学性质有何要求？对焦炭的机械强度和粒度有何要求？焦炭的抗碎强度和耐磨强度是什么意思？各如何表示？

3. 何谓焦炭的燃烧性和反应性？它们对高炉冶炼有何影响？

4. 焦炭生产的主要工艺过程是怎样的？

5. 我国煤炭是根据什么进行分类的？炼焦用煤主要有哪些？

6. 我国的煤炭资源有哪些特点？我国配煤炼焦的基本原则是什么？

7. 提高焦炭质量可采用哪些新工艺新技术？

4 铁矿粉烧结理论

铁矿粉烧结理论研究主要围绕烧结料特性与混料制备，烧结过程中主要变化的基本规律，成矿机理及产品质量评价等方面进行。

铁矿粉烧结是将细粒含铁物料与燃料、熔剂按一定比例混合，再加水润湿、混匀和制粒成为烧结料，铺于烧结机台车上，通过点火、抽风，借助燃料燃烧产生高温和一系列物理化学变化，生成部分低熔点物质，并软化熔融产生一定数量的液相，将铁矿物颗粒黏结起来，冷却后即成为具有一定强度的多孔块状烧结矿。烧结的目的主要在于以下几个方面。

① 合理地利用矿石资源，满足钢铁工业发展的需要。世界上铁矿石储量很丰富，但富矿很少，贫矿占绝大多数。贫矿直接入炉冶炼很不经济，需要细磨精选；对于复合矿石，为达综合利用之目的，也要选矿。选矿所获精矿粉及天然富矿在开采准备处理过程中产生的粉末（富矿粉），都需要通过造块以增加粒度才能供高炉使用。

② 通过烧结可为高炉提供化学成分稳定、粒度均匀、还原性好、冶金性能优良的优质原料，为高炉优质、高产、低耗、长寿创造良好条件。

③ 烧结可有效地回收利用冶金、化工等生产的含铁废料，如高炉与转炉炉尘、轧钢皮、钢渣、硫酸渣等。既充分利用国家资源，又减轻了环境污染，还可以降低生产成本。

现今烧结生产不仅是作为处理冶金废弃物料的一种手段，而且是用高品位的富矿粉及各种精矿粉为原料，制成成分稳定、粒度均匀、可以控制碱度和有良好机械强度以及冶金性能的优质人造富矿，已成为现代高炉冶炼获取良好经济效益的物质基础。

④ 通过烧结去除某些有害杂质，扩大矿石资源，并回收有益元素，实现矿石资源的综合利用。

4.1 烧结矿质量要求及技术经济指标

4.1.1 烧结矿的质量要求

（1）烧结矿的质量指标　该项指标包括化学成分和物理机械性能两个方面。凡这两个方面所包含的各个指标都符合冶金部规定标准的产品，称为合格品。我国高炉用烧结矿的质量标准见表 4-1，其中 TFe 和碱度 $w(CaO)/w(SiO_2)$ 由企业根据实际情况而定。

（2）烧结矿质量对高炉冶炼的影响　从化学成分看，烧结矿品位越高，愈有利于提高生铁产量，降低焦比；硫的影响则相反，其含量愈低，对冶炼愈有利。但烧结矿品位取决于所使用的原料条件，烧结生产中只能通过合理准确的配料，使之保持稳定，这对高炉冶炼至关重要。入炉矿含铁量稳定是炉温稳定的基础，而炉温稳定又是高炉顺行、获得良好冶炼效果的前提。

表 4-1 铁烧结矿质量指标（YB/T 421—2005）

类别		品级	化学成分/%				物理性能/%			冶金性能/%	
			TFe	$w(CaO)/w(SiO_2)$	FeO	S	转鼓指数（+6.3mm）	抗磨指数（−0.5mm）	筛分指数（−5mm）	低温还原粉化指数 *RDI*（+3.15mm）	还原度指数 *RI*
			允许波动范围		不大于						
碱度	1.50～2.50	一级品	±0.5	±0.08	11.0	0.06	≥68.0	≤7.0	≤7.0	≥72	≥78
碱度	1.50～2.50	二级品	±1.0	±0.12	12.0	0.08	≥65.0	≤8.0	≤9.0	≥70	≥75
碱度	1.00～1.50	一级品	±0.5	±0.05	12.0	0.04	≥64.0	≤8.0	≤9.0	≥74	≥74
碱度	1.00～1.50	二级品	±1.0	±0.1	13.0	0.06	≥61.0	≤9.0	≤11.0	≥72	≥72

烧结矿的碱度应根据各企业的具体条件确定，以能获得较高强度和还原性良好的产品并保证高炉不加或少加石灰石为原则。合适的碱度有利于改善高炉的还原和造渣过程，大幅度降低焦比，提高产量。烧结矿碱度应保持稳定，这是稳定造渣制度的重要条件。只有造渣制度稳定，才有助于热制度稳定和炉况顺行，并使炉渣具有良好的脱硫能力，改善生铁质量。

烧结矿中的 FeO 含量，在一定程度上决定着烧结矿的还原性。因为对普通烧结矿和自熔性烧结矿而言，FeO 的高低与铁橄榄石、钙铁橄榄石等难还原相的含量密切相关，直接受烧结温度水平、气氛性质和烧结矿碱度的影响，因而也可间接反映烧结矿的熔融程度、气孔数量与性质、显微结构等影响其还原性的诸多因素。

研究表明，精粉率越高，烧结含铁原料氧化度越低，烧结矿 FeO 越高。烧结矿碱度高，容易形成生成铁酸钙，有利于降低烧结矿 FeO。改善料层透气性，增加料层厚度，有利于降低烧结矿 FeO。配碳增加，还原气氛增强，烧结矿 FeO 明显上升。

另外，随着烧结矿 FeO 含量的提高，烧结成品率提高，利用系数亦相应提高，当 FeO 含量提高到一定值后，成品率趋于稳定，但由于配碳量的增加，烧结过程透气性变差，利用系数有降低的趋势。同时，当烧结矿 FeO 含量大于 10%时，粉化率急剧上升。同一碱度条件下，烧结矿中铁酸钙和硅酸钙随 FeO 含量变化而变化。FeO 含量升高，铁酸钙降低，硅酸二钙显著升高。FeO 含量在 6%～8%时，铁酸钙达到 30%，硅酸二钙为 7%。为此，从 FeO 对烧结矿自然粉化的影响分析，适宜烧结矿 FeO 含量一般为 6%～8%。

烧结矿的强度好，粒度均匀，粉末少，是保证高炉合理布料及获得良好料柱透气性的重要条件，因而对炉况顺行有积极影响。首钢试验表明，烧结矿中小于 5mm 的粉末含量每减少 1%，高炉产量提高 1%，焦比降低 0.5%。

烧结矿的质量指标中，转鼓指数和筛分指数表示烧结矿的常温机械强度和粉末含量，前者越高越好，后者越低越好。

4.1.2 烧结生产的主要技术经济指标

烧结生产的主要技术经济指标包括生产能力指标、能耗指标及生产成本等。

（1）利用系数　烧结机利用系数是衡量烧结机生产效率的指标，它与烧结机有效面积无关。用单位时间内每平方米有效抽风面积的生产量来表示。

$$利用系数=\frac{台时产量}{有效抽风面积}\quad t/(m^2 \cdot h)$$

式中，利用系数单位为 $t/(m^2 \cdot h)$；台时产量系指每台烧结机每小时的生产量。用一台烧结机的总产量与该烧结机总时间之比来表示，单位为 t/h。该指标体现烧结机生产能力的大小，与烧结机有效面积有关。

(2) 成品率　烧结矿成品率是指成品烧结矿量占成品烧结矿量与返矿量之和的百分数。

$$成品率=\frac{成品烧结矿量}{成品烧结矿量+返矿量}\times 100\%$$

(3) 烧成率　烧成率是指烧结成品烧结矿量占混合料总消耗量的百分数。

$$烧成率=\frac{成品烧结矿量}{混合料总消耗量}\times 100\%$$

(4) 返矿率　返矿率是指烧结矿经破碎筛分所得到的筛下矿量占烧结混合料总消耗量的百分数。即

$$返矿率=\frac{返矿量}{混合料总消耗量}\times 100\%$$

(5) 作业率　日历作业率是描述设备工作状况的指标，以运转时间占设备日历时间的百分数来表示。

$$日历作业率=\frac{烧结机运转时间/h}{日历时间/h}\times 100\%$$

(6) 劳动生产率　该指标综合反映烧结厂的管理水平和生产技术水平，又称全员劳动生产率，即每人每年生产烧结矿的吨数。

(7) 生产成本　生产成本系指生产每吨烧结矿所需的费用，由原料费和加工费两项组成。

(8) 工序能耗　工序能耗是指在烧结生产过程中生产一吨烧结矿所消耗的各种能源之和，kg 标准煤/t。各种能源在烧结总能耗所占的比例：固体燃耗约 70%，电耗约 20%，点火煤气消耗约 5%，其他约 5%。

烧结工序能耗是衡量烧结生产能耗高低的重要技术指标。降低工序能耗的主要措施有：采用厚料层操作，降低固体燃料消耗；采用新型节能点火器，节约点火煤气；加强管理与维护，降低烧结机漏风率；积极推广烧结余热利用，回收二次能源；采用蒸汽预热混合料技术以及生石灰消化技术，提高料温，降低燃耗，强化烧结过程。

4.2 烧结过程及主要变化

烧结生产以带式抽风烧结为主，即烧结混合料通过布料器布于烧结台车上，台车在传动装置的推动下进入点火器。点火器产生的高温气流将烧结料表层的固体燃料点燃。与此同时，由于抽风机的作用，在台车的炉箅下造成负压，空气不断进入料层，并与碳进行燃烧反应，当台车往前移动时，烧结过程沿料层高度不断往下进行，通过控制烧结机速和抽风量大小，可保证在台车移动到机尾处时，烧结过程进行完毕，形成烧结矿饼。当台车沿运行弯道下滑时，烧结矿饼在自身重力作用下脱落，经破碎、筛分得到产品烧结矿。整个烧结机由台车组成一闭合环形链带，因而烧结过程是连续进行的。

由于烧结过程由料层表面开始逐渐往下进行，因而沿料层高度方向就有明显的分层性。

根据各层温度水平和物理化学变化的不同，可以将正在烧结的料层自上而下分五层，依次为烧结矿层、燃烧层、预热层、干燥层和过湿层。点火后五层相继出现，不断往下移动，最后全部变为烧结矿层，如图 4-1、图 4-2 所示。

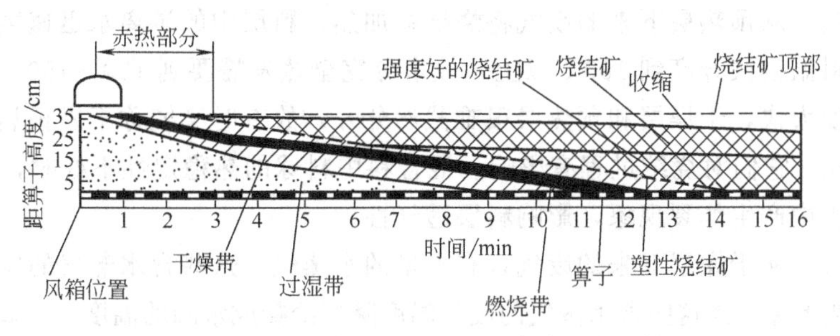

图 4-1 抽风烧结过程中沿料层高度的分层情况

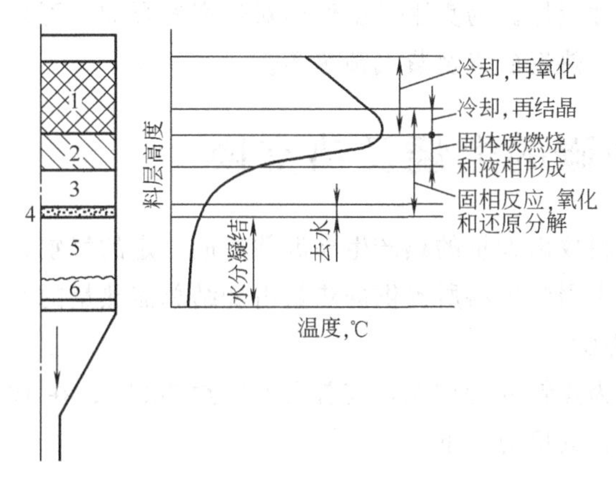

图 4-2 烧结过程各层反应示意图

1—烧结矿层；2—燃烧层；3—预热层；4—干燥层；5—湿料层；6—垫底料层

（1）烧结矿层 从点火烧结开始，烧结矿层即已形成，并逐渐加厚。这一带的温度在1100℃以下，大部分固体燃料中的碳已被燃烧成 CO_2 和 CO，只有少量碳被空气继续燃烧，同时还有 FeO、Fe_3O_4 和硫化物的氧化反应。当熔融的高温液相被抽入的冷空气冷却时，液相逐渐结晶或凝固，并放出熔化潜热。通过矿层的空气被烧结矿的物理热、反应热和熔化潜热所加热。热空气进入下部使下层的燃料继续燃烧，形成燃烧带。热空气的温度随着烧结矿层的增厚而提高，因而下层混合料烧结时，可减少燃料消耗。它可提供燃烧层需要全部热量的 40%左右，这就是烧结过程的自动蓄热作用。

由于气孔度高及气孔直径大，故烧结矿层阻力损失最小。在空气通过的气孔和矿层的裂缝附近，可发生低级氧化物的再氧化。

（2）燃烧层 燃烧层是从燃料着火（600～700℃）开始，至料层达到最高温度（1200～1400℃）并下降至 1100℃左右为止，其厚度一般为 20～50mm，并以每分钟 10～40mm 的速度往下移动。这一带进行的主要反应有燃料的燃烧，碳酸盐的分解，铁锰氧化物的氧化、还原、热分解，硫化物的脱硫和低熔点矿物的生成与熔化等。由于燃烧产物温度高并有液相生成，故这层的阻力损失较大。

（3）预热层 在烧结过程中，预热层的厚度很窄，这一带的温度在 150～700℃范围内，也就是说燃烧产物通过这一带时，将混合料加热到燃料的着火温度。由于温度不断的升高，化合水和部分碳酸盐、硫化物、高价锰氧化物逐步分解。在废气中的氧的作用下，部分磁铁矿可发生氧化。在预热带只有气相与固相或固相同固相之间的反应，没有液相的生成。

(4) 干燥层　从预热层下来的废气将烧结料加热，料层中的游离水迅速蒸发。由于湿料的导热性好，料温很快升高到100℃以上，故水分完全蒸发需要到120～150℃左右。

由于升温度太快，干燥层和预热层很难截然分开，故有时又统称干燥预热层，其厚度只有约20～40mm。它们对烧结过程有影响。混合料中料球的热稳定性不好时，会在剧烈升温和水分蒸发过程中产生炸裂现象，影响料层透气性。

(5) 过湿层　从干燥层下来的废气含有大量的水蒸气，这些含水蒸气的废气遇到底层的冷料时温度突然下降。当这些含水蒸气的废气温度降到冷凝成水滴的温度——露点温度（52～65℃）以下时，水蒸气从气态变为液态，使下层混合料水分不断增加而形成过湿带。过湿带的形成将使料层的透气性变坏。为克服过湿作用对生产的影响，可采取提高混合料温度至露点以上，比如加生石灰、热返矿以及蒸汽预热等。

4.3　烧结料中碳的燃烧及热交换

烧结料层中固体燃料放出大量的热产生高温并造成一定的气氛，为其他物理化学变化提供了必要条件。混合料中固体燃料所提供的热量占烧结总需热量的90%左右。

4.3.1　燃烧反应的热力学

烧结用的固体燃料为焦粉或无烟煤，其着火温度约700℃，在1000～1200℃的点火温度下，燃烧反应立即发生，其反应如下：

$$2C+O_2 \longrightarrow 2CO \qquad \Delta G^{\ominus}=-228800-171.54T \tag{4-1}$$

$$C+O_2 \longrightarrow CO_2 \qquad \Delta G^{\ominus}=-395350-0.54T \tag{4-2}$$

其生成物CO_2、CO还可再次按下列方式反应：

$$2CO+O_2 \longrightarrow 2CO_2 \qquad \Delta G^{\ominus}=-561900+170.46T \tag{4-3}$$

$$CO_2+C \longrightarrow 2CO \qquad \Delta G^{\ominus}=166550-171.0T \tag{4-4}$$

反应（4-1）称为不完全燃烧反应，反应（4-2）称完全燃烧反应，这两个反应的$\Delta G^{\ominus}$均具有较大的负值。反应（4-3）随条件不同可以正向进行，也可以逆向进行。反应（4-4）在高温下向正方向进行，低温下向逆方向进行，常称为歧化反应（也称碳素沉积反应）。

将反应（4-1）至（4-4）的$\Delta G^{\ominus}$-T关系线绘于图4-3中，由图可看出以下几点。

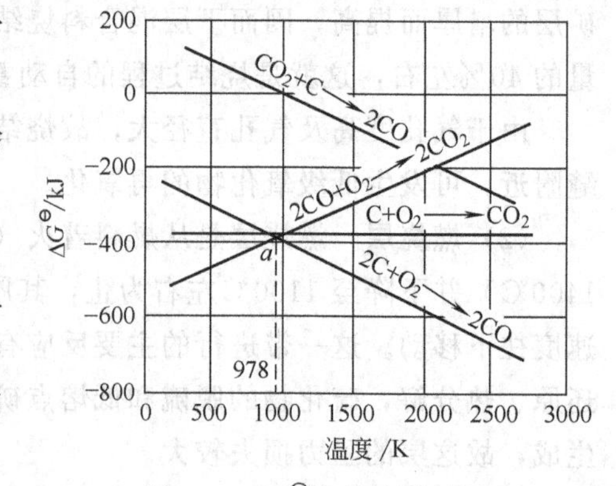

图4-3　$\Delta G^{\ominus}$与温度关系图

① 反应（4-1）的$\Delta G^{\ominus}$-T线斜率为负，这是由于1mol O_2生成2mol CO，而固体碳熵值很小，从而使体系熵增加。

② 反应（4-2）的$\Delta G^{\ominus}$-T线几乎与温度坐标轴平行，说明温度对该反应进行程度的影响很小。

③ 反应（4-3）的$\Delta G^{\ominus}$-T线斜率为正，说明

CO 对 O_2 的亲和力随温度升高而减小。计算表明，在 1000～1200K 温度范围内，随温度升高，反应的平衡常数减小，说明随温度升高，其平衡气相中的 CO 含量增大，也即燃烧的不完全程度增大。

④ 反应（4-4）的 $\Delta G^{\ominus}$ 随温度升高负值增大，说明温度愈高，该反应进行愈完全，即平衡气相中 CO 浓度越大。计算表明，当压力为 9.8×10^4Pa（约 1atm），而温度高于 1000℃时，平衡气相中几乎全是 CO；低温时，几乎全是 CO_2。随压强增大或减小，平衡气相中 CO 的浓度亦会减小或增大。

在烧结料层中反应（4-1）和（4-2）都有可能进行。在高温区有利于反应（4-1）进行，但由于燃烧带较薄，废气经过预热层时温度很快下降，反应（4-1）受到限制。但在配碳过多且偏析较大时，此反应仍有一定程度的发展。反应（4-2）是烧结料层中炭燃烧的基本反应，易发生，受温度的影响较少。反应（4-3）和反应（4-4）的逆反应在较低温度时有可能发生。烧结废气中以 CO_2 为主，只含有少量 CO 和氧气。

4.3.2 燃烧反应的动力学

烧结过程中，固体燃料呈分散状分布在料层中，其燃烧的规律性介于单体焦炭颗粒与焦粒层燃烧之间，固体碳燃烧属于非均相反应。反应过程由五个环节组成。

① 氧通过边界层扩散到固体碳的表面；

② 氧在碳粒表面吸附；

③ 吸附的氧与碳发生化学反应；

④ 反应产物的解吸；

⑤ 反应产物由碳粒表面的边界层向气相中扩散。

假设五个环节中氧向固体碳表面的扩散和氧与碳的化学反应两步速率最小，这样燃烧反应的速率取决于扩散速度和界面化学反应速率。

（1）氧气向固体碳粒表面的扩散迁移速度

$$v_D=D\frac{c_{O_2}-c_{O_2}^{s}}{\delta} \tag{4-5}$$

式中 c_{O_2}——气流中氧的浓度；

$c_{O_2}^{s}$——碳粒表面氧的浓度；

δ——气相边界层厚度；

D——扩散系数，$D\propto T^{1.5\sim2.0}$。

（2）界面上化学反应速率

$$v_R=Kc_{O_2}^{s} \tag{4-6}$$

K——化学反应的速率常数，$K\propto e^{-E/RT}$；

E——反应的活化能；

R——反应常数；

T——反应表面温度。

当 v_D 与 v_R 同步时，即 $v_D=v_R$ 时，整个反应稳定进行，则

$$Kc_{O_2}^{s}=D\frac{c_{O_2}-c_{O_2}^{s}}{\delta}$$

$$c^{s}_{O_2}=\frac{c_{O_2}}{1+\frac{K\delta}{D}}$$

整个反应的总速率

$$v=Kc^{s}_{O_2}=\frac{Kc_{O_2}}{1+\frac{K\delta}{D}}=\frac{1}{\frac{1}{Kc_{O_2}}+\frac{\delta}{Dc_{O_2}}} \tag{4-7}$$

式中，$\frac{1}{Kc_{O_2}}$——表示化学反应阻力；$\frac{\delta}{Dc_{O_2}}$——表示扩散阻力。因此，碳的燃烧反应受两个阻力的控制，它们与温度有很大关系。

低温时 K 很小，D 很大，式（4-7）分母中$\frac{\delta}{Dc_{O_2}}$——趋近于0，则有

$$v=Kc_{O_2} \tag{4-8}$$

总的反应速度属化学反应速率控制范围。

高温时 K 值很大，而 D 相对很小，式（4-7）分母中 $1/KC_0$ 趋近于0，则有

$$v=D\frac{c_{O_2}}{\delta} \tag{4-9}$$

总反应速率属扩散速度控制范围。

由以上分析可知，低温时可通过提高反应温度来加快燃烧反应速率；高温时则可缩小燃料粒度或增大气流速度，增加氧的浓度，以促进燃烧反应。

4.3.3 烧结料层的废气成分及影响因素

烧结料层的废气成分决定料层的气氛性质，氧化、还原区大小，影响燃料的利用率和烧结矿的质量。而废气成分又受多种因素的影响。烧结料层的废气中一般均含有 CO_2、CO、O_2、H_2 和 N_2 等。其相对含量取决于烧结铁料的种类、熔剂用量、燃料用量、还原和氧化反应发展的程度、抽过燃烧层的气体成分和料层的透气性等。其中尤以原料性质及燃料用量的影响最大，见表4-2。

表 4-2 不同烧结条件下燃烧层废气成分

配料组成/%	废气成分 w/%				$w(CO)/w(CO_2)$	过剩空气系数
	CO_2	CO	O_2	N_2		
湿石英＋焦粉(15次平均)	9.3	10.6	3.7	76.4	1.14	1.22
焦粉为5%的非熔剂性烧结矿时	17.8	5.0	2.8	74.4	0.231	1.16
赤铁矿＋25%碳酸钙在不同焦粉量时/%						
3.75	17.7	2.8	6.9	72.6	0.159	1.55
4.00	19.8	3.0	5.4	71.8	0.151	1.27
4.50	20.1	3.9	4.7	71.3	0.194	1.33
5.00	21.9	4.6	2.6	70.9	0.210	1.16
6.00	23.9	5.2	1.2	69.7	0.217	1.07

① 在仅有焦粉燃烧，用湿石英代替矿粉的条件下，其燃烧产物中 CO/CO_2 之比一般在1.1～1.5之间，平均值为1.14，与碳燃烧的机理一致。

② 当烧结料中配入赤铁矿粉时，废气中 CO_2 增加，CO 下降，CO/CO_2 之比降低。原因是矿粉中铁氧化物参加了还原反应：$Fe_2O_3+CO \longrightarrow 2FeO+CO_2$。

③ 烧结料中加入熔剂时，由于 $CaCO_3$ 分解放出 CO_2，使废气中 CO_2 升高，CO 下降，CO/CO_2 随之下降。

④ 其他条件相同，当燃料配比增加时，由于碳粒同空气的接触条件改善，过剩空气系数减小，使得 CO_2 和 CO 都升高，$w(CO)/w(CO_2)$ 升高，O_2 下降，氧化性气氛减弱。

空气中含有水汽或某些烧结料中有结晶水在燃烧层放出时，会发生下述反应：

$$H_2O+C \longrightarrow CO+H_2$$

$$2H_2O+C \longrightarrow CO_2+2H_2$$

上述反应说明废气中还含有 H_2，一般约 2.5%～2.0%。上述反应属吸热反应，可能降低燃烧层温度。但研究指出，燃烧层中有水分存在时，可加速燃烧过程，这是有利的。

通常用燃烧比 $w(CO)/[w(CO)+w(CO_2)]$ 来衡量烧结过程中碳的化学能的利用程度，燃烧比大则碳素利用差，气氛还原性较强，反之碳素利用好，氧化气氛较强。影响燃烧比的因素有燃料粒度、混合料中燃料含量及负压大小。

4.3.4 烧结层的温度分布与蓄热

烧结料层中温度分布的特点如下。

① 由低温到高温，然后又从高温迅速下降到低温的典型温度分布曲线，在燃烧带有最高点。此曲线仅仅随着烧结进程沿着气流方向波浪式的移动不断改变位置，这个特征与料层的高度、原料的特性等其他因素没有什么关系。只有采用新的烧结方法，如烧结料层的预热或烧结矿的热处理时才会改变。

② 燃烧带下部的热交换是在一个很窄的预热及干燥带完成的，它的高度一般小于 50mm，尽管距离很短；但气体可以自 1400～1500℃冷却到 50～60℃。主要是气流速度大，温差大，对流传热量大。另一方面由于料粒有很大的比表面积，彼此紧密接触，传导传热也在迅速进行。

③ 燃烧带温度分布曲线上的最高点温度随着烧结过程的进行有所上升，这主要由于料层的蓄热作用。

沿料层高度的温度分布有明显的规律性，呈波形状态分布。在燃烧带以上，温度逐渐升高；燃烧带以下，急剧下降；到湿料层，稳定在 50～60℃的较低水平；而燃烧层是波峰，可达 1100～1500℃，见图 4-4。随着烧结过程的进行，此曲线沿着气流方向波浪式移动。曲线的基本特征并不随料层高度、原料特性或是其他因素的变化而改变，如图 4-5 所示。

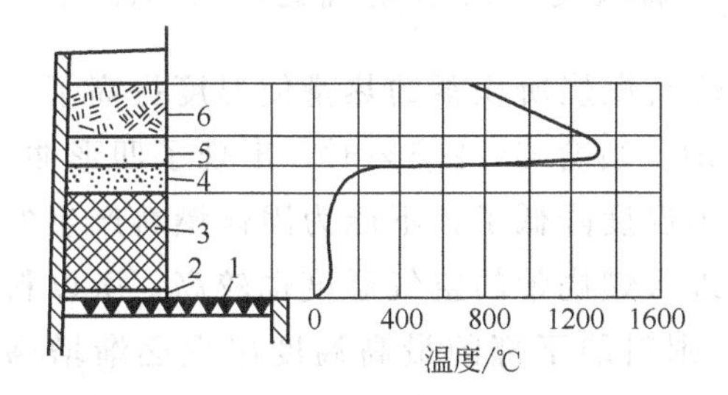

图 4-4 沿烧结料层高度的温度分布

1—炉箅子；2—垫底料；3—湿料层；4—预热干燥层；5—燃烧层；6—烧结矿层

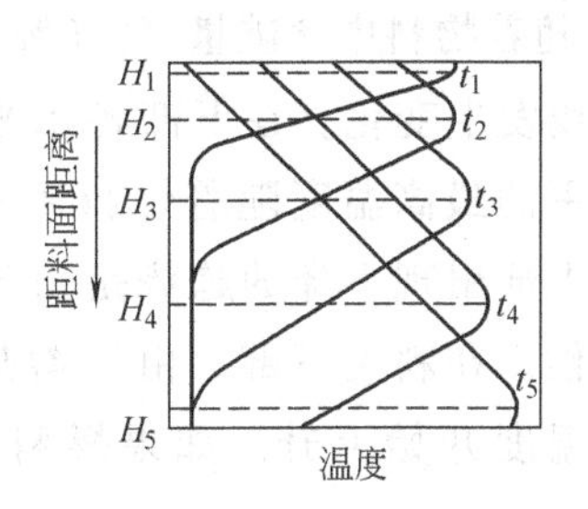

图 4-5 点火后不同时间料层中的温度分布

t_1～t_2—点火后的时间

在空气在抽过烧结矿层时，被烧结矿饼所预热，这物理热被带到燃烧层，燃烧时产生更高的温度。可以认为烧结矿层就像一个加热空气的蓄热器，具有“自动蓄热作用”，由于这种自动蓄热作用是随着烧结矿层的增厚或燃烧层温度的升高而加强的，因此燃烧层愈往下推移，参与燃烧的空气被预热的温度愈高，带给该层物理热愈多，燃烧层的温度水平就愈高。

前苏联Сигов定量研究了烧结过程的自动蓄热作用。将正常配碳的烧结料层沿高度按1cm分割成小单元，以每平方米面积计算每单元的热平衡，计算结果由图4-6示出，它表示出各层热量的变化。从该图可见，到第八层，其蓄热量达到总热量收入的62.9%。

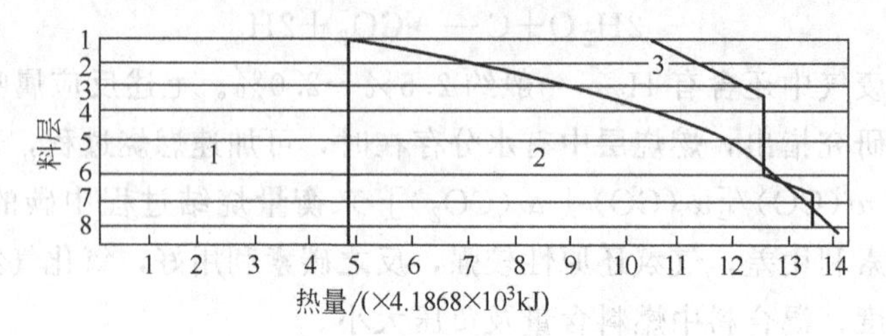

图4-6　沿料层高度各单元热量的变化

1—燃料燃烧热量；2—废气及预热空气的热（蓄热）；3—点火供热

自动蓄热作用提高了烧结过程热能的利用率，可以节省固体燃料消耗。由于使料层温度提高，烧结矿的强度亦得到改善，尤其是中下层烧结矿的强度提高更明显。从节能和改善烧结矿质量出发，应在保证料层透气性的条件下，尽量提高料层厚度。但由于料层厚度的增加，使上下层温差增大，烧结矿质量会出现不均。

(1) 燃料用量对料层温度分布的影响　燃料用量与料层最高温度关系如图4-7。

① 当热波通过不含燃料（0%C）的料层时，最高温度随着热波向下移动而不断降低，因为在每一单元料层中都要留下部分热量而其余部分才为气体带走。如果料层没有其他热补充（固体燃料），继续向下的热波，其最高温度必然逐步下降。

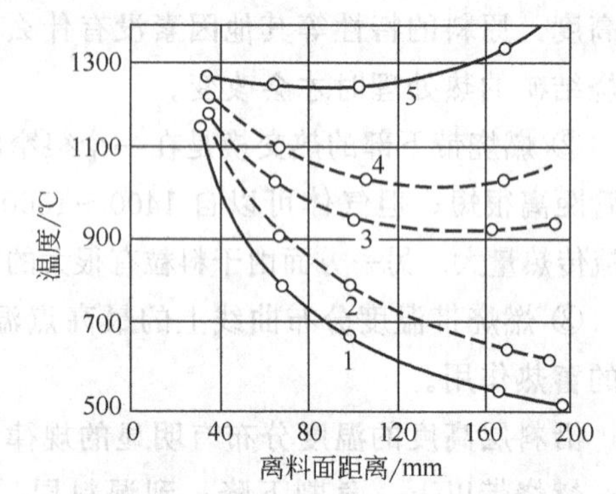

图4-7　燃料用量与料层最高温度关系

曲线1～5分别为碳量0.0，0.5，1.1，1.5和2.5%，物料粒度3～5mm，空气消耗79.5m³/(m²·min)

② 随着物料中含碳量（0.5%～1.5%C）增加，曲线发生变化。在下部各水平面由于固体燃料燃烧所积蓄的热量使温度提高了，在同一水平的最高温度随着燃料用量的增加而增加。当含C=2.5%时，出现了凹形曲线。在料层上部出现下降的趋势是由于热交换过程中温度降低了，不能为固体燃料产生的热量所补偿。在料层下部，由于蓄热条件较好，进入燃烧带的空气温度也较高，所以料层中最高温度开始上升。如果燃料超过一定值，则料层下部的最高温度出现逐渐增高的趋势。

(2) 燃料粒度对烧结温度的影响　粒度过大，一方面使燃烧表面积减少，燃烧速度降低；另一方面，料层透气性改善，风速增大，热量很快被带走，故使燃烧层温度降低。

反之，燃料粒度过小，使燃料过快，即达不到应有的高温，又达不到必要的高温保持时间。适宜的燃料粒度为0.5～3mm。生产中，筛去小于0.5mm的很困难，实际使用粒度为0～3mm。

其他烧结物料的粒度对烧结温度亦有相似的影响。物料粒度大时，传热表面积小，从气流中得到的热量少，因此，燃烧层温度低。故在使用粗粒的富矿粉烧结时，应相应增加燃料配比。燃料及其他烧结料粒度对烧结温度的影响如图4-8和图4-9所示。

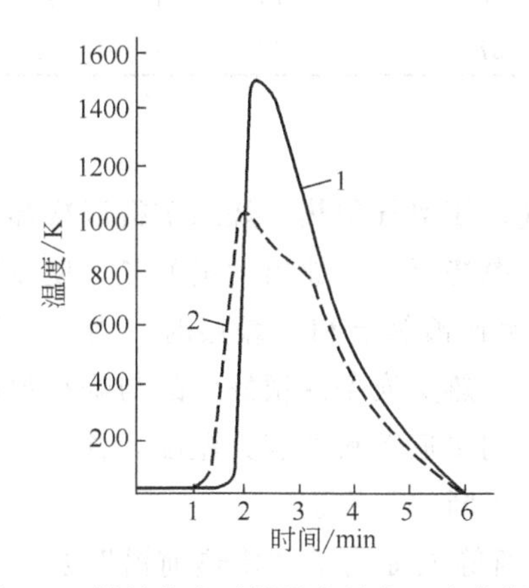

图4-8 燃料粒度对料层中最高温度的影响

1—0～1mm；2—3～6mm

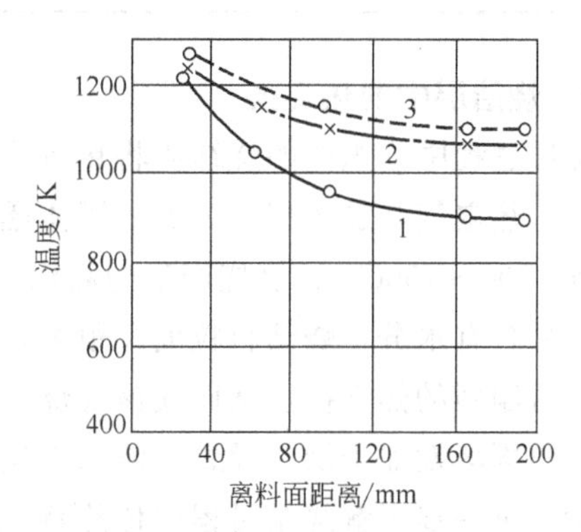

图4-9 物料粒度对料层各水平面最高温度的影响

1,2,3—分别为5～8，3～5，0.84～1.68mm粒级的曲线，料中含碳1.5%，空气消耗量为45.4m^3/(m^2·min)

烧结过程中燃烧速度与传热速度间的配合情况，对高温区温度水平的影响如图4-10所示。当燃烧速度与传热速度同步时，上层烧结矿饼积蓄的热量被用来提高燃烧层燃料燃烧的温度，使物理热和化学热叠加在一起，因达到最高的燃烧层温度（区域Ⅱ）；若燃烧速度小于传热速度，这时燃烧反应放出的热量是在该层通过大量空气带来的物理热之后，高温区温度则下降（区域Ⅰ）；反之，如果燃烧速度大于传热速度，这时上部的物理热不能大量地用于提高下部燃料的燃烧温度，燃烧层温度也降低（区域Ⅲ）。实际生产中多属于两种速度同步的情况，这样，燃料消耗少，料层温度高，燃烧层厚度也薄。

气流速度对高温区温度水平亦有影响。提高气流速度，会降低高温区的温度水平。因为传热速度与气流速度的0.8～1.0次方成正比；而燃烧速度同气流速度的0.5次方成正比。所以气流速度增加，传热速度就快于燃烧速度，两者不同步。

影响高温区温度水平的因素，有的同时也影响高温区厚度，如燃料用量、粒度、燃烧速度与传热速度的配合情况及气流速度等。燃料用量增加和燃料粒度增大，都使燃烧速度变慢，导致高温区变厚，燃料用量的影响见表4-3；燃烧速度与传热速度同步时，厚度减小；反之，两者不同步时，或快或慢都使高温区厚度增大（见图4-10）。由于气流速度对传热和燃烧速度影响程度的不同，因而增大气流速度，使燃烧层变厚。

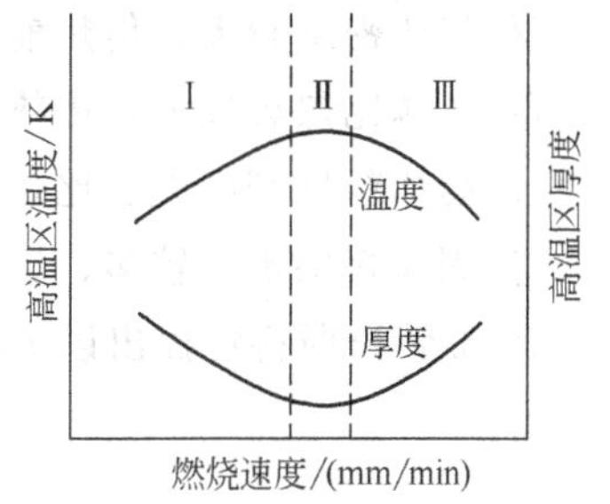

图4-10 燃烧速度同传热速度不同配合时的高温区温度和厚度

表 4-3　烧结料不同含碳量对高温区厚度的影响

含碳量/%	距料面不同位置的高温区厚度/mm				
	28	63	97	164	194
1	12	28	32	48	57
2	12	26	30	44	52
3	16	32	40	56	62
4	21	36	49	67	71
5	30	44	57	74	80

4.3.5　烧结层中的热交换

烧结过程中，炽热的烧结矿将热量传给抽过的空气，使空气预热，烧结矿得以冷却；在燃烧层，热空气与加热到着火点的固体燃料作用，发生燃烧反应，放出大量的热，使该层温度达到1300～1500℃；燃烧产生的高温废气在向下运动到预热层和干燥层时，由于气流速度高，并含有水分，烧结料粒度又很细，传热表面积大，热交换条件很好，故与烧结料间发生着非常剧烈的热交换，从而使该处烧结料温度迅速升到接近燃料的着火温度，并使物料中的水分急剧蒸发而干燥，导致热波和火焰波（燃烧带）不断往下推进。

为了进一步了解烧结过程的传热特性，E. W. 沃伊斯等人提出了“传热前沿”及“燃烧前沿”两个概念，并各自具有以下特性。

① 没有内部热源时，规定当料层温度开始均匀上升时传热前沿即已到达，一般以100℃等温线为准。当配有燃料时，引入燃烧前沿的概念，规定当料层温度迅速上升时表明燃烧前沿到达，一般以600℃或1000℃等温线为基准。

② 热波曲线的特点是以最高温度为中心。两边对称的曲线。因为整个料层比热容相同，空气流速相同；而燃烧波曲线由于配有燃料。所以曲线两边不对称，是不等温曲线。

③ 热波曲线随着热波向下前进，最高温度逐步下降。而且热波曲线不断加宽；而燃烧波曲线随着火焰波（或燃烧带）向下移动，最高点的温度升高。

对不同比热容的气体来说，要完成相同料层（包括种类和料高）的传热过程，都需要消耗同样的热量，所以，气体的比热容小时，传热前沿速度也小。而各固体料的比热容相近，则堆密度大的料，传热前沿速度就慢。

因此，传热前沿速度受下列因素影响。

① 气体速度较大，传热前沿速度较大；

② 气体密度较大，传热前沿速度较大；

③ 气体比热容较大，传热前沿速度较大；

④ 固体料堆密度大、比热容较大，则传热前沿速度较小；

⑤ 固体料层水分较多、碳酸盐较多、料层孔隙率较小，则传热前沿速度较小。

B. B. 勃拉斯科特提出以下热波移动速度公式：

$$v=\frac{h_g\omega}{h_s(1-f)} \tag{4-10}$$

式中　h_g，h_s——单位体积的气体热容和固体物料热容；

ω——单位面积上的气体流速；

f——单位体积料层的空隙率。

烧结总速度取决于燃烧速度和传热速度中最慢的一步，因而要求两者速度快并且尽可能“同步”。在配碳量正常或稍高的情况下，由于氧的供应不够充分，焦粒即使加热到着火点也不会燃烧，这时传热速度可能快于燃烧速度，则烧结的总速度取决于碳的燃烧速度；相反若配碳量较低，氧的供应充分，只要温度达到着火点，燃料立即迅速燃烧，但可能因热量供应不足，温度达不到着火点，即使有剩余的氧，也不会燃烧。此时传热速度慢于燃烧速度，成为烧结速度的限制性环节。

4.4 水分在烧结过程中的行为

烧结料中的水分主要来源于矿石、熔剂、燃料带入的水、混合料混匀制粒时添加的水、空气中带入的水、燃料中碳氢化合物燃烧时产生的水以及混合料中矿物分解的化合水。水分的存在还使烧结料的导热性得到改善，对料层中的热交换是有利的。实践表明，适宜的混合料水分，可达到提高产量的效果。

4.4.1 水分的蒸发

烧结点火燃烧后，废气将烧结料加热，在干燥层中水分受热而蒸发。蒸发条件为气相中水汽的实际分压 p'_{H_2O} 小于该条件下的饱和水蒸气压 p_{H_2O}。饱和蒸汽压是随温度的升高而增大的，当温度升高到 p_{H_2O} 大于外界气相的总压时，即产生沸腾现象。在 0.101325MPa (1atm) 下，水的沸腾温度为 100℃，抽风烧结是在负压状态下进行的，气相总压约为 0.09MPa。因此从理论上讲，烧结料的水分应在低于 100℃下完成蒸发过程。但实测表明，在高于 100℃的烧结料中，仍有水分存在。其原因是废气对烧结料的传热速度很快，当料温已达到水的沸腾温度时，来不及蒸发；少量的分子水和薄膜水同固体颗粒表面间有巨大的结合力，不易逸去。大约需到 120～150℃水分才能全部蒸发完毕。

蒸发的水汽进入废气，干燥层中随蒸发过程的进行，往下移动的废气里实际水汽分压不断升高。相反由于温度的降低，使饱和水蒸气压不断下降，当 $p'_{H_2O}=p_{H_2O}$ 时，水分停止蒸发，干燥过程随即停顿下来。

为加快烧结过程，希望水分蒸发能快速进行，在烧结过程中，单位时间内蒸发的水量可用下式表示：

$$\overline{W}=CF(p_{H_2O}-p'_{H_2O})\frac{p}{p_1} \quad \text{g/h} \tag{4-11}$$

式中 C——与颗粒表面气流速度和蒸发强度有关的系数，当气流速度小于 2m/s 时，$C=4.4\text{g/m}^2$；当气流速度大于 2m/s 时，$C=6.93\text{g/m}^2$；

F——表面积，m^2；

p_{H_2O}——该温度下水的饱和蒸汽压，kPa；

p'_{H_2O}——气相中水汽分压，kPa；

p，p_1——分别为标准大气压和实际大气压，kPa。

由此可见，水分蒸发速度与蒸发表面积、气流速度、混合料温度和原始含水量等因素有关，提高料温及改善料层透气性有利于水分的蒸发。

4.4.2 水汽的冷凝

干燥层带下的废气含有较多的水汽，由于与物料继续进行热交换，温度不断降低，饱和蒸气压随之降低。当饱和蒸气压低于气相中的水汽分压，即废气温度低于该条件下的“露点”时，水蒸气便开始在冷料表面凝结下来，造成烧结料的水分超过原始的适宜水分而形成过湿现象。水汽凝结的条件是p'_{H_2O}大于p_{H_2O}，但水汽凝结后，一则使p'_{H_2O}下降，二则放出的凝结热又使物料温度有所提高，p_{H_2O}亦提高，直至$p'_{H_2O}=p_{H_2O}$时，冷凝停止。

烧结料层过湿的表现，可由炉箅下测得的废气温度变化情况来说明。在烧结料不预热的情况下，点火烧结2～3min后，废气温度总是从15～20℃升高到40～60℃，并一直保持不变，直到干燥层接近炉箅时为止。烧结废气温度变化的基本特征如图4-11所示。曲线上的温度跳跃是废气中水汽凝结放热引起的。

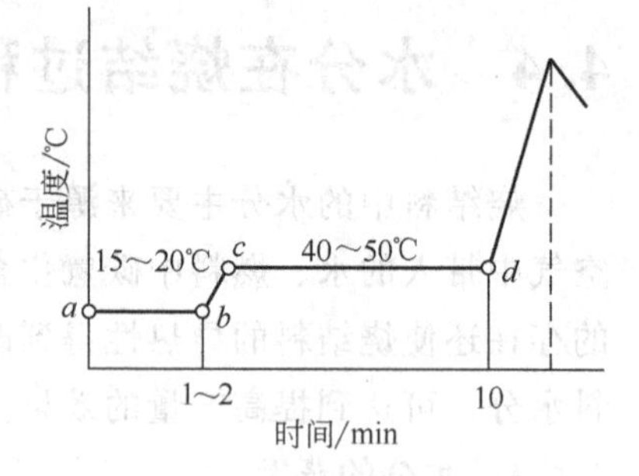

图 4-11 烧结废气温度曲线

过湿层增加的冷凝水量一般约为1%～2%，它与($p'_{H_2O}-p_{H_2O}$)之差值和原料性质有关。此差值越大，冷凝水量越多；反之，则愈少。所以，烧结料的原始料温愈低，原始水分愈高，冷凝水量越多，过湿现象就愈严重；原料粒度愈细，亲水性愈好，湿容量愈大的物料，其含水量多，冷凝水分也愈多，因此烧结细精矿粉时，过湿现象较烧结富矿粉更突出一些。

水汽冷凝造成烧结料过湿，必然恶化料层透气性而影响烧结过程。减轻或消除过湿现象的途径和措施主要有以下。

(1) 提高烧结料的原始温度 将烧结料温提高到露点以上。烧结料的露点与它的含水量和空气消量有关。根据饱和蒸气压图表，可以查得废气中含水汽120g/m^{3}时相应的露点温度为54℃，即料温提高到54℃以上时，理论上即可消除过湿现象。

① 返矿预热混合料 将600℃的返矿直接添加在铺有配合料的上，再进入混合机，在混合过程中，返矿的余热将混合料加热至温度。该方法不需外加热源，合理利用了返矿热量，预热是几种方法中最好的，在1～2min内可将混合料加热到55～60℃，而且省去了热返矿的冷却装置，简化了生产工艺流程。

② 蒸汽预热混合料 在二次混合机内通入蒸汽来提高料温。其特点是既能提高料温又能进行混合料润湿和水分控制、保持混合料分稳定。由于预热是在二次混合机内进行，预热后的混合料即进结机上烧结，因此热量的损失较小。蒸气压力愈高，预热效果愈好。

③ 生石灰预热混合料 利用生石灰消化反应放热提高混合料的温度。鞍钢二烧在采用热返矿预热的条件下，配入2.87%的生石灰，混合料温由51℃提高到59℃，平均每加1%的生石灰提高料温2.7℃。

(2) 提高烧结混合料的湿容量 凡添加具有较大表面积的胶体物质，都能增大混合料的最大湿容量，由于生石灰消化后，呈极细的消石灰胶体颗粒，具有较大的比表面，可以吸附和含有大量水分。因此，烧结料层中的少量冷凝水，将为料中的这些胶体颗粒所吸附和持有，既不会引起料球的破坏，亦不会堵塞料球间的通气孔道，仍保持烧结料层的良好透气性。

(3) 降低废气中的含水量 实际上是降低废气中的水汽的分压，将混合料的含水量降到比适宜水分低1.0%～1.5%，可以减少过湿层的冷凝水。如采用双层布料烧结时，将料层下部的含水量降低，也有一定效果。

4.5 固体物料的分解

4.5.1 结晶水的分解

烧结混合料中的矿石、脉石和添加剂中往往含有一定的结晶水，它们在预热层及燃烧层进行分解。其分解温度比游离水蒸发的温度高得多，如褐铁矿开始分解的温度为250～300℃，到400～500℃时才能完全分解；含有黏土质的高岭土矿物（$Al_2O_3 \cdot SiO_2 \cdot 2H_2O$），其结晶水要高于400℃才开始去除，完全去除则要达到1000℃左右。因此，结晶水的分解是在预热带或燃烧带进行的。其不利影响是分解要吸热，可能使烧结带温度降低。

对含水赤铁矿的研究表明，只有针铁矿（$Fe_2O_3 \cdot H_2O$）是唯一真正的水合矿物，而其他一系列的所谓褐铁矿都只是水在赤铁矿和针铁矿中的固溶体。

在700℃的温度下，烧结料中的水合物都会在干燥和预热带强烈分解。由于混合料处于预热带的时间短（1～2min），如果矿石粒度过粗和导热性差，就可能有部分结晶水进入烧结带。在一般的烧结条件下，约80%～90%的结晶水可以在燃烧带下面的混合料中脱除掉，其余的水则在最高温度下脱除。由于结晶水分解热消耗大，故其他条件相同时，烧结含结晶水的物料时，一般较烧结不含结晶水的物料，最高温度要低一些。为保证烧结矿质量，需增加固体燃料。如烧结褐铁矿时，固体燃料用量可达9%～10%。如果水合矿物的粒度过大，固体燃料用量又不足时，一部分水合物及其分解产物未被高温带中的熔融物吸收，而进入烧结矿中，就会使烧结矿强度下降。

4.5.2 碳酸盐的分解

烧结混合料中通常含有碳酸盐，如石灰石、白云石、菱铁矿等，这些碳酸盐在烧结过程中必须分解后才能最终进入液相，否则就会降低烧结矿的质量。为了获得合格的分解产物，并了解分解反应对烧结及冶炼的影响，需要研究它们分解的热力学及动力学。

碳酸盐分解反应通式表示为：

$$MeCO_3 \longrightarrow MeO + CO_2$$

若用 p_{CO_2} 表示碳酸的分解压，p'_{CO_2} 表示气相中 CO_2 的分压，则碳酸盐开始分解的热力学条件是 $p'_{CO_2} \leqslant p_{CO_2}$，达到化学沸腾的条件是气相总压 $p_{总} \leqslant p_{CO_2}$，其所对应的温度分别叫分解温度和化学沸腾温度。每一种碳酸盐在一定的温度下都有一定的分解压并随温度的升高而升高。不同碳酸盐的分解压与温度的关系可用热化学方程式表示，并由此可计算出不同外界压力下碳酸盐的开始分解温度和化学沸腾温度。从而确知在烧结料层中碳酸盐分解的温度范围与所处的部位。

$CaCO_3$、$MgCO_3$、$FeCO_3$、$MnCO_3$ 四种碳酸盐中最难分解的是 $CaCO_3$，因此若能保证 $CaCO_3$ 分解完全，其他几种碳酸盐分解也可完成。对于 $CaCO_3$ 的分解反应：

$$CaCO_3 \longrightarrow CaO + CO_2$$

$$\lg(p_{CO_2})_{CaCO_3} = \frac{-8920}{T} + 7.54 \tag{4-12}$$

烧结料层中，废气总压约为 0.9×0.101325MPa，废气中 CO_2 分压随烧结条件和所处部位不同而有所不同。根据表 4-1 所列数据，设废气中 CO_2 为 20%，即 p'_{CO_2} 约为 0.18×0.101325MPa，则 $CaCO_3$ 的开始分解温度和化学沸腾温度可计算如下：

开始分解温度：$\lg(0.18)=\dfrac{-8920}{T}+7.54$

$$T=1077K，即\ t=804℃$$

化学沸腾温度：$\lg(0.9)=\dfrac{-8920}{T}+7.54$

$$T=1176K，即\ t=903℃$$

可见，烧结料层中石灰石的分解主要是在燃烧带进行。烧结过程中碳酸盐的分解与纯碳酸盐的分解是有区别的。因为其分解产物 CaO 可与其他矿物进行化学反应，生成新的化合物，如 $CaCO_3$ 和 CaO 可在 600℃左右的固相下与矿粉中的 Fe_2O_3、SiO_2 作用，生成 $CaO \cdot Fe_2O_3$ 和 $2CaO \cdot SiO_2$，这就使得石灰石在温度相同的条件下，分解压力增大，分解变得更容易一些。其反应和热化学方程式如下：

$$CaCO_3+SiO_2 \longrightarrow CaSiO_3+CO_2$$

$$\lg p_{CO_2}=\frac{-4580}{T}+8.57 \tag{4-13}$$

$$CaCO_3+Fe_2O_3 \longrightarrow CaO \cdot Fe_2O_3+CO_2$$

$$\lg p_{CO_2}=\frac{-4900}{T}+8.57 \tag{4-14}$$

将式（4-14）、式（4-13）与式（4-12）比较，在相同温度下，显然前两式计算的分解压要大得多。

烧结料层中碳酸盐虽然有较好的分解条件，但由于燃烧层很薄，烧结速度快（垂直烧结速度可达 20～30mm/min），因此，碳酸盐在高温条件下分解的时间很短，一般仅两分钟左右，石灰石有可能来不及分解完毕就转入烧结矿层了。为此应创造条件，加速其分解反应。

根据碳酸盐分解反应的动力学条件和生产实践，影响石灰石分解速度和完全程度的主要因素是烧结温度、石灰石粒度，与气相中 CO_2 浓度也有关系。温度愈高，分解速度愈快；粒度愈小，分解愈完全。试验表明，小于 10mm 的石灰石，在 1000℃下，含 CO_2 10%的气相中，1～1.5min 内分解完全。虽然烧结过程中可达到这样的条件，而且石灰石粒度小得多，但实际生产中，石灰石常有分解不完全的情况。主要因为 $CaCO_3$ 分解要吸收大量的热，使反应界面温度下降，而供热速度又跟不上，尤其在石灰石量较大的情况下，分解产生的 CO_2 多，气相中 p_{CO_2} 增大，分解温度升高，烧结速度又加快，使分解反应难于进行。图 4-12 表示烧结料中加石灰石对燃烧带温度的影响。

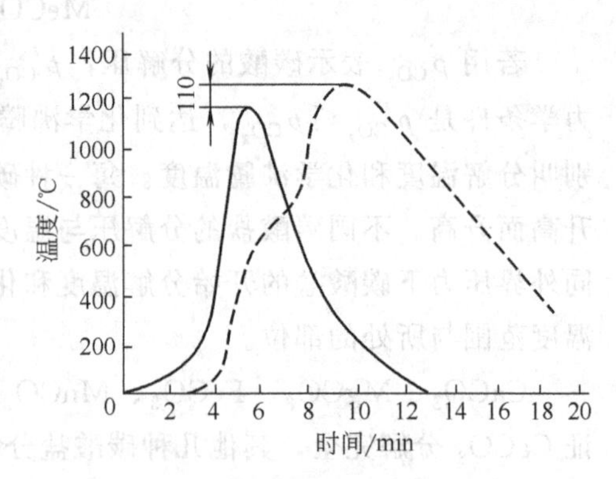

图 4-12 烧结料中添加 5%CaO 对燃烧带温度的影响

---非熔剂性烧结矿；——熔剂性烧结矿

为保证石灰石能充分分解，其粒度应小于 3mm，并在熔剂配比较高的情况下适当增加燃料量。

$CaCO_3$ 的分解产物 CaO 与其他矿物，如 Fe_2O_3、SiO_2、Al_2O_3 等化合生成新矿物的作用，称为 CaO 的矿化作用。生产熔剂性烧结矿时，不仅要求 $CaCO_3$ 完全分解，而且要求 CaO 能充分矿化，否则，残余的游离 CaO（称为白点）在烧结矿储存过程中，吸收空气中的水发生消化反应，生成 $Ca(OH)_2$ 导致体积膨胀，引起烧结矿粉化。

CaO 的矿化程度与烧结温度、石灰石及矿粉粒度、烧结矿碱度有关。烧结温度愈高，石灰石和矿粉粒度愈小，烧结矿碱度较低，CaO 的矿化作用愈完全。其影响程度，可由实验结果反映出来，见图 4-13，图 4-14 和图 4-15。

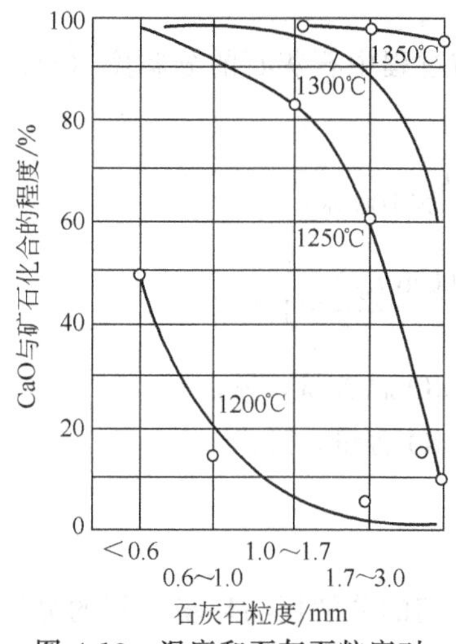

图 4-13 温度和石灰石粒度对 CaO 化合程度的影响

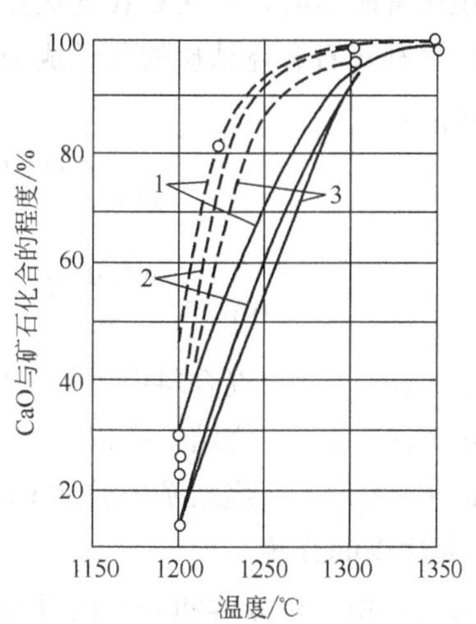

图 4-14 碱度和石灰石粒度对 CaO 化合程度的影响

1,2,3—分别代表碱度 0.8，1.3 和 1.5；

实线、虚线所示石灰石粒度分别为 3～0mm，1～0mm

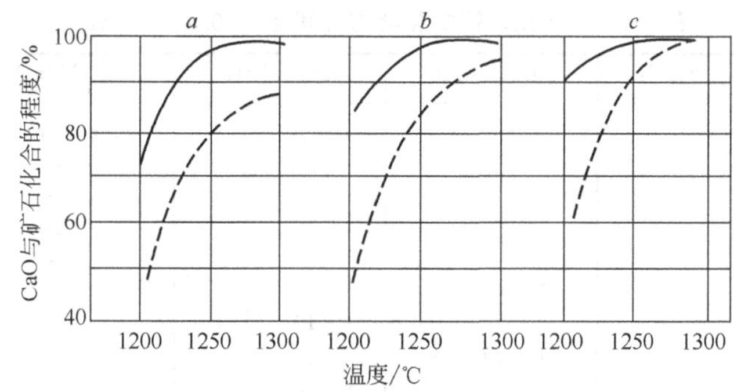

图 4-15 磁铁矿粒度对石灰石中 CaO 矿化程度的影响

a,*b*,*c*—磁铁矿粒度分别为 6～0、3～0、0.2～0mm；

实线，虚线所示石灰石粒度分别为 1～0mm，3～0mm

由图 4-13 可见，温度为 1200℃时，虽然石灰石粒度小于 0.6mm，但矿化程度不到 50%；随温度升高，矿化作用增强，到 1350℃时，尽管石灰石粒度增大到 1.7～3.0mm，矿化程度却接近 100%。从其他两图同样也可看出温度对矿化作用的显著影响。

图 4-14 反映的是不同石灰石粒度与 10～0mm 褐铁矿粉相互作用的关系。同一温度下，石灰石粒度对 CaO 的矿化作用有很大影响。例如在 1250℃时，石灰石粒度为 1～0mm 的

CaO，矿化程度达到88%～95%，而当粒度增大到3～0mm时，矿化程度降到55%～74%。由该图曲线还可看出，碱度较低时，矿化程度要高些。因此，生产高碱度烧结矿时，CaO的矿化程度较差，应创造条件改善其矿化作用。

图4-15表示出矿粉粒度对CaO矿化程度的影响。烧结粒度为0.2～0mm的磁铁矿粉与粒度为3～0mm的石灰石组成的烧结料时，在1300℃下持续1min，CaO可完全矿化（曲线C)；而当磁铁矿粉粒度上限提高到6mm时，CaO的矿化程度下降到87%。可见，适宜的石灰石粒度与矿粉粒度有关。烧结细精矿粉时，石灰石粒度允许稍粗些，一般为3～0mm；而烧结粗粒富矿粉时，石灰石粒度应更细。

可根据石灰石和烧结矿的化学成分按下式计算烧结过程中石灰石的分解度（D）和矿化程度（K_H）。

$$D=\frac{w(CaO_{石})-w(CaO_{残})}{w(CaO_{石})}\times 100\%$$

$$K_H=\frac{w(CaO_{石})-w(CaO_{游})-w(CaO_{残})}{w(CaO_{石})}\times 100\% \qquad (4-15)$$

式中 $w(CaO_{石})$——混合料中以$CaCO_3$形式带入的CaO总含量，%；

$w(CaO_{残})$——烧结矿中以$CaCO_3$形式残存的CaO含量，%；

$w(CaO_{游})$——烧结矿中游离CaO含量，%。

4.5.3 氧化物的分解

金属氧化物能否分解和分解的难易程度，取决于它们的分解压与环境中氧的分压间的关系。当某一温度下氧化物的分解压p_{O_2}大于环境中氧的分压p'_{O_2}时，该氧化物就发生分解；反之，若该氧化物的分解压p_{O_2}小于环境中氧的分压p'_{O_2}时，则被环境中的氧所氧化。

氧化物的分解压随温度升高而升高。表4-4列出铁、锰氧化物在不同温度下的分解压。

表4-4 一些铁、锰氧化物的分解压/×0.101325MPa

温度/℃	$(p_{O_2})Fe_2O_3$	$(p_{O_2})Fe_3O_4$	$(p_{O_2})FeO$	$(p_{O_2})MnO_2$	$(p_{O_2})Mn_2O_3$
327				8.9×10^{-3}	
460				0.21	
527				0.69	2.1×10^{-4}
550				1.00	3.7×10^{-4}
570				9.50	1.2×10^{-2}
727		7.6×10^{-19}			
827			$10^{-18.2}$		
927		2.2×10^{-13}	$10^{-16.2}$		0.21
1027			$10^{-14.5}$		
1100	2.6×10^{-5}				1.0
1127		2.7×10^{-9}	10^{-13}		1.25
1200	9.2×10^{-4}				
1227			$10^{-11.7}$		
1200	19.7×10^{-3}				
1327		3.62×10^{-8}	$10^{-10.6}$		
1383	0.21				
1400	0.28				
1452	1.00				
1500	3.00	$10^{-7.5}$	$10^{-8.3}$		
1600	25.00	$10^{-5.0}$			

同一金属中高价氧化物的分解压高，低价氧化物的分解压低。三种铁氧化物，除 Fe_2O_3 的分解压较高外，Fe_3O_4 和 FeO 的分解压都很小。烧结料层中，气相中氧的分压和温度随部位不同差别很大，在烧结矿层，p'_{O_2} 约为 0.018～0.019MPa，温度低于 1000～1100℃；在燃烧层和预热层，废气中的含氧量平均为 2%～7%，故 p'_{O_2} 约为 0.0018～0.0063MPa，而在碳粒附近此值更低；燃烧层的温度一般为 1300～1500℃。由此，可以分析三种铁氧化物分解的可能性。

Fe_2O_3 在 1300℃和 1383℃时，其分解压分别为 $19.7\times10^{-4}\times0.101325$MPa 和 0.21×0.101325MPa，已达到和超过燃烧层气相中氧的分压；到 1452℃时，升高到 0.101325MPa，超过了烧结废气总压。可见，Fe_2O_3 在燃烧层可发生分解或剧烈分解，生成 Fe_3O_4 放出氧来，其反应式为：

$$3Fe_2O_3 \longrightarrow 2Fe_3O_4 + \frac{1}{2}O_2$$

由于烧结料层在 1300℃以上高温区的停留时间很短，而且在低于此温度下，Fe_2O_3 可能被大量还原，故分解率不会是很高的。

Fe_3O_4 的分解压比 Fe_2O_3 小得多，在 1500℃时也只有 $10^{-7.5}\times0.101325$MPa，远小于烧结气相中氧的分压，故在烧结温度下，单纯的 Fe_3O_4 不能分解。但在有 SiO_2 存在时，Fe_3O_4 可与 SiO_2 化合生成硅酸铁，其分解压与 Fe_2O_3 接近，在温度高于 1300～1350℃的情况下，可按下述反应进行热分解：

$$2Fe_3O_4 + 3SiO_2 \longrightarrow 3(2FeO\cdot SiO_2) + O_2$$

FeO 的分解压比 Fe_3O_4 更低，因而在烧结料层中不可能进行热分解。

4.6 氧化物的还原与氧化

烧结料层中由于存在着高温和一定的氧化性或还原性气氛，因此料层中铁和锰的氧化物会发生氧化与还原反应。这些反应主要发生在烧结料软熔之前，所以对烧结矿的液相成分和矿物组成有很大影响。

4.6.1 铁氧化物的还原

实际烧结矿中，有时存在着微量的金属铁（小于 0.5%～1%）。其原因显然不是烧结过程中 FeO 的分解得到的，而是燃烧层和预热层的废气中存在着还原性气体 CO，特别是高温区的碳粒周围有较强的还原性气氛，料层中就进行着 Fe_2O_3、Fe_3O_4 和 FeO 的还原反应。还原的热力学条件取决于温度水平和气相组成，不同的铁氧化物还原反应进行的情况是不同的。

Fe_2O_3 还原成 Fe_3O_4 的平衡气相组成中 CO 浓度是很低的，可以认为只要气相中有 CO 存在，Fe_2O_3 的还原反应即可发生。在烧结料层中，500～600℃下，反应很容易进行。

$$3Fe_2O_3 + CO \longrightarrow 2Fe_3O_4 + CO_2$$

但在生产熔剂性烧结矿时，由于 CaO 与 Fe_2O_3 在上述温度下可发生固相反应生成 $CaO\cdot Fe_2O_3$，它比自由 Fe_2O_3 难还原一些，故上面还原反应受到限制，这也是生产所希望的。

Fe_3O_4 还原时要求平衡气相中 CO 的浓度较高，因而比 Fe_2O_3 还原要困难。但烧结条件下，在燃烧带仍可进行还原反应。Fe_3O_4 还原成 FeO 的平衡气相组成中 CO_2/CO 之比 700℃时为 1.84，900℃时为 3.47，1300℃时为 10.76。而实际烧结料层的气相中，一般 CO_2/CO 为 3～6，局部区域还原性气氛更强一些，因此在 900℃以上的高温下，Fe_3O_4 可按下式还原。

$$Fe_3O_4 + CO \longrightarrow 3FeO + CO_2$$

在有 SiO_2 存在的情况下，Fe_3O_4 的还原更容易一些，反应如下：

$$2Fe_3O_4 + 3SiO_2 + 2CO \longrightarrow 3(2FeO \cdot SiO_2) + 2CO_2$$

有 CaO 存在时，由于 CaO 与 SiO_2 的亲和力大于 FeO 与 SiO_2 的亲和力，不利于 $2FeO \cdot SiO_2$ 的生成，也就不利于该反应的进行。所以在生产熔剂性烧结矿时，烧结矿中 FeO 含量低，对改善还原性有利。

FeO 还原所要求的还原性气氛更强，平衡气相中 CO_2/CO 值更低。700℃时为 0.67，随温度升高，比值进一步下降，1300℃时为 0.297。一般烧结条件很难达到这样的气相成分，因而 FeO 的还原是很困难的。但烧结料层中气相成分的分布很不均匀，在炽热的碳粒周围，CO_2/CO 值可能很小，或在配碳量很高的情况下，还原性气氛极强，能还原出微量的金属铁，反应为：

$$FeO + CO \longrightarrow Fe + CO_2$$

烧结过程中，H_2 可能参加还原反应，不过 H_2 含量很少；固定碳在 1000℃以上的高温下虽然也可作为还原剂，但因高温持续时间短，再加上固态物质的接触条件差，所以参加还原反应的可能性很小。

4.6.2 铁氧化物的氧化

烧结料层中气相成分分布很不均匀，在离燃料颗粒较远处，CO_2/CO 的值可能很大，氧化性气氛很强，且随着配碳量的减少，料层中总的氧化性气氛也增强，在烧结矿层，大量空气抽入，更属强氧化性气氛。因此，铁的氧化物在受到分解、还原的同时，也受到氧化或再氧化作用。再氧化是指被还原到 Fe_3O_4 或 FeO 后，被 O_2 重新氧化为 Fe_2O_3 或 Fe_3O_4 的过程。还原、氧化发展的程度，将决定着烧结矿的最终化学成分和矿物组成。

烧结磁铁矿粉时，先在预热带和燃烧带中距燃料颗粒较远的地方，将 Fe_3O_4 氧化成 Fe_2O_3；而后在烧结冷却带将 FeO 或 Fe_3O_4 氧化为 Fe_3O_4 与 Fe_2O_3。烧结赤铁矿粉时，主要在燃烧带上部，将 Fe_3O_4 或 FeO 氧化成 Fe_2O_3 或 Fe_3O_4。以上氧化作用随燃料增加而减弱，随燃料减少而加强。当烧结矿饼形成后，在空气通过的孔隙表面、裂缝处发生微弱的第二次氧化，出现次生的 Fe_2O_3。

$$2Fe_3O_4 + \frac{1}{2}O_2 \longrightarrow 3Fe_2O_3$$

$$3FeO + \frac{1}{2}O_2 \longrightarrow Fe_3O_4$$

4.6.3 锰氧化物的分解

烧结料中常见的锰氧化物有 MnO_2、Mn_2O_3、Mn_3O_4。由表 4-3 可见，MnO_2 和 Mn_2O_3 的分解压很高，在预热层或燃烧层中可完全分解，也可被 CO 还原，转化为

Mn_3O_4。而 Mn_3O_4 因分解压很小，分解困难。但它可被 CO 还原成 MnO。

$$Mn_3O_4 + CO \longrightarrow 3MnO + CO_2$$

MnO 比 FeO 还稳定，在烧结条件下既不可能分解，也不能被还原，但可与 SiO_2 化合生成硅酸锰（$2MnO \cdot SiO_2$）。

4.6.4 烧结矿的氧化度及影响因素

烧结矿的氧化度是指烧结矿中铁氧化物氧化的程度，计算方法如下：

$$\Omega = \frac{\frac{16}{56}w(Fe_{FeO}) + \frac{48}{112}[w(TFe) - w(Fe_{FeO})]}{\frac{48}{112}w(TFe)} \times 100\%$$

$$= [1 - w(Fe_{FeO})/3w(TFe)] \times 100\% \tag{4-16}$$

式中 Ω——烧结矿的氧化度，%；

$w(Fe_{FeO})$——烧结矿中以 FeO 形态存在的铁量，%；

$w(TFe)$——烧结矿中的全部铁量，%；

$[w(TFe) - w(Fe_{FeO})]$——烧结矿中以 Fe_2O_3 形态存在的铁量，%。

烧结矿的氧化度对烧结矿的还原性有很大影响。其氧化度高，表示以 Fe_2O_3 形态存在的铁多（Fe_2O_3 的氧化度为 100%），还原性好；反之，则还原性差。因此，在保证烧结矿有足够强度的前提下，应尽量提高其氧化度，以改善还原性。影响烧结矿氧化度的主要因素有以下几个。

（1）燃料用量　燃料配比是影响烧结矿中 FeO 含量的首要因素，它决定着高温区的温度水平和料层的气氛性质，对铁氧化物的分解、还原、氧化有直接影响。表 4-5 为混合料中含 C 量与烧结矿 FeO 含量的关系。

表 4-5　混合料中含 C 量与烧结矿中 FeO 的关系

混合料含 C 量/%	碱度	w(FeO)/%	还原率/%	混合料含 C 量/%	碱度	w(FeO)/%	还原率/%
5.0	1.05	34.41	36.2	4.5	1.04	29.44	43.6
3.0	1.09	24.57	63.3				

可见，在同等烧结条件下，随混合料中含碳量的减少，产品中 FeO 含量显著下降，还原度相应提高。

适宜燃料配比与矿粉性质，烧结矿碱度和料层厚度有关。烧结赤铁矿粉，由于有分解耗热，燃料配比相对较高；对磁铁矿粉，烧结时 Fe_3O_4 氧化放热，燃料应减少；而褐铁矿粉和菱铁矿粉的烧结，因结晶水与碳酸盐分解耗热量很大，燃料配比要更高。采用厚料层和热风烧结，均可减少燃料用量。

（2）烧结矿碱度　提高烧结矿碱度，有利于降低 FeO 含量。因为此种条件下，可形成多种易熔化合物，允许降低燃烧层温度，并阻碍了 Fe_2O_3 的分解与还原。碱度对烧结矿中 FeO 的影响如图 4-16 所示。

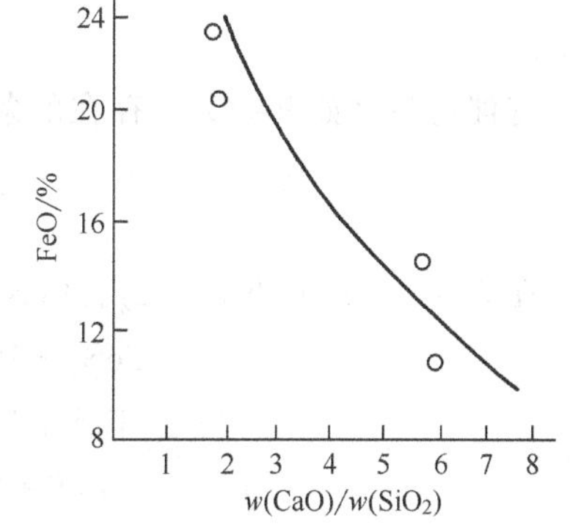

图 4-16　烧结矿碱度对 FeO 含量的影响（C 4.86%～5.38%）

(3) 燃料及矿粉粒度　减小燃料粒度，可使料层中燃料分布更趋均匀，并有助于减少燃料用量，避免局部高温和强还原性气氛。减小矿粉粒度，尤其是磁铁矿粉的粒度，既有利于液相的生成和黏结，又有助于矿粉的氧化，都可促使燃料用量的减少，降低FeO含量。

4.7　有害杂质的去除

烧结料中常见的有害杂质是硫和磷，有的还含有氟、铅、锌、砷等。在烧结过程中，凡能分解、氧化成气态的有害杂质均可去除一部分。

4.7.1　烧结去硫

硫主要来自矿粉，以硫化物为主，常见的有黄铁矿（FeS_2），有时有黄铜矿（$CuFeS_2$）、方铅矿（PbS）和闪锌矿（ZnS）；少数矿粉中有硫酸盐，如石膏（$CaSO_4$）和重晶石（$BaSO_4$）；燃料带入的硫较少，主要为有机硫。

硫的存在形态不同，去除方式和效果亦不同，以硫化物和有机硫形态存在时，较易去除，以硫酸盐形态存在时，不易去除。

(1) FeS_2 中硫的去除　黄铁矿的特点是分解压大，也易氧化，在烧结中易于去除。去除途径是靠热分解和氧化变成硫蒸气或 SO_2、SO_3 进入废气中。

在较低温度下，从黄铁矿着火（366～437℃）到565℃，其分解压较小，FeS_2 中的硫可按下式氧化去除：

$$2FeS_2+5\frac{1}{2}O_2 \longrightarrow Fe_2O_3+4SO_2 \qquad +1668581.5kJ$$

$$3FeS_2+8O_2 \longrightarrow Fe_3O_4+6SO_2 \qquad +2379783kJ$$

当温度高于565℃时，黄铁矿分解和分解生成的FeS及S的燃烧同时进行。

$$FeS_2 \longrightarrow FeS+S \qquad -77901.5kJ$$

$$S+O_2 \longrightarrow SO_2 \qquad +296829kJ$$

$$2FeS+3\frac{1}{2}O_2 \longrightarrow Fe_2O_3+2SO_2 \qquad +1230726kJ$$

$$3FeS_2+5O_2 \longrightarrow Fe_3O_4+3SO_2 \qquad +1722999.5kJ$$

温度低于1300～1350℃时，以生成 Fe_2O_3 为主，高于1300～1350℃时，以生成 Fe_3O_4 为主。

有催化剂（如 Fe_2O_3）存在的条件下，SO_2 可能被进一步氧化成 SO_3，反应式为：

$$SO_2+\frac{1}{2}O_2 \longrightarrow SO_3$$

在500～1385℃下，FeS_2、FeS可被 Fe_2O_3 和 Fe_3O_4 直接氧化，反应如下：

$$FeS_2+16Fe_2O_3 \longrightarrow 11Fe_3O_4+2SO_2$$

$$FeS+10Fe_2O_3 \longrightarrow 7Fe_3O_4+SO_2$$

$$FeS+3Fe_3O_4 \longrightarrow 10FeO+SO_2$$

在有氧化铁存在时，200～300℃下，FeS_2 可被气相中的水蒸气氧化，反应为：

$$3FeS_2+2H_2O \longrightarrow 3FeS+2H_2S+SO_2$$

$$FeS+H_2O \longrightarrow FeO+H_2S$$

其他硫化物（如 $CuFeS_2$、CuS、ZnS、PbS 等）中的硫，在较低温度（400～850℃）下，亦可通过分解或氧化方式变成 S 或 SO_2 去除。

(2) 有机硫的去除　燃料中的有机硫也易被氧化，在加热到 700℃左右的焦粉着火温度时，有机硫按下式反应，燃烧成 SO_2 逸出。

$$S_{有机}+O_2 \longrightarrow SO_2$$

(3) 硫酸盐的去硫　硫酸盐中的硫主要靠高温分解去除。但因硫酸盐的分解温度很高，在空气中，硬石膏（$CaSO_4$）在高于 975℃开始分解，1375℃分解反应剧烈进行；重晶石（$BaSO_4$）在 1185℃时开始分解，1300～1400℃时剧烈进行，因此去除困难。反应如下：

$$CaSO_4 \longrightarrow CaO+SO_2+\frac{1}{2}O_2$$

$$BaSO_4 \longrightarrow BaO+SO_2+\frac{1}{2}O_2$$

在有 Fe_2O_3，或 SiO_2 存在时，可使硫酸盐分解产物的活度降低，热力学条件得到改善，去硫变得容易一些。

$$CaSO_4+Fe_2O_3 \longrightarrow CaO \cdot Fe_2O_3+SO_2+\frac{1}{2}O_2$$

$$BaSO_4+Fe_2O_3 \longrightarrow BaO \cdot Fe_2O_3+SO_2+\frac{1}{2}O_2$$

$$BaSO_4+SiO_2 \longrightarrow BaO \cdot SiO_2+SO_2+\frac{1}{2}O_2$$

硫酸盐的分解要吸收大量的热，其必要条件是高温。

(4) 影响去硫的因素　由去硫反应可知，以硫化物形态存在的硫，主要靠氧化去除，以硫酸盐形态存在的硫，主要靠高温分解去除，又都属气-固两相间的反应。因此，凡是影响反应表面积、气相气氛性质与扩散条件、烧结温度水平的因素，都将影响去硫效果。

① 矿粉粒度及性质　矿粉粒度主要影响料层透气性，从而影响 O_2 及 SO_2 等的扩散条件，还影响去硫反应的表面积。粒度较小时，内扩散半径小，硫化物分解或氧化的比表面积大，有利于去硫反应；但粒度过细或造球不好，严重恶化料层透气性，空气抽入量减少，不利于 O_2 的供应和 SO_2 等产物及时排出，同时造成烧结不均，产生很多夹生料；粒度过大，外扩散条件虽改善，但内扩散和传热条件变坏，反应比表面积减小，均不利于去硫。矿粉粒度对去硫效果的影响，见图 4-17。适宜的矿粉粒度介于 1～0 和 6～0mm 之间。考虑到破碎筛分的经济合理性，采用 6～0 或 8～0mm 的粒度较为合适，硫高者以不大于 6mm 为宜。

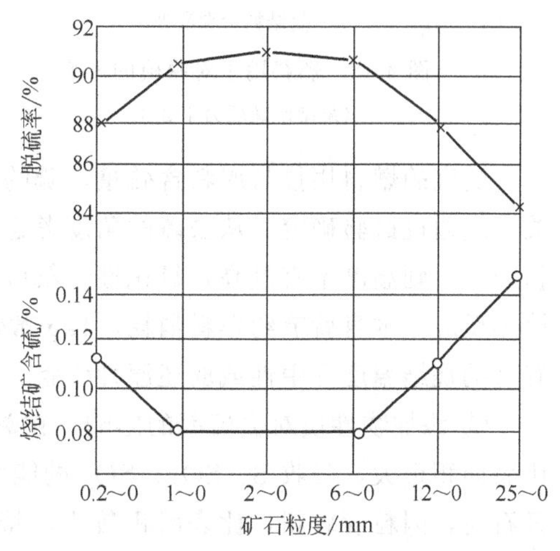

图 4-17　矿石粒度对脱硫的影响

（烧结矿碱度为 1.25；碳的用量为 4%）

矿粉性质主要指品位、脉石含量、硫含量与存在形态。矿粉品位高，脉石少者，一般软熔温度较高，要采取较高的烧结温度，有利于去硫。矿石中的硫以硫化物形态存在时因易于去除，故生产普通烧结矿时，去硫率可达90%～98%；而以硫酸盐形态存在时，因去除困难，即使在较好的条件下，去硫率也只能达80%～85%。矿粉含硫量升高，增大了反应物浓度，去硫率可提高，但烧结矿含硫的绝对量增大。

② 燃料用量　燃料用量直接关系着烧结的温度水平和气氛性质，是影响去硫的主要因素。燃料用量不足时，烧结温度低，于分解去硫不利；随燃料用量增加，料层温度提高，有利于硫化物、硫酸盐的分解；但燃料配比超过一定范围，则因温度太高或还原性气氛增强，使液相和 FeO 增多，而 FeS 在有 FeO 存在时，组成易熔共晶 FeO-FeS，其熔化温度从1170～1190℃降至940℃，表面渣化。这样既因 O_2 浓度降低不利于硫的氧化，又使 O_2 和 SO_2 的扩散条件变坏，均恶化去硫条件，导致脱硫率降低。燃料用量对烧结气氛中 O_2 的浓度，去硫效果的影响如图 4-18 所示。

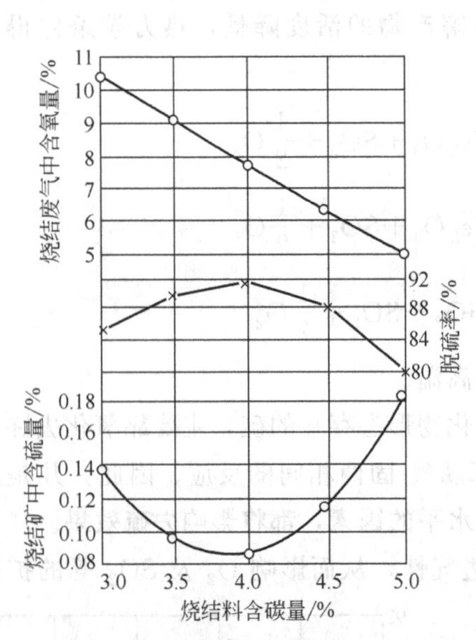

图 4-18　燃料用量对脱硫的影响

（烧结矿碱度为 1.25）

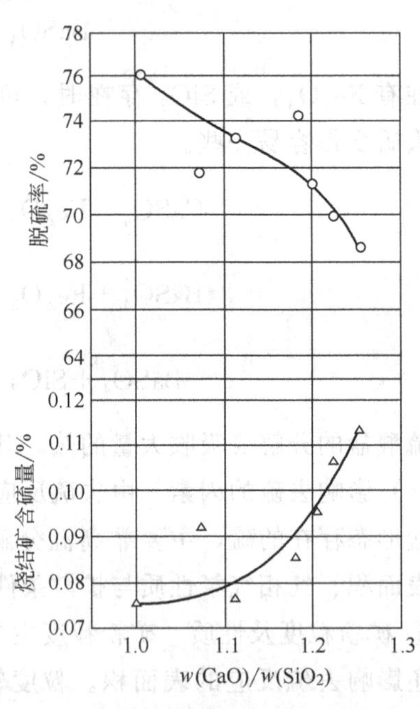

图 4-19　烧结矿碱度和去硫率的关系

适宜的燃料用量与原料含硫量、硫的存在形态、烧结矿碱度、铁料的烧结性能等因素有关，应通过试验确定。从去硫的角度考虑，首先应了解原料中硫的主要存在形态。若以硫化物为主，则温度不宜过高，氧化性气氛应很强，适宜的燃料配比就较低。因为硫化物氧化是放热反应，本身就节约燃料消耗，1kg 黄铁矿约相当于 0.3kg 燃料。若以硫酸盐为主，则应有高的烧结温度和中性或弱还原性气氛，燃料配比相应较高。

③ 添加物性质对去硫率的影响　在碱度相同时，添加消石灰和生石灰，因其粒度极细，比表面积很大，吸收 S、SO_2、SO_3 的能力更强，对脱硫率的影响更大；而添加石灰石、白云石时，因粒度较粗，比表面积较小，特别是在预热带分解放出 CO_2，阻碍了气流中硫的吸收，且 MgO 能与烧结料中的某些组分形成较难熔的矿物，使烧结料的软化温度升高，因而比前两种添加物对去硫的影响小。

烧结矿碱度和添加物的性质。随烧结矿碱度的提高，脱硫效果明显降低，如图 4-19 所示。其原因为烧结矿中添加熔剂后，由于生成低熔点物质，熔化温度降低，液相数量增多，恶化了扩散条件；在相同的燃料配比下，烧结温度降低，不利于去硫反应；碱度提高，熔剂分解后透气性改善，烧结速度加快，高温持续时间缩短，也于去硫不利；高温下，CaO 和 $CaCO_3$ 都有很强的吸硫能力，生成 CaS 残留于烧结矿中，从而使烧结矿含硫量升高。矿粉品位愈低，烧结矿碱度愈高，加入的熔剂愈多，对脱硫影响愈大。如某厂曾用低铁高硅矿粉生产高碱度烧结矿，当碱度由 1.49 提高到 2.48 时，其脱硫率由 42%降到 30%。因此，生产高碱度烧结矿时最好多配用低硫矿粉。

另外，添加铸铁屑对加速硫酸盐中硫的去除有显著效果。添加 10%的铸铁屑烧结 3min 后，其脱硫率为未加铸铁屑的 2.7 倍。

$$BaSO_4 + 4Fe \longrightarrow BaO + FeS + 3FeO$$

④ 操作因素　良好的烧结操作制度是提高烧结去硫率的保证条件。主要应考虑布料平整，厚度适宜，使透气性均匀；控制好机速，保证烧好烧透。

4.7.2 氟、砷、铅、锌的去除

我国包头白云鄂博矿含氟较高，它在矿石中以萤石（CaF_2）的形态存在。烧结过程中的去氟反应为：

$$2CaF_2 + SiO_2 \longrightarrow 2CaO + SiF_4 \uparrow$$

生成的 SiF_4 很易挥发，进入废气中，但在下部料层中又部分地被烧结料吸收。

当 SiF_4 遇到废气中的水汽时，会按下式分解：

$$SiF_4 + 4H_2O(g) \longrightarrow H_4SiO_4 + 4HF \uparrow$$

水蒸气还可直接与 CaF_2 发生下列反应：

$$CaF_2 + H_2O(g) \longrightarrow CaO + 2HF \uparrow$$

生成的 HF 也进入废气中。

由此可见，生产熔剂性烧结矿，加入 CaO 对去氟不利；而增加 SiO_2 有利于去氟。往烧结料中通入一定的蒸气，生成挥发性的 HF，可提高去氟效果。一般烧结过程中氟的去除率可达 10%～15%，操作正常时可达 40%。

含氟废气既危害人体健康，又腐蚀设备，故应回收。

含砷矿石存在形态可能有：毒砂（砷黄铁矿 FeAsS），斜方砷矿（$FeAsS_2$），臭葱石（含水砷酸铁 $FeAsO_4 \cdot 2H_2O$）等。

在 500℃左右的氧化性气氛中，砷黄铁矿和斜方砷铁矿可被部分氧化成 As_2O_3，反应如下：

$$2FeAsS + 5O_2 \longrightarrow Fe_2O_3 + As_2O_3 + 2SO_2$$

$$2FeAsS_2 + 7O_2 \longrightarrow As_2O_3 + Fe_2O_3 + 4SO_2$$

含水砷酸铁脱水和分解后，可以转化为 As_2O_3。它在 200～300℃分解失去一个 H_2O，到 400～500℃再次分解变为无水砷酸铁，在高于 1000℃时剧烈分解：

$$4FeAsO_4 \longrightarrow 2Fe_2O_3 + 2As_2O_3 + 2O_2$$

在 600℃左右时，可按下述方式被还原：

$$4FeAsO_4 + 2C \longrightarrow 2Fe_2O_3 + 2As_2O_3 + 2CO_2$$

$$4FeAsO_4 + 4CO \longrightarrow 2Fe_2O_3 + 2As_2O_3 + 4CO_2$$

生成的As_2O_3进入废气中，然后部分冷凝在下部料层中。当生产熔剂性烧结矿时，大部分As_2O_3在生成和升华过程中与CaO作用，生成稳定的砷酸钙：

$$CaO + As_2O_3 + O_2 \longrightarrow CaO \cdot As_2O_5$$

这对去砷是不利的，但烧结料中有SiO_2存在，可以削弱CaO的有害影响，反应为：

$$CaO \cdot As_2O_5 + SiO_2 \longrightarrow CaO \cdot SiO_2 + As_2O_5$$

As_2O_5是不挥发的，它必须还原成挥发的As_2O_3才能从烧结料中去除，反应是：

$$As_2O_5 + 2CO \longrightarrow As_2O_3 + 2CO_2$$

$$As_2O_5 + 2C \longrightarrow As_2O_3 + 2CO$$

烧结过程中砷的去除率不高，一般为30%～40%。要求配用较高的燃料，形成强还原性气氛，将As_2O_5还原成As_2O_3，去砷率才可进一步提高，这与烧结生产氧化气氛的要求有一定矛盾。

As_2O_3为剧毒物质，我国工业卫生标准规定，烟气含砷不得大于$0.3mg/m^3$，烟气允许排放浓度为$160mg/m^3$。故含砷废气应经精细除尘处理方可放散。

矿粉中的铅、锌主要以方铅矿（PbS）和闪锌矿（ZnS）形态存在，它们的氧化物为PbO和ZnO，在烧结温度下均系非挥发性物质，只有还原成金属Pb和Zn时，才能挥发。所以在一般烧结配碳量情况下，铅和锌不能去除。但在加入氯化剂（如2%～3%的$CaCl_2$）的情况下，可去除大部分铅和锌。

4.8 烧结料层中的气流运动

烧结过程必须向料层送风，固体燃料的燃烧反应才能进行，混合料层才能获得必要的高温，物料烧结才能顺利实现。气体在烧结料层内的流动状况及变化规律，关系到烧结过程的传质、传热和物理化学反应的过程，因而对烧结矿的产、质量及其能耗都有很大的影响。

4.8.1 烧结抽风量与烧结生产率的关系

通过烧结料层风量的大小是决定烧结机生产能力的重要因素。根据烧结机生产率的计算式：

$$q = 60Fk\gamma v \tag{4-17}$$

式中 q——烧结机的生产率，t/(台·时)；

k——烧结矿的成品率，%；

γ——烧结矿的堆密度，t/m^3；

v——垂直烧结速度，mm/min；

F——烧结机的有效抽风面积，m^2。

某烧结机烧结某种烧结料时，上式中F、k和γ值基本为定值。因此，烧结机的生产率主要就取决于垂直烧结速度v在一定范围内提高垂直烧结速度，可保持成品率k基本不变，从而提高烧结机的生产率。

研究认为，垂直烧结速度与单位时间、单位烧结面积上所通过的风量近乎成直线关系。在烧结料层气流通道面积一定的情况下，风量可用风速表示，所以通常把垂直烧结速度表示为与风速的关系：

$$c=k'\omega_0^n$$

式中 ω_0——气流速度，m/s；

k'——决定于原料性质的系数；

n——系数，为0.8～1.0。

因此，提高通过料层的空气量，就能使烧结机的生产率增大。在抽风机能力一定的情况下，要增加通过料层的空气量，就必须设法减小气流通过物料的阻力，即改善烧结料层的透气性。

4.8.2 料层透气性及其影响因素

透气性是指固体散料层允许气体通过的难易程度，也是衡量混合料孔隙率的标志。其表示方法常用的有两种。

① 在料层厚度和真空度一定的情况下，用单位时间内通过单位烧结面积的气体流量表示。

$$G=Q/tF \tag{4-18}$$

式中 G——透气性，$m^3/(m^2 \cdot min)$；

Q——气体量，m^3；

t——时间，min；

F——抽风面积，m^2。

显然，当抽风面积和料层高度一定时，单位时间内通过料层的空气量愈大，则表明烧结料层的透气性愈好。

② 在料层厚度、抽风面积和抽风量一定的条件下，用气流通过料层时的压头损失，即用真空度的大小表示。真空度愈高，表示料层透气性愈差，反之亦然。

烧结料层透气性好，既可增大抽风量，提高气流速度，加快垂直烧结速度，增加生产率；还使烧结均匀，增强料层的氧化性气氛，对提高烧结矿的氧化度和去硫效果均有利；此外，由于抽风能耗减少，促使成本降低。所以，料层透气性与烧结生产的关系极大。

表达料层透气性指数应用较广的是E. W. Voice等人在试验的基础上提出的Voice公式。它表示透气性指数、料层厚度、抽风量、抽风面积及抽风负压间相互制约的关系。

$$P=\frac{Q}{F}\left(\frac{h^m}{\Delta p^n}\right) \tag{4-19}$$

式中 P——料层透气性指数；

Q——单位时间内通过料层的风量，m^3/min；

F——抽风面积，m^2；

h——料层高度，mm；

Δp——负压，Pa；

m，n——与烧结料性质和烧结过程有关的系数。

试验表明，m和n随烧结料粒度、水分等性质和烧结过程的不同时期而变化，在某些情况下两者很接近，有的试验结果确定为0.6左右，为方便起见，均取为0.6，于是近似得出透气性指数的通式为：

$$P=\frac{Q}{F}\left(\frac{h}{\Delta p}\right)^{0.6} \tag{4-20}$$

其他条件一定时，若要提高烧结料层厚度 h，就必须相应地增加透气性指数 P 值；若维持 P 值不变，提高料层 h 时，或者风量 Q 将减小，或者抽风负压 Δp 将升高。

E. W. Voice 公式能基本反映出烧结过程中主要工艺参数的相互关系，计算方便，形式简单。该公式已广泛用于烧结机的设计与烧结生产过程的分析。

D. W. Mitchell 从控制散料层气流的最基本因素考虑它们之间的关系，将 Carman 阻力因素及雷诺数的经验公式进行推算。Carman 的形式为：

$$\varphi=\frac{5}{Re}+\frac{0.4}{Re^{0.1}} \tag{4-21}$$

而

$$\varphi=\frac{\Delta p g \varepsilon^3}{h\rho\omega_0^2(S+S_\omega)} \tag{4-22}$$

$$Re=\frac{\rho\omega_0}{\eta S}$$

式中 g——重力加速度；

ε——料层孔隙度；

ρ——气体密度；

S——料粒比表面积；

S_ω——器壁的表面积；

η——气体的黏度系数；

h——料层高度；

ω_0——气流速度；

Δp——负压。

式（4-21）的计算数据与气体或液体通过各种物料时的阻力损失试验数据较吻合，Re 在 0.01～10000 间都是有效的。在烧结料层中，$S_\omega \ll S$，S_ω 可忽略不计。

在层流的情况下，Re 很小，式（4-21）中第二项可忽略不计；在紊流时，Re 很大，该式中第一项可忽略不计，于是便得出以下近似公式：

层流时

$$\varphi=\frac{\Delta p g \varepsilon^3}{h\rho\omega_0^2 S}=\frac{5\eta S}{\rho\omega_0}$$

紊流时

$$\varphi=\frac{\Delta p g \varepsilon^3}{h\rho\omega_0^2 S}=0.4\left(\frac{5\eta S}{\rho\omega_0}\right)^{0.1}$$

将 $\omega_0=Q/F$ 代入，整理得：

层流时

$$\frac{g\varepsilon^3}{5\eta S^2}=\frac{Q}{F}\left(\frac{h}{\Delta p}\right)^{1.0} \tag{4-23}$$

紊流时

$$\frac{g^{0.526}\varepsilon^{1.38}}{0.62\eta^{0.053}S^{0.579}\rho^{0.474}}=\frac{Q}{F}\left(\frac{h}{\Delta p}\right)^{0.526} \tag{4-24}$$

对烧结料层气体流动的雷诺数 Re 计算表明，气流的运动状态处于层流与紊流之间。D. W. 密切尔逐项计算了上述参数后证明与实践完全符合，说明上式是可适用于烧结过程的气流运动的。

式（4-23）与式（4-24）左边项实际就是式（4-18）的透气性指数，用 P 代之，则两式可简化为：

$$P=\frac{Q}{F}\left(\frac{h}{\Delta p}\right)^{n}$$

n 在 0.526～1.0 之间。层流时，$n=1.0$；紊流时，$n=0.526$。这与 E. W. 沃伊斯公式完全一致，并赋予了沃氏公式中 P 的内涵，利用式（4-23）和式（4-24）可以看出影响料层透气性指数的因素及其改善的措施。

层流时
$$P=\frac{g\varepsilon^{3}}{5\eta S^{2}} \tag{4-25}$$

紊流时
$$P=\frac{g^{0.526}\varepsilon^{1.38}}{0.62\eta^{0.053}S^{0.579}\rho^{0.474}} \tag{4-26}$$

料层透气性指数主要取决于料层的孔隙度 ε 及料粒的比表面积 S。因此，提高料层透气性的途径如下。

① 提高料层孔隙度 ε　由于 $P\propto\varepsilon^{1.38\sim3.0}$，所以改善料层的孔隙度至关重要。其措施有：加强烧结料准备，控制烧结料粒度，尤其是减少物料中小于 0.5～1mm 部分的含量，细精矿粉烧结时，可配加生石灰或消石灰作黏结剂，并延长混料时间，控制好混合料水分，以强化制粒，条件允许时，可配入部分富矿粉和钢渣，改善粒度组成；采取预热措施，将烧结料温提高到露点以上，避免水分凝结；改善烧结工艺，如加铺底料，保证布料平整，松紧适度，厚料层烧结时，加松料器；根据烧结情况，调节燃料配比，切忌出现过熔和夹生料；控制好点火温度和点火器下风箱的负压以及台车运行速度，保证烧好烧透，确保返矿质量等。

② 降低料层物料的比表面积 S　上述两公式中，$P\propto\frac{1}{S^{0.579\sim2.0}}$，减小烧结料的比表面积，是提高料层透气性的又一重要途径。要避免物料过粉碎并加强造球，增大料粒的平均直径。因为，比表面积与料粒的直径成反比，粒径越小，比表面积愈大，气流通过时的摩擦阻力越大，透气性越差。

4.9 烧结成矿机理

铁矿粉烧结成矿机理包括固相反应、液相形成及其冷凝结晶三个过程。

4.9.1 固相反应

固相反应是指烧结混合料某些组分在烧结过程中被加热到熔融之前发生反应，生成新的低熔点的化合物或共熔体的过程。固相反应是液相生成的基础，其反应机理是离子扩散。

烧结料中的氧化物，如 Fe_2O_3、CaO、MgO、SiO_2 等，都属离子型晶格构造，其粉末晶体表面未被电性相反的离子包围而处于力的不平衡状态。随着温度升高，获得能量，剧烈运动，温度愈高，质点愈易取得位移所必需的活化能，当温度达到某一临界值，这些离子具有足够的能量时，它们即可克服自身内部离子的束缚，而向附近紧密接触的固体表面扩散，并进入其他晶体的晶格内，进行化学反应，这就导致了固相反应的发生。固相反应有以下特点。

① 开始进行固相反应的温度远低于反应物的熔点或它们的低共熔点，但这一温度与反应物的熔点间的关系如下。

金属：$T_{始}=(0.3\sim0.4)T_{熔化}$

盐类：$T_{始}=0.57T_{熔化}$

硅酸盐：$T_{始}=(0.8\sim0.9)T_{熔化}$

通常把固相反应的开始温度 $T_{始}$ 称为临界温度 $T_{临}$，它是指反应物之一，开始呈现显著扩散的温度，即固体质点开始位移的温度；$T_{熔化}$ 为某物质熔点的绝对温度。

② 固相反应只能是放热的化学反应。当反应物加热到固相反应开始的温度，并且周围也达到相同的温度时，反应放出热量，由于不能向外扩散，而使其本身的温度升高，这就加快了固相反应的速率。因此，固相反应一旦开始，它们的反应速率就会加快，直到由于反应物的形成，反应物的扩散速度控制反应速率为止。

③ 两种物质间反应的最初产物，无论其反应物的分子数之比如何，只能是一种化合物，而且是结晶构造最简单的化合物，即生成物的组成常不与反应物的浓度相一致。要想得到其组成与反应物质量相当的最终产物，大都需要很长的时间，在烧结条件下一般难于满足。因此，对于烧结生产更有实际意义的是有关固相反应开始的温度和最初形成的产物。

将 CaO 和 SiO_2 的混合物，在空气中加热至 1000℃，其中有过剩的 SiO_2。它们的反应进程，如图 4-20 所示。在 CaO 与 SiO_2 接触处，最初反应产物是正硅酸钙（$2CaO \cdot SiO_2$）继之沿着 $2CaO \cdot SiO_2$-CaO 接触处，进一步形成一层 $3CaO \cdot SiO_2$，而沿着 $2CaO \cdot SiO_2$ 与 SiO_2 的接触处形成一层 $3CaO \cdot 2SiO_2$，在整个过程的最后阶段才完全形成 $CaO \cdot SiO_2$（硅灰石）。

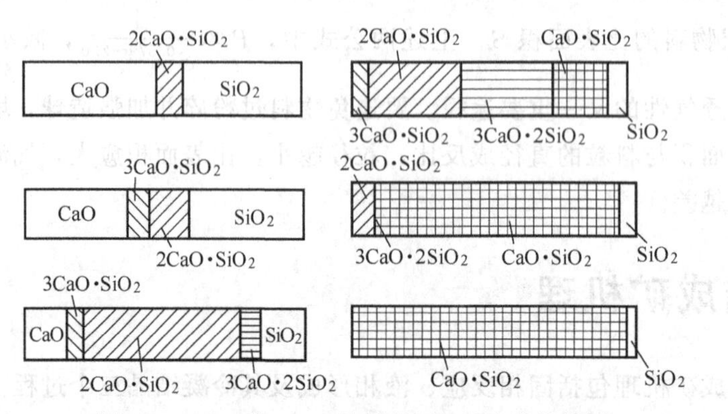

图 4-20 CaO 与 SiO_2 接触带固相反应结构简图

表 4-6 列出混合物中不同配合比例时，固相反应首先出现的反应产物的实验数据。表 4-7 汇集了烧结过程中可能生成的某些固相反应产物开始出现的温度的实验数据。

表 4-6 反应物不同配比时固相反应的最初产物

反应物质	混合物中摩尔比	反应的最初产物
$CaO:SiO_2$	3∶1，2∶1，3∶2，1∶1	$2CaO \cdot SiO_2$
$MgO:SiO_2$	2∶1，1∶1	$2MgO \cdot SiO_2$
$CaO:Fe_2O_3$	2∶1，1∶1	$CaO \cdot Fe_2O_3$
$CaO:Al_2O_3$	3∶1，5∶3，1∶1，1∶2，1∶6	$CaO \cdot Al_2O_3$
$MgO:Al_2O_3$	1∶1，1∶6	$MgO \cdot Al_2O_3$

表 4-7 固相反应产物开始出现的温度

反应物	固相反应产物	反应产物开始出现的温度/℃
$SiO_2+Fe_2O_3$	Fe_2O_3 在 SiO_2 中的固溶体	575
$CaO+SiO_2$	$2CaO \cdot SiO_2$	500,600,690①
$MgO+SiO_2$	$2MgO \cdot SiO_2$	680
$MgO+Fe_2O_3$	$MgO \cdot Fe_2O_3$	600
$CaO+Fe_2O_3$	$CaO \cdot Fe_2O_3$	500,520,600,610,650,675①
$CaO+Fe_2O_3$	$2CaO \cdot Fe_2O_3$	400
$CaCO_3+Fe_2O_3$	$CaO \cdot Fe_2O_3$	590
$(MgO,CaO,MnO,NiO)+Fe_2O_3$	磁铁矿固溶体	800
$MgO+PeO$	镁浮士体	700
$MgO+Al_2O_3$	$MgO+Al_2O_3$	920,1000①
$FeO+Al_2O_3$	$FeO \cdot Al_2O_3$	1100
$MnO+Al_2O_3$	$MnO \cdot Al_2O_3$	1000
$MnO+Fe_2O_3$	$MnO \cdot Fe_2O_3$	900
$CaO+MgCO_3$	$CaCO_3+MgO$	525
$CaO+MgSiO_3$	$CaSiO_3+MeO$	560
$CaO+MnSiO_3$	$CaSiO_3+MnO$	565
$CaO+Al_2O_3 \cdot SiO_2$	$CaSiO_3+Al_2O_3$	530
$(Fe_3O_4,Fe_xO)+SiO_2$(石英)	$2FeO \cdot SiO_2$(微粒的硅石)	800,950①
$Fe_3O_4+SiO_2$(石英)	$2FeO \cdot SiO_2$	990,1100①

① 不同研究者所得的数据。

烧结原料中存在的主要矿物有赤铁矿（Fe_2O_3）、磁铁矿（Fe_3O_4）、石英（SiO_2）等，生产熔剂性烧结矿时，加入较多的熔剂，还有 $CaCO_3$ 及其分解产物 CaO。烧结条件下，它们之间可能发生的反应及其产物见图 4-21。

固相之间进行反应的情况是复杂的，在燃料用量正常或稍高的条件下，随矿石类型和烧结料性质的不同，烧结料中固相反应产物的形成过程可用图 4-22 至图 4-25 来表示。

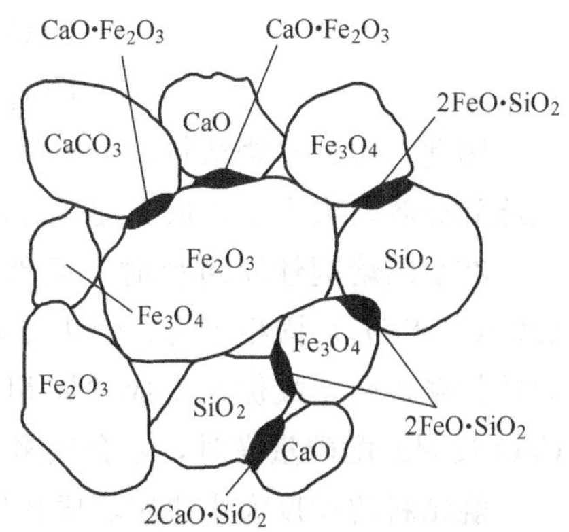

图 4-21 烧结混合料中各组分相互作用示意图

① 用赤铁矿粉烧结非熔性烧结矿时，赤铁矿被分解，还原为 Fe_3O_4 和 FeO，它们与 SiO_2 在固相反应中形成铁橄榄石（$2FeO \cdot SiO_2$）。其熔化后熔解大部分的 Fe_3O_4 和 FeO，烧结料中未参与上述反应的 SiO_2 也转入熔融物中。

② 烧结赤铁矿熔剂性烧结矿时，除存在上述过程外，CaO 与 SiO_2 固相反应形成正硅酸钙（$2CaO \cdot SiO_2$），与 Fe_2O_3 反应形成铁酸一钙（$CaO \cdot Fe_2O_3$），它们熔融后形成多种分解产物，冷凝时结晶方式也就变得更为复杂。

③ 烧结磁铁矿非熔剂性烧结矿时，与赤铁矿烧结所不同的是，过程中存在着部分 Fe_3O_4 的氧化、还原和分解。

④ 烧结磁铁矿熔剂性烧结矿时，由于有 CaO 存在和 Fe_3O_4 的变化，固相反应过程比以

上几种都复杂。

实际烧结过程中，因烧结料中还有其他矿物成分，如 Al_2O_3、MgO 等，它们也要参与反应，所以固相产物生成过程还要复杂。

烧结料层中，虽然混合料间由于空隙较大，颗粒接触条件较差，以及烧结速度快，高温停留时间短，固相反应不可能得到充分的发展，因而不能仅仅依靠固相反应来实现烧结料的固结。但是，固相反应促进了在原始烧结料中所没有的低熔点物质的形成，而且随着这些低熔点物质开始熔化出现液相，固相反应的速率必将加快，这就为液相的产生奠定了基础。因此，应创造条件促进固相反应进行。烧结过程中，固相反应受温度、气氛性质和烧结料粒度等因素的影响。而温度和气氛性质皆取决于配碳量的高低，配碳量高，烧结料层温度高，还原性气氛强。烧结不同性质的烧结料，要求是不同的。

烧结赤铁矿非熔剂性烧结料时，由于 Fe_2O_3 不能与 SiO_2 互相作用生成化合物（从表4-7可见，到575℃开始，仅能形成有限的 Fe_2O_3 溶于 SiO_2 中的固溶体），因而当配碳量低时，不可能获得低熔点的固相反应产物。只有增加配碳量，使料层温度和气氛达到 Fe_2O_3 分解和还原的要求，让 Fe_2O_3 先转化为 Fe_3O_4，然后在高于1000～1100℃及还原气氛下开始与 SiO_2 按下式反应形成铁橄榄石。

$$2Fe_3O_4+3SiO_2+2CO \longrightarrow 3(2FeO\cdot SiO_2)+2CO_2$$

对于熔剂性烧结料的烧结，则要求较低的烧结温度和较强的氧化性气氛，以促使铁酸钙固相反应产物的生成。因为该固相反应的开始温度较低，而且铁氧化物必须以 Fe_2O_3 形态存在。在较低的温度和较强的氧化气氛条件下，不仅赤铁矿粉的 Fe_2O_3 可保持下来，而且磁铁矿粉中的 Fe_3O_4 被氧化为 Fe_2O_3，它们与 CaO 或 $CaCO_3$ 接触良好，可在500～700℃下开始按下述反应形成铁酸盐化合物：

$$CaO+Fe_2O_3 \longrightarrow CaO\cdot Fe_2O_3$$

$$CaCO_3+Fe_2O_3 \longrightarrow CaO\cdot Fe_2O_3+CO_2$$

因此，对这种烧结料，配碳量应低些，否则，不仅磁铁矿不可能被氧化，赤铁矿还会被还原和分解，失去了形成上述反应的条件。

在烧结熔剂性烧结料时，虽然 CaO 与 SiO_2 从500～600℃开始能反应生成正硅酸钙（$2CaO\cdot SiO_2$）固相产物，但由于烧结料中，CaO 与 SiO_2 接触的机会少于 CaO 与 Fe_2O_3 间的接触机会，故优先生成的固相反应产物，主要是铁酸钙而不是正硅酸。只有当碱度高CaO过剩或配碳量高时，才会较多地形成后一种产物。

烧结料的粒度大小决定着固体物质晶格遭受破坏的程度、固相反应表面积的大小以及反应物间接触条件的好坏，是影响反应速率的重要因素。物料粒度小，比表面大，相互间接触紧密，特别是固体晶格所受到的破坏程度高。而遭受破坏的晶格具有严重的缺陷和很大的表面自由能，因而质点处于活化状态，很不稳定，具有很强的降低其能量的趋向，它们都力图夺取相邻固体晶格的质点，使之变为活性较低的稳定晶格，呈现出强烈的位移作用，这种位移作用，促进固相反应速率的加快。研究表明，固相反应的速率常数 K 与物料颗粒半径 r 的平方成反比，即 $K=cr^{-2}$（c 为比例系数）。可见，物料粒度细，则反应速率快。

4.9.2 液相的形成

由于固相反应产生了某些低熔点物质，当烧结料加热到一定温度时，这些新生的低熔点物质之间，以及低熔点物质与原烧结料的各组分之间还会进一步发生反应，生成低熔点化合物或共熔体，使得在较低的烧结温度下发生软化熔融，生成部分液相，成为烧结料固结的基础。而液相数量及性质如何，将在较大程度上决定着烧结矿的矿物组成和构造，从而影响烧结矿质量。

(1) 铁-氧体系　铁矿石或精矿主要成分为铁的氧化物，因此，烧结过程中液相生成的条件在某种程度上可以由铁-氧体系的状态图表示出来（见图 4-22）。从图可以看出，在 $w(Fe)$ 为 72.5%～78%时，即 FeO 和 Fe_3O_4 组成的浮氏体区间内，形成液相最低共熔组成 N（45%FeO 和 55%Fe_3O_4，它们的熔点很低，为 1150～1220℃，可是纯磁铁矿和纯赤铁矿的熔点温度均高于 1500℃。在 1220℃时纯磁铁矿的液相数量等于零，但当磁铁矿还原时，液相很快地增加，并且在点 N 达到 100%。氧化物部分分解或还原成氧化亚铁就使得液相易于形成，这说明在矿石中缺乏造渣物质时，如烧结纯磁铁矿时，在一般烧结温度（1300～1350℃）下，由于靠近燃料颗粒附近区域中铁的氧化物部分还原成 FeO，为液相的形成提供了可能。

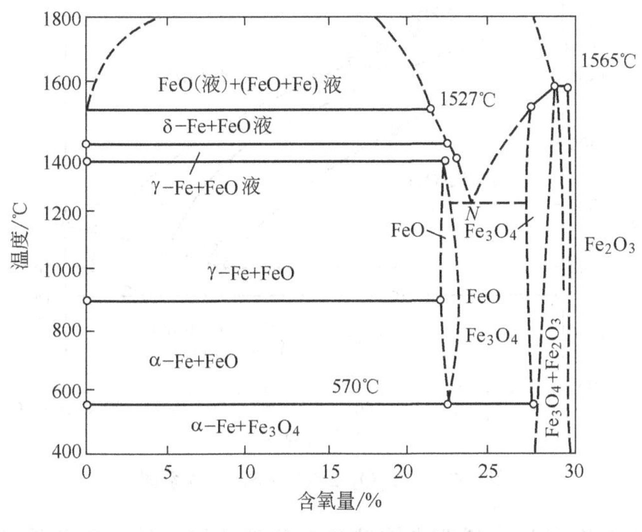

图 4-22　铁-氧体系的状态图

(2) 硅酸铁体系　铁氧化物还原或分解产生 Fe_3O_4 和 FeO，与烧结料中的 SiO_2 在 1000℃左右便可发生固相反应而形成硅酸铁。图 4-23 是硅酸铁体系的状态图。该体系有一个稳定的低熔点化合物——铁橄榄石（$2FeO \cdot SiO_2$），其成分为 FeO 70.5%，SiO_2 29.5%，熔化温度为 1205℃。$2FeO \cdot SiO_2$ 可分别与 SiO_2 和 FeO 形成熔化温度更低的共晶体 $2FeO \cdot SiO_2$-SiO_2 和 $2FeO \cdot SiO_2$-FeO，前者 FeO 为 62%，SiO_2 38%，熔点 1178℃。后者 FeO 76%，SiO_2 24%，熔点 1177℃。

$2FeO \cdot SiO_2$ 还可与 Fe_3O_4 组成低熔点共晶混合物，其成分为 $2FeO \cdot SiO_2$ 83%，Fe_3O_4 17%，熔点仅 1142℃，比铁橄榄石更低（图 4-24 为该体系状态图），它在烧结过程中首先形成液相。随着物料中的 Fe_3O_4 逐渐溶入液相，液相的熔点逐步上升，当液相达到阴影部分时，70%左右的 Fe_3O_4 可溶入液相。因此，在烧结酸性烧结料时，要使 Fe_3O_4 较多地溶入液相，需要加热到很高的温度，即配碳量要高。

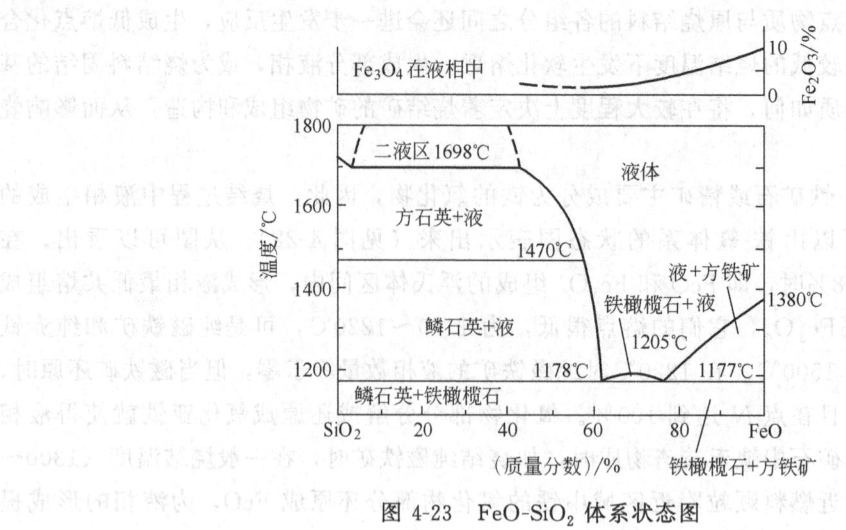

图 4-23 $FeO-SiO_2$ 体系状态图

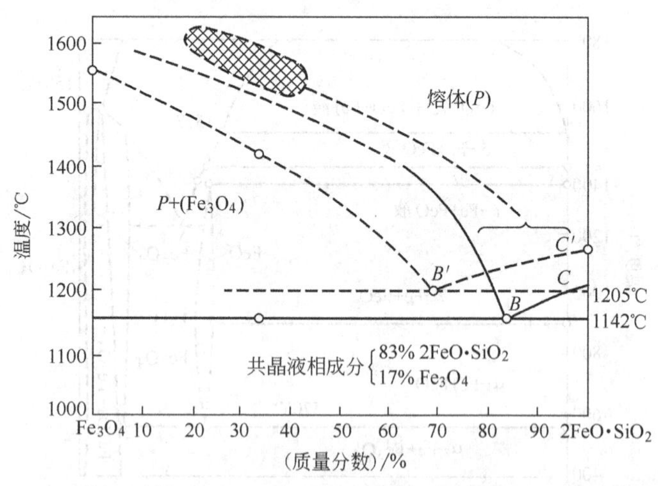

图 4-24 Fe_3O_4-2FeO · SiO_2 体系图

硅酸铁体系体系是生产非熔剂性烧结矿的主要黏结相。其生成条件是较高的烧结温度和还原性气氛，以保证形成必要的 Fe_3O_4 或 FeO，且矿粉中含有较多的 SiO_2，液相数量与此密切相关。形成足够数量的硅酸铁体系液相，是非熔剂性烧结矿获得良好强度的前提，这就要求有较高的燃料配比。但燃料不宜过多，否则液相生成过多，导致烧结矿还原性降低，并由于薄壁粗孔结构的出现，烧结矿有变脆的趋向。

(3) 硅酸钙（$CaO-SiO_2$）体系　生产熔剂性烧结矿，烧结料中加入较多的石灰石或生石灰时，它们与矿粉中的 SiO_2 作用，可形成硅酸钙体系的液相。图 4-25 为该体系状态图。

该体系有硅灰石（CaO · SiO_2），熔点为 1544℃；硅钙石（3CaO · $2SiO_2$）；熔点为 1478℃；正硅酸钙（2CaO · SiO_2），熔点 2130℃；硅酸三钙（3CaO · SiO_2），熔点 1900℃。其中 CaO · SiO_2(CS) 和 2CaO · SiO_2(C_2S) 为同分熔点化合物，属稳定型化合物，而 3CaO · $2SiO_2$(C_3S_2) 和 3CaO · SiO_2(C_3S) 为异分熔点化合物，属不稳定化合物。3CaO · $2SiO_2$ 的分解温度为 1460℃，分解产物为 2CaO · SiO_2＋液相；3CaO · SiO_2 则只有在 1250～2070℃之间能稳定存在，1250℃以下分解为 CaO 和 2CaO · SiO_2，2070℃开始熔融。另外，该体系还

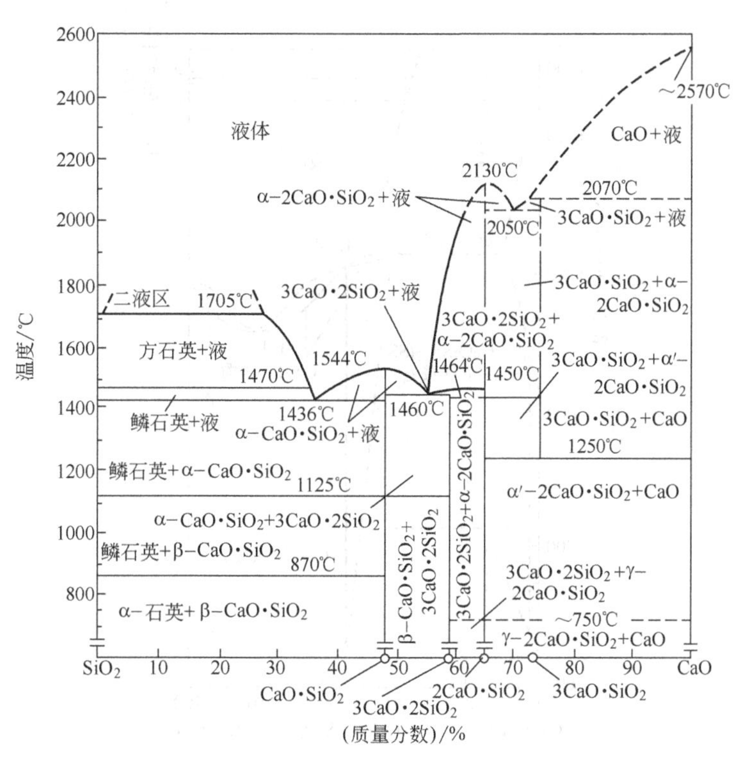

图 4-25 CaO-SiO_2 体系状态图

有三个共晶混合物：$CaO \cdot SiO_2$-SiO_2，$CaO \cdot SiO_2$-$3CaO \cdot 2SiO_2$ 和 α-$2CaO \cdot SiO_2$-CaO，其共晶温度分别为 1436℃，1460℃和 2065℃。

该体系的化合物或共晶混合物的熔化温度都很高，最低也在 1436℃以上，在烧结条件下不可能熔化形成一定数量的液相，故不能成为烧结料的主要黏结相；其中 $2CaO \cdot SiO_2$ 熔化温度虽然很高，但它是该体系中固相反应的最初产物，在 500～600℃下即开始出现，转入熔体中后不分解，并与 $2FeO \cdot SiO_2$ 形成低熔点共晶混合物和固溶体存在于烧结矿的胶结相中（见图 4-26），当温度下降时，又以单独相从胶结相中析出，并发生晶型转变，对烧结矿强度造成很大的危害。

从图 4-26 可以看出 $2CaO \cdot SiO_2$ 与 $2FeO \cdot SiO_2$ 互相固溶生成钙铁橄榄石［$(CaO)_x \cdot (FeO)_{2-x} \cdot SiO_2$，$x=0.25$～$1.0$］的过程。两者可形成一个稳定的化合物钙铁橄榄石 $CaO \cdot FeO \cdot SiO_2$(CFS)，另外形成三种固溶体，其中 $CaO \cdot FeO \cdot SiO_2$ 与 $2FeO \cdot SiO_2$ 形成的连续固溶体，最低熔化温度为 1117℃。这就是说，虽然钙铁橄榄石的生成条件与铁橄榄石相似，都需要高温和还原性气氛，但钙铁硅酸盐体系的熔化温度比铁橄榄石体系的低，且液相的黏度较小，从而使得烧结熔剂性烧结矿时，气流阻力比烧结非熔剂性烧结矿时要小，故能改善透气性，强化烧结过程。缺点是液相流动性过好，易形成薄壁大孔结构，使烧结矿变脆。

正硅酸钙随温度变化有四种变体，晶型转变见图 4-27。由图 4-27 可见，C_2S 在冷却时晶型转变的顺序是：α→α′→β→γ。β-C_2S 为介稳定型，具有对 γ-C_2S 的单变性。当烧结矿从高温往下冷却时，到 1450℃，α-C_2S 很快转变成 α′-C_2S，到 850℃时，α′-C_2S 转变为 γ-C_2S；

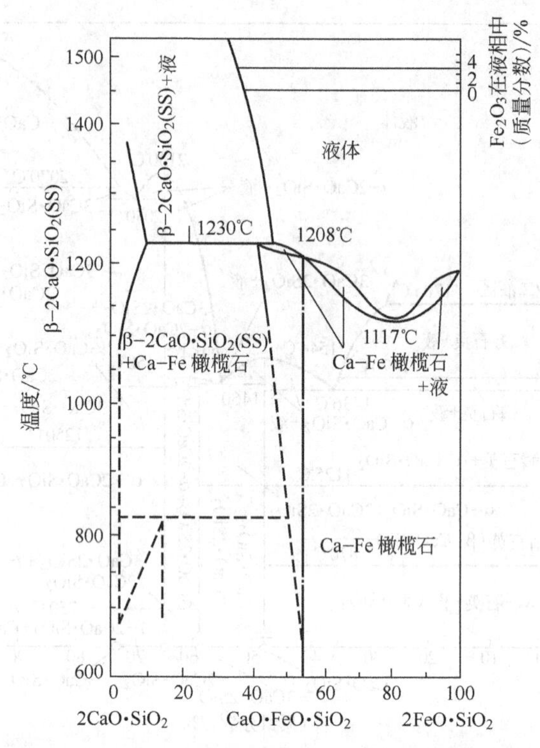

图 4-26 $2CaO \cdot SiO_2$-$2FeO \cdot SiO_2$ 体系状态图

675℃时，α'-C_2S 转变为 β-C_2S；温度继续降止 525～20℃之间，β-C_2S 可转变为 γ-C_2S，而在温度升高时，γ-C_2S 不能转变为 β-C_2S。

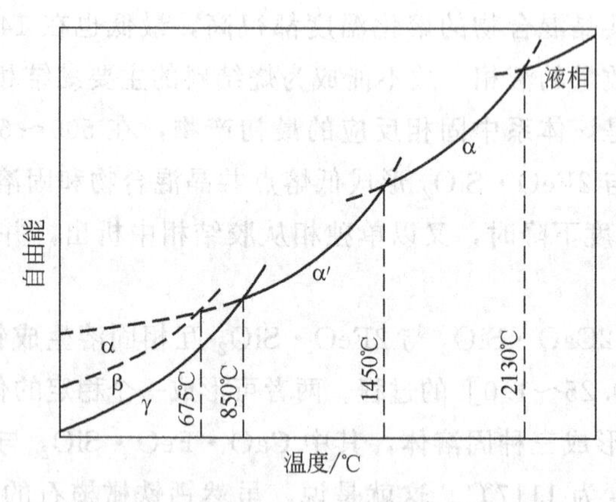

图 4-27 $2CaO \cdot SiO_2$ 变体的稳定关系图

由表 4-8 正硅酸钙稳定的变形特性可见，对烧结矿强度影响最大的是 $\alpha' \rightarrow \gamma$ 型转变和 $\beta \rightarrow \gamma$ 型转变，由于晶型转变后密度减小，前者使体积增大 1.2%，后者体积增大 10%，结果在烧结矿内引起很大的内应力，导致烧结矿的粉碎。因此，在烧结过程中应尽量避免正硅酸钙的生成，并采取有效措施阻止其晶型转变。实践表明，当烧结矿碱度很高（超过 2.0）时，可形成 $3CaO \cdot SiO_2$，并代替 $2CaO \cdot SiO_2$。由于烧结过程冷却很快，它来不及分解，仍出现在烧结矿中，它无晶型转变特性，故对烧结矿的强度是有利的。

表 4-8 正硅酸钙稳定的变形特性

变形	α-$2CaO \cdot SiO_2$ 高温型	α′-$2CaO \cdot SiO_2$ 中温型	γ-$2CaO \cdot SiO_2$ 低温型	β-$2CaO \cdot SiO_2$ 单变型
晶系	六方	斜方	斜方	单斜
密度/(g/cm^3)	3.07(1500℃)	3.31(700℃)	2.97	3.28
熔点	2130℃	1438℃以上	850℃以下	675℃以下
稳定温度范围	1438℃以上稳定	850℃以上稳定	273℃以上稳定	介稳定型

(4) 钙铁橄榄石（$CaO \cdot FeO \cdot SiO_2$）体系　烧结熔剂性烧结料，当燃料配用较多，烧结温度高，还原性气氛强时，引起铁氧化物的分解、还原，产生 FeO，在此情况下，可形成钙铁橄榄石体系的液相成分，其状态图见图 4-28。该体系的主要化合物有钙铁橄榄石（$CaO \cdot FeO \cdot SiO_2$），铁黄长石（$2CaO \cdot FeO \cdot SiO_2$），钙铁辉石（$CaO \cdot FeO \cdot 2SiO_2$）和钙铁方柱石（$2CaO \cdot FeO \cdot 2SiO_2$），其熔化温度依次为1208℃，1280℃，1150℃，1190℃。这些化合物的特点是，能够形成一系列的固溶体，并在固相中产生复杂的化学变化和分解作用。

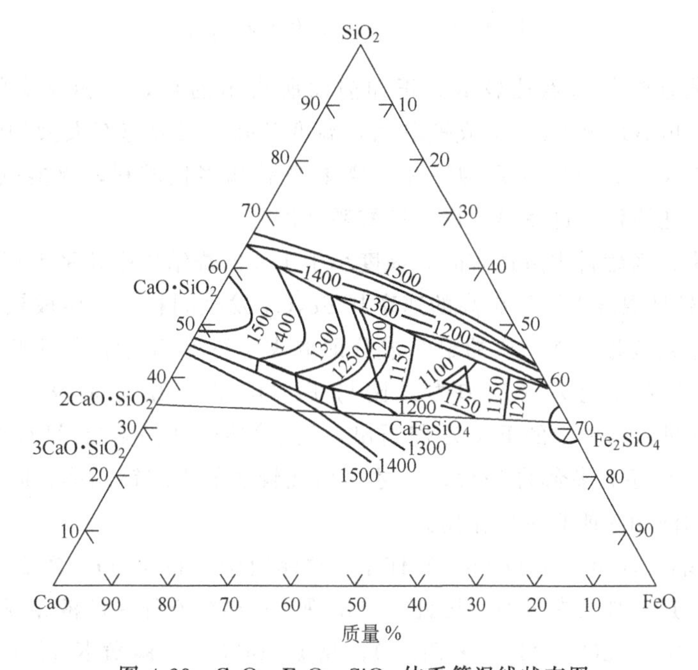

图 4-28 $CaO \cdot FeO \cdot SiO_2$ 体系等温线状态图

由图 4-28 可见，加入少量 CaO 到 FeO 的硅酸盐中，熔化温度大为降低。例如，当 SiO_2 ：FeO＝1：1，CaO＝10％的易熔体，熔化温度仅 1030℃，围绕这一点的宽广区域（CaO10％～20％）熔化温度大都在 1150℃以内。

(5) 铁酸钙（$CaO-Fe_2O_3$）体系　铁酸钙是一种强度高还原性好的黏结相。在生产熔剂性烧结矿时，都有可能产生这个体系的化合物，特别是高铁低硅矿粉生产的高碱度烧结矿主要依靠铁酸钙作为黏结相。

从 $CaO-Fe_2O_3$ 体系状态图（图 4-29）可看出，这个体系中的化合物有铁酸二钙（$2CaO \cdot Fe_2O_3$），铁酸一钙（$CaO \cdot Fe_2O_3$）和二铁酸钙（$CaO \cdot 2Fe_2O_3$）。它们的熔化温度分别为

1449℃，1216℃和1226℃。而 $CaO \cdot Fe_2O_3$ 和 $CaO \cdot 2Fe_2O_3$ 的共熔点是1195℃，但 $CaO \cdot Fe_2O_3$ 只有在1155～1226℃的范围内才是稳定的。

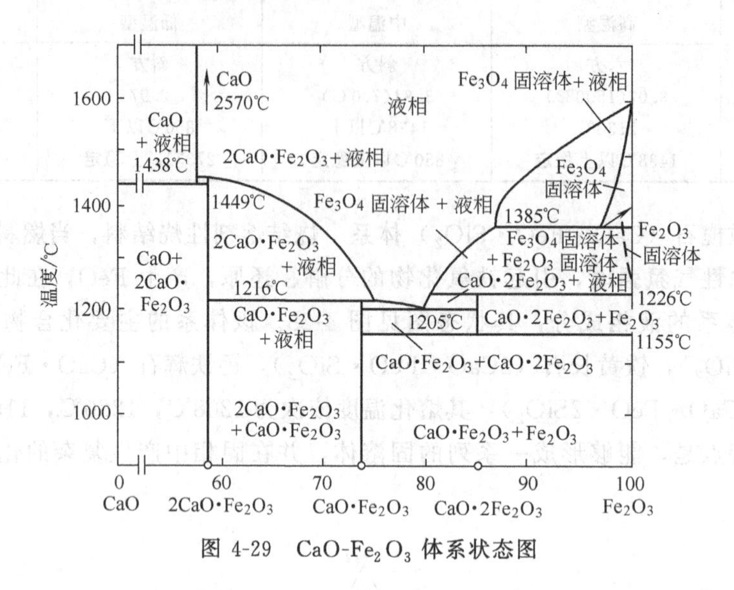

图 4-29 $CaO-Fe_2O_3$ 体系状态图

这个体系中化合物的熔点比较低。正如前面所指出的它是固相反应的最初产物，从500～700℃开始，Fe_2O_3 和 CaO 形成铁酸钙，温度升高，反应速率大大加快。因而有人认为烧结过程形成 $CaO \cdot Fe_2O_3$ 体系的液相不需要高温和多耗燃料，就能获得足够的液相，改善烧结矿强度和还原性，这就是所谓“铁酸钙理论”。

在生产实践中，当燃料用量适宜时，碱度小于1.0的烧结矿中几乎不存在铁酸钙。这是因为虽然 CaO 在较低温度下可以较高的速率与 Fe_2O_3 发生固相反应生成铁酸钙，但是一旦烧结料中出现了熔融液相，烧结矿的最终成分即取决于熔融相的结晶规律。熔融物中 CaO 与 SiO_2 和 FeO 的结合能力（亲和力）比与 Fe_2O_3 的亲和力大得多，此时，最初以 $CaO \cdot Fe_2O_3$ 形式进入熔体中的 Fe_2O_3 将析出，甚至被还原成 FeO。只有 CaO 含量大，与 SiO_2、FeO 等结合后还有多余的 CaO 时，才会出现较多的铁酸钙晶体。因此在生产高碱度烧结矿时，铁酸钙液相才能起主要作用。

（6）钙镁橄榄石（$CaO-MgO-SiO_2$）体系　烧结料中含有 MgO，烧结熔剂性烧结矿时，除配加石灰石外，还常加入白云石，因此，可出现钙镁橄榄石体系的液相成分。其主要化合物有：钙镁橄榄石（$CaO \cdot MgO \cdot SiO_2$），熔点1490℃；镁黄长石（$2CaO \cdot MgO \cdot 2SiO_2$），熔点1454℃；镁蔷薇辉石（$3CaO \cdot MgO \cdot 2SiO_2$），熔点1570℃；透辉石（$CaO \cdot MgO \cdot 2SiO_2$），熔点1391℃。其混合物的熔点在1400℃左右。此外，还有二元系化合物镁橄榄石（$2MgO \cdot SiO_2$），熔点1890℃，偏硅酸镁（$MgO \cdot SiO_2$），熔点1557℃，铁酸镁（$MgO \cdot Fe_2O_3$）等。

在熔剂性烧结料中加入适量的 MgO 时，可使硅酸盐的熔化温度降低，在烧结温度下，其低熔点混合物及透辉石、镁黄长石可以完全熔融，有的可部分熔融，这就增加了烧结料层中的液相数量；同时，因 MgO 的存在，生成镁黄长石和钙镁橄榄石，就减少了正硅酸钙和难还原的铁橄榄石、钙铁橄榄石生成的机会；此外，MgO 有稳定 β-C_2S 的作用；不能熔化的部分高熔点钙镁橄榄石矿物，在冷却时成为液相结晶的核心，可减少玻璃质的形成等。这些，均有助于提高烧结矿的机械强度，减少粉化率，改善还原性。因此，生产熔剂性烧结矿时，添加适量白云石是有利的。

因烧结混合料成分复杂，烧结工艺因素多变，故烧结过程中，可能出现的液相成分还要复杂多样。在烧结生产中，应积极创造条件，促进有利于改善烧结矿强度与还原性的液相成分生成，而采取抑制措施，尽量减少或避免有损烧结矿质量的液相成分出现。

4.9.3 液相的冷凝与结晶

燃烧带燃料燃烧完毕后，高温下形成的液相熔融物在抽风的作用下冷却、凝结，并伴随着矿物晶体的析出和晶型转变，这一过程对烧结矿的质量也有影响，应加以控制。

(1) 冷却　冷却速度是影响冷却过程的主要因素。料层中不同部位的冷却速度差别很大，烧结矿表层温度下降快，一般为 120～130℃/min，下层为 40～50℃/min。若冷却速度太快，一则液相来不及冷凝结晶，产生脆性玻璃质；再则结晶不完全，造成很大内应力，致使烧结矿强度降低，表层烧结矿就属这种情况。研究表明，在 800℃以上，若能降低冷却速度至 10～15℃/min（如采用热风烧结和点火保温炉等措施），就能促进结晶完全，烧结矿强度得到改善。但在 800℃以下缓冷，则会给 β-C_2S 的晶型转变造成好的条件，这是不利的。当然，冷却速度过慢，即烧结速度过慢，又将影响生产率。

冷却速度受料层透气性和抽风量的影响，料层透气性好，抽风量大，冷却速度就快。解决冷却速度与烧结矿强度矛盾的现实而有效途径是，既改善料层透气性，又增加料层厚度，这样既可维持烧结速度，又使表层强度差的烧结矿比例减小，质量都得到保证。

(2) 凝固和结晶　随着冷却过程的进行，液相逐渐冷凝，同时多种矿物开始析出晶体。未转入熔体的组分，如赤铁矿、磁铁矿和其他高熔点矿物，以及被气流从上层带入的结晶碎片，粉尘粒子等成为晶核，围绕晶核，依各种矿物的熔点高低和结晶难易程度，先后析出，晶体，然后沿着传热方向，呈针状、片状、长条状、长板状、树枝状等形态不断结晶长大，从而将烧结料固结起来，成为具有一定强度的烧结矿。由于冷却速度快和结晶能力弱的组分来不及结晶，便冷凝成无定形的玻璃体。此过程大约在 1000～1100℃的温度下完成。此间，因液相凝固和多种矿物晶体的膨胀系数不同，在冷却过快时，产生的晶间应力不易消除，而在烧结矿内形成微细裂纹，将降低烧结矿的强度。

非自熔性烧结矿和熔剂性烧结矿的冷凝固结情况如下。

① 非自熔性烧结矿的冷凝固结　非自熔性烧结矿中的主要矿物为磁铁矿和铁橄榄石（$FeO\text{-}SiO_2$），但有时会含有少量的浮氏体和残留的原生矿物。一般情况下 Fe_3O_4 首先从液相中结晶出来，然后是铁橄榄石，最后剩余的液相以共晶形式（树枝状或针状）凝固。当冷却速度很高时，共晶体液相凝固成玻璃质，分布于铁橄榄石晶体之间。当液相中 Fe_xO 含量高时，冷凝中可能首先析出 Fe_xO，会在烧结矿中含有较高的浮式体。

② 熔剂性烧结矿的冷凝固结　熔剂性烧结矿的主要特点是烧结料中加入了熔剂 CaO，提高了烧结矿的碱度，因此碱度对烧结矿的液相生成和冷凝固结起重要作用。在碱度不高时，磁铁矿被钙铁橄榄石、钙铁辉石、硅酸盐玻璃质等黏结，形成粒状结构；随碱度的提高，铁酸钙增多，显微结构由粒状变为网状熔蚀结构或柱状交织结构。Fe_3O_4 可以从液相中析出或原始矿在烧结过程中再结晶产生或由浮氏体氧化形成。在高碱度烧结矿的液相中可

析出 Fe_2O_3，硅酸盐液相一般先在1200℃以下结晶析出硅酸二钙。

4.10 烧结矿的矿物组成与结构及其对质量的影响

烧结矿是由多种矿物按一定结构方式组成的多孔块状集合体。因此，它的矿物组成及其结构特征与烧结矿的冶金性能有着密切的关系。通过研究，弄清其内在联系，并了解影响的因素，便能更有效地采取相应措施加以控制，以达到提高烧结矿质量的目的。

4.10.1 烧结矿的矿物组成与结构

(1) 矿物组成　烧结矿是由含铁矿物及脉石矿物形成的液相黏结而成的，其矿物组成随原料及烧结工艺条件不同而变化，主要受碱度和燃料用量的影响。对于普通矿粉生产的烧结矿，当碱度在0.5～5.0范围时，其主要矿物组成有：含铁矿物，主要为磁铁矿（Fe_3O_4）、赤铁矿（Fe_2O_3）、浮士体（Fe_xO）；黏结相矿物较复杂，主要有铁橄榄石［($2FeO \cdot SiO_2$)、钙铁橄榄石［$(CaO)_x \cdot (FeO)_{2-x} \cdot SiO_2$，$x=0.25 \sim 1.5$］、硅灰石（$CaO \cdot SiO_2$）、硅钙石（$3CaO \cdot 2SiO_2$）、正硅酸钙（$\gamma$-$2CaO \cdot SiO$，$\beta$-$2CaO \cdot SiO_2$）、硅酸三钙（$3CaO \cdot SiO_2$）、铁酸钙（$CaO \cdot Fe_2O_3$，$2CaO \cdot Fe_2O_3$，$CaO \cdot 2Fe_2O_3$）、钙铁辉石（$CaO \cdot FeO \cdot 2SiO_2$）以及硅酸盐玻璃质等；当脉石中含有较高的 Al_2O_3 时，烧结矿中则出现铝黄长石（$2CaO \cdot Al_2O_3 \cdot SiO_2$）、铁铝酸四钙（$4CaO \cdot Al_2O_3 \cdot Fe_2O_3$）、铁黄长石（$2CaO \cdot Fe_2O_3 \cdot SiO_2$）以及钙铁榴石（$3CaO \cdot Fe_2O_3 \cdot 3SiO_2$）；当 MgO 含量较多时，则可出现钙镁橄榄石（$CaO \cdot MgO \cdot SiO_2$）、镁黄长石（$2CaO \cdot MgO \cdot 2SiO_2$）及镁蔷薇辉石（$3CaO \cdot MgO \cdot 2SiO_2$）等；当脉石中含有少量磷酸盐时，可能出现磷酸钙（$3CaO \cdot P_2O_5$）、斯氏体［$3.3(3CaO \cdot P_2O_5) \cdot 2CaO \cdot SiO_2 \cdot 2CaO$］。此外，还有少量反应不完全的游离石英（$SiO_2$）和游离石灰（CaO）等。以上矿物中，磁铁矿是最主要的矿物组成，并最早从熔体中结晶出来，有较完好的结晶形态，浮士体含量则随烧结料中配碳比增高而增加。

(2) 烧结矿的结构　烧结矿的结构包括宏观结构和微观结构两个方面。前者系指烧结矿的外观特征，它主要受液相数量和黏度的影响，可分为三种结构。当燃料用量和烧结温度适宜，液相生成量适度，黏度较大时，形成微孔海绵状结构，这种烧结矿还原性好，强度高；当燃料配比多，烧结温度高，液相生成多且黏度小时，形成粗孔蜂窝状结构，烧结矿表面和孔壁显得熔融光滑，其强度和还原性均较差；燃料配比更多，烧结温度过高时，产生过熔现象，结果形成板结的石头状结构，孔隙度很低，其强度尚好，但还原性很差。

烧结矿的微观结构一般是指在显微镜下观察所见到的烧结矿矿物结晶颗粒的形状、相对大小及它们相互结合排列的关系。就矿物的结晶形态而言，按结晶的完善程度可分为自形晶、半自形晶和他形晶三种。熔化温度高，比周围其他矿物结晶进行早或结晶生长能力强的矿物形成自形晶，它具有完好的结晶外形；没有适宜的结晶环境者形成半自形晶，它只有部分结晶面完好；结晶进行较晚，结晶环境更差，或充填于结晶完好的矿物空隙中者，形成形状不规整且没有任何良好晶面的他形晶。烧结矿组分中，含量最多的磁铁矿基本上以自形晶或半自形晶存在，这是由于温度升高时，磁铁矿较早地再结晶长大，液相冷却时或者作为结晶核心，或者最先从熔融物析出晶体，结晶环境较好。其他黏结液相成分，冷却时开始结晶，并按其结晶能力强弱以不同自形程度填充在磁铁矿间，来不及结晶的则呈玻璃相存在，成为磁铁矿的胶结物。

由于生产工艺条件不同，烧结矿的显微结构有明显差异，其常见的有以下几种结构。

① 粒状结构　烧结矿中首先结晶出的磁铁矿晶粒，由于冷却速度较快，多呈半自形晶或他形晶与黏结相矿物相互结合成粒状结构。

② 斑状结构　烧结矿中自形晶程度较强的磁铁矿斑状晶体与较细粒的黏结相矿物互相结合成斑状结构。

③ 骸晶结构　烧结矿中早期结晶的磁铁矿呈骨架状的自形晶，其内部常为硅酸盐黏结相矿物充填，但仍大致保持磁铁矿原来的结晶外形和边缘部分，形成骸晶结构。

④ 圆点状或树枝状共晶结构　磁铁矿呈圆点状或树枝状分布于橄榄石的晶体中。磁铁矿圆点状晶体是 Fe_3O_4-$Ca_x \cdot Fe_{2-x} \cdot SiO_4$ 体系中共晶部分形成的。也有赤铁矿呈圆点状晶体分布在硅酸盐晶体中，它是 Fe_3O_4-$Ca_x \cdot Fe_{2-x} \cdot SiO_4$ 体系中共晶体被氧化而形成的。

⑤ 熔蚀结构　在高碱度烧结矿中，磁铁矿多为溶蚀残余他形晶，晶粒较小，多为浑圆状，与铁酸钙形成熔蚀结构。这是高碱度烧结矿的结构特点。

4.10.2 烧结矿的矿物组成与结构对其性能的影响

烧结矿的机械强度和还原性，除受宏观结构的影响外，还与组成它的矿物性质、含量、晶粒大小及相互结合排列关系情况直接相关。

(1) 烧结矿的矿物组成与显微结构对其机械强度的影响　不同的矿物组成其机械强度和还原性是各不相同的，见表 4-9～表 4-11。矿物组成的差异是影响烧结矿冶金性质的重要因素。

表 4-9　烧结矿中主要矿物的机械强度及还原性

矿物名称	瞬时抗压强度/(kgf/mm^2)	球磨机试验后的筛级/%		在荷重条件下未裂前的印痕数①/%		还原度②/%
		>5mm	<1mm	20g	50g	
赤铁矿	26.7	—	—			49.9
磁铁矿	36.9	—	—			26.7
铁橄榄石与磁铁矿共晶	26.0					13.2
钙铁橄榄石 $(CaO)_x \cdot (FeO)_{2-x} \cdot SiO_2$						
$x=0$	20.26	68.0	10.0	13	0	1.0
$x=0.25$	26.5	—	—	—	—	2.1
$x=0.5$	56.6	77	4.0	50	0	2.7
$x=1.0$	23.3	55	14.0	18	0	6.6
$x=1.0$(玻璃)	4.6	—	—	8	0	3.1
$x=1.5$	10.2	—	—	8	0	4.2
铁酸一钙	37.0	81.0	4.0	41	33	40.1
铁酸二钙	14.2	45.0	22.0	18	8	28.5

① 将合成的单体矿物磨制成边长 10mm 的立方体，在万能试验机上试验结果。

② 1g 试样 (0.01mm) 在 700℃时用 1.81 发生炉煤气还原 15min。

表 4-10 烧结矿中常见硅酸盐矿物的抗压强度

矿物名称	抗压强度/(kg/mm²)	矿物名称	抗压强度/(kg/mm²)
亚铁黄长石	29.877	铝黄长石	12.963
镁黄长石	23.827	钙长石	12.346
镁蔷薇辉石	19.815	钙铁辉石	11.882
钙铁橄榄石	19.444	硅灰石	11.358
钙镁橄榄石	16.204	枪晶石	6.728

注：样品为合成单矿物制成边长 18mm 的立方体，在 30 万吨材料试验机上试验结果。

表 4-11 一些矿物晶体的体积膨胀系数

矿物名称	系数/$\times 10^5$	矿物名称	系数/$\times 10^5$
磁铁矿(结晶)	291	霞石(玻璃)	305.5
铁橄榄石(结晶)	275	长石(玻璃)	177.0
透辉石(结晶)	260	钙长石(玻璃)	147.6
辉石(结晶)	180	β-石英(结晶)	277
钙长石(结晶)	121	方镁石(结晶)	141

由表 4-9 可见，烧结矿中的磁铁矿、赤铁矿、铁酸一钙、铁橄榄石有较高的抗压强度，其次为钙铁橄榄石及铁酸二钙。在钙铁橄榄石中，当 $x \leqslant 1.0$ 时，其抗压性、耐磨性及脆性指标均接近或超过前一类，当 $x = 1.5$ 时，强度很低，且易产生裂纹，强度最差的是玻璃质。表 4-10 中显示亚铁黄长石、镁黄长石和镁蔷薇辉石的抗压强度较高。烧结矿中高强度的黏结相多，烧结矿的强度就好；反之，若以强度差的组分为主要黏结相，烧结矿的强度就低。

矿物组成对烧结矿强度的影响，不仅表现在烧结矿中结晶个体或玻璃质的作用上，而且还表现在不同矿物具有不同的热膨胀系数上。表 4-11 是某些矿物的体积膨胀系数。

因膨胀系数不同，烧结矿在冷却或加热时，互相接触的矿物相间产生内应力而导致烧结矿产生裂纹而使强度降低。由于熔剂性（高碱度除外）烧结矿的矿物组成较复杂，因而这种影响更为突出。

矿物组分的多少对其强度也有影响。非熔剂性烧结矿矿物组分比较少，其显微结构为斑状或共晶结构，其中的磁铁矿斑晶被铁橄榄石和少量玻璃质所固结，因而强度良好；熔剂性烧结矿矿物组分较多，其显微结构为斑晶或斑晶玻璃状结构，其中的磁铁矿斑晶或晶粒被钙铁橄榄石、玻璃质以及少量的硅酸钙和铁酸钙等所固结，强度较差；高碱度烧结矿矿物组分也较少，显微结构为熔蚀或共晶结构，其中的磁铁矿与铁酸钙等黏结相矿物具有较高强度。

（2）烧结矿的矿物组成和显微结构对其还原性的影响　表 4-12 列出不同试验条件下单矿物的相对还原性。

赤铁矿、二铁酸钙、铁酸一钙及磁铁矿容易还原，铁酸二钙、铁铝酸四钙还原性稍差，而玻璃质、钙铁橄榄石、钙铁辉石，特别是铁橄榄石还原性很差。非熔剂性烧结矿的气孔壁大部分是由铁橄榄石与玻璃质组成的，而自熔性烧结矿的气孔壁则由钙铁橄榄石、玻璃质及铁酸钙等所组成，其还原性要比自熔性烧结矿差。加之铁橄榄石及其共晶体的熔化温度低，在高炉内过早熔化，引起气孔度降低，更造成非熔剂性烧结矿还原的困难。

表 4-12 烧结矿中不同矿物的相对还原性

矿物名称	还原度/%			
	粒度 0.5～1mm，在氢气中还原 20min			在 CO 气体中还原 40min
	700℃	800℃	900℃	850℃
赤铁矿	91.5	—	—	49.4
磁铁矿	95.5	—	—	25.5
铁橄榄石	2.7	3.7	14.0	5.0
x=0.30	—	—	—	11.2
x=0.60	—	—	—	11.4
x=0.80	—	—	—	12.3
x=1.00	3.9	7.7	14.9	12.8
x=1.20	—	—	—	12.1
x=1.30	—	—	—	9.4
$(Ca,Mg)O \cdot FeO \cdot SiO_2$				
CaO/MgO=3.5	4.8	6.2	14.1	—
CaO/MgO=5.0	5.5	10.0	18.4	
钙铁辉石				
$CaO \cdot FeO \cdot 2SiO_2$	0	0	0	—
$CaO \cdot 2Fe_2O_3$				58.4
$CaO \cdot Fe_2O_3$	76.4	96.4	100	49.2
$2CaO \cdot Fe_2O_3$	20.6	83.7	95.8	25.5
$3CaO \cdot FeO \cdot 7Fe_2O_3$	—	—	—	59.6
$CaO \cdot FeO \cdot Fe_2O_3$				51.4
$CaO \cdot Al_2O_3 \cdot 2Fe_2O_3$				57.3
$4CaO \cdot Al_2O_3 \cdot Fe_2O_3$				23.4

生产自熔性烧结矿时，难还原的铁橄榄石被钙铁橄榄石所取代，加之烧结矿气孔率的增加，其还原性得到改善，但强度较差。

高碱度烧结矿液相矿物主要有铁酸钙、铁酸二钙，因而具有较好的强度与还原性。

烧结矿中部分黏结相矿物的强度与还原性之间有一定的矛盾，如铁橄榄石及 $x \leqslant 1.0$ 的钙铁橄榄石，虽然机械强度较好，但还原性却很差。唯有铁酸钙，尤其是铁酸一钙，强度和还原性都好。因此，生产高碱度烧结矿促进铁酸钙液相体系的生成，对改善烧结矿的强度与还原性有重要意义。

4.10.3 影响烧结矿矿物组成与结构的因素

（1）矿石中脉石成分与数量　铁矿石中脉石多为酸性的，以 SiO_2 为主。SiO_2 对烧结矿的矿物组成与结构有明显影响。

由于国产矿停滞不前，近几年进口矿数量猛增，沿海、沿江的大中型企业多数已经从以国产矿为主、进口矿为辅的原料结构变化为以进口矿为主，甚至全进口矿烧结。进口矿粉含铁品位高、SiO_2 低，导致低硅烧结，固然提高高炉入炉品位，减少渣量，提高高炉利用系数。但由于 SiO_2 偏低使得烧结矿强度降低，不仅成品率低，而且高炉槽下返矿量和入炉粉末增加，不利于高炉顺行。近几年烧结工作者潜心研究低硅烧结技术，较成功地解决了低硅烧结矿强度低的技术质量问题。在降低烧结矿 SiO_2 方面，不可将 SiO_2 降得太低，如宝钢、莱钢在 R=1.8～2.2 情况下，烧结矿 SiO_2 含量控制在 4.5%～4.8%为宜。

实践表明，在碱度相同的前提下，SiO_2 下降 0.8%，烧结矿品位提高 1.5%。但由于

SiO_2 的下降，烧结矿生产中会带来液相量减少、烧结矿强度降低、平均粒度变小、冶金性能变差、返矿率增加的问题。

高铁低硅烧结矿的矿物组成和矿相研究发现，烧结矿中形成了一定量的铁酸钙，但单独、明显的针状铁酸一钙、粗条状铁酸二钙并不很多，绝大部分的铁酸钙呈熔蚀状，与 Fe_3O_4 形成互熔体较多，这些互熔体大部分互连，是烧结矿的骨架。钙铁橄榄橄石以颗粒状嵌布在铁矿物中，一般颗粒为 0.05mm×0.03mm，起一定的胶结作用，但颗粒细小，胶结作用力不大。少量硅酸钙以大小不同的条状出现，偶尔见到集合体。烧结矿以中孔厚壁结构为主，少量存在大孔薄壁结构，块状玻璃质分布在孔洞周围，烧结矿内无骸晶 Fe_2O_3。

因此，高铁低硅烧结虽然提高了入炉烧结矿品位，但使烧结矿强度、粒度、冶金性能等明显变差，为此，有研究表明，当烧结矿中配入 1.5%～2.0%的蛇纹石后，其矿相及矿物结构发生了变化，烧结矿中铁酸钙形成得很好，熔蚀成片，是烧结矿的主要矿物和主骨架。主要原因及效果如下。

① 蛇纹石的主要成分是硅酸镁，能在低温下快速形成液相。而矿粉中的 SiO_2 是以石英态的形式存在，低温下只有部分 FeO、SiO_2 和铁酸钙形成少量液相。另外，蛇纹石的粒度细，它在混合料中分布均匀，SiO_2 能充分反应，使液相增加，并使颗粒易于黏结；而烧结过程中液相形成的速度和液相量及液相的保持时间决定了颗粒被矿化和包裹的程度，因此添加蛇纹石后，原生矿减少，改善了入炉矿的冶炼性能。

② 由于使用蛇纹石后，低熔点产物的生成降低了整个体系的熔点和黏度，使烧结过程的液相生成充分，改变了矿物的晶体结构，黏结相中强度最好的铁酸钙含量增加，强度最差的玻璃相减少，所以烧结矿强度得到了改善。

③ 配加蛇纹石后，吨铁原料焦粉用量减少了约 3kg。这是由于蛇纹石是一种硅酸盐，相对石英态的 SiO_2 熔点低，在低温下即可形成液相；同时因蛇纹石粒度细，容易发生反应，需要的热量较少。

④ 使用蛇纹石后，烧结料层透气性得到改善，主风机负压下降了 300Pa 左右。烧结时间缩短，垂直烧结速度加快，烧结矿的成品率相应提高。

⑤ 添加蛇纹石后，烧结矿中的 FeO 平均含量下降 0.28%，改善了烧结矿的还原性能，这对于高炉冶炼是非常有利的。

(2) 烧结矿碱度　由于我国大多数铁精矿的粒度较粗，适宜生产烧结矿。高碱度烧结矿(碱度在 1.8～2.0) 具有优良的冶金性能。高碱度烧结矿的优点是：有良好的还原性；较好的冷强度和低的还原粉化率；较高的荷重软化温度；好的高温还原性和熔滴性；使用高碱度烧结矿，高炉炼铁就不加生石灰，避免了高炉结瘤。

自熔性烧结矿（碱度在 1.1～1.3）强度差、还原性能一般、软熔温度低；当进行冷却、整粒处理时，粉末多、粒度小。高品位自熔性烧结矿，在含钒、钛、氟等元素之后，其烧结和高炉的技术经济指标就更差。近 20 年自熔性烧结矿在我国已逐步淘汰。

酸性烧结矿（碱度在 0.3 左右）在强度上好于自熔性烧结矿，但还原性能较差，垂直烧结速度慢、燃料消耗高。现只有天铁等少数企业在用。如酸性烧结矿配比升高，会影响高炉炼铁技经指标。

低 SiO_2 含量、高铁品位的矿石适宜生产高碱度烧结矿，对高炉炼铁有好的效益。宝钢、太钢、鞍钢、莱钢、本钢等企业已有这方面经验。多配（约 35%）价格低的进口褐铁矿，采取控制混合料水分，加强点火、控制料层厚度等措施，可以生产出高质量、成本低的烧结矿。

研究表明，烧结矿的碱度在 2.20 附近时烧成率和成品率均出现较高值，分别为 64.33%和 89.50%。随着烧结矿的碱度提高，增加了烧结矿中的低熔点矿物铁酸钙的生成，增大了烧结料中的液相生成量，增强了烧结料的固结性能，减少了粉末量，促进提高了烧成率。成品率的增加是转鼓指数和烧成率的共同作用的结果。

当烧结矿的碱度提高到 2.5 时，烧结矿的烧成率和成品率随碱度升高而降低，并且存在烧结原料和熔剂的偏析，打破了烧结工艺的平衡生成，从而烧结料层内及烧结矿成品在一定程度上形成了的不均匀的烧结过程，导致减少了部分烧结矿中的黏结相含量，导致了烧结料难以黏结从而增加了返矿量。

（3）烧结料中的配碳量　配碳量决定烧结的温度、气氛性质和烧结速度，因而对烧结矿的矿物组成和结构影响也是很大的。图 4-30 所示为用迁安精矿在不同配碳量下烧成的烧结矿（碱度为 1.25）矿物组成的变化。由该图可见，低配碳量的烧结矿中，含赤铁矿和铁酸钙较多，浮士体极少或没有，正硅酸钙和其他硅酸盐矿物也较少，烧结矿不粉化。但由于硅酸盐黏结相相对较少，故烧结矿强度差，如图 4-31 所示。

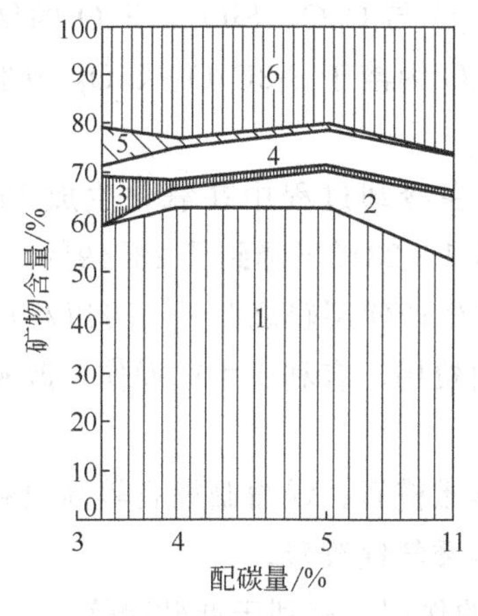

图 4-30　不同配碳量对烧结矿矿物组成的影响

1—磁铁矿；2—浮士体；3—赤铁矿；4—β-C_2S；5—铁酸钙；6—钙铁橄榄石及其他硅酸盐矿物

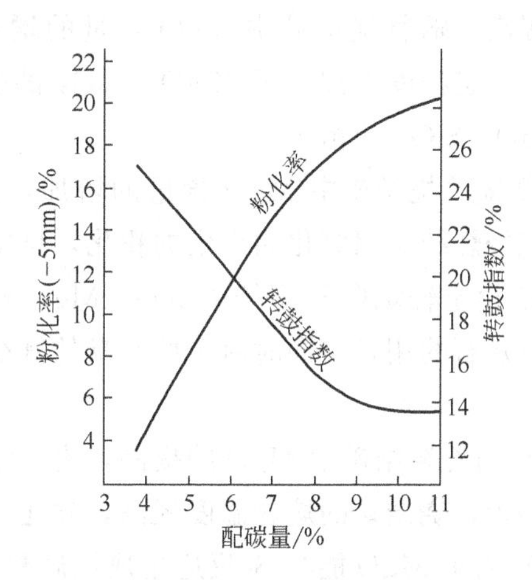

图 4-31　不同配碳量对烧结矿的强度和粉化率的影响

随着配碳量的增加，烧结矿中浮士体明显增加，硅酸盐黏结相矿物也有所增加，但赤铁矿及铁酸钙则显著下降，烧结矿的转鼓强度提高。当配碳量增加到 11%时，烧结矿中的铁酸钙近于消失，硅酸盐黏结相矿物相对增加，β-C_2S 稍有下降，这是由于部分 CaO 固溶于浮士体中所致。

随配碳量升高，烧结矿的粉化率也升高。这是由于配碳量增加，使烧结温度升高，还原性气氛加强，容易形成浮士体而不利于赤铁矿和铁酸钙的生成，并促进了 CaO 与 SiO_2 作用生成 $2CaO \cdot SiO_2$ 及其晶型转变。而在配碳量较低的低位氧化性气氛下烧结时，有利于赤铁矿和铁酸钙的形成，不利于 $2CaO \cdot SiO_2$ 的形成，故可减少粉化现象。

(4) MgO 的影响　在 MgO 存在时，将出现新的矿物：镁橄榄石（$MgO \cdot SiO_2$）、钙镁橄榄石（$CaO \cdot MgO \cdot SiO_2$）、镁蔷薇辉石（$3CaO \cdot MgO \cdot 2SiO_2$）及镁黄长石（$2CaO \cdot MgO \cdot SiO_2$），其混合物在1400℃左右即可熔融。这些矿物对烧结矿成品率、烧结矿的冷强度有一些不利影响，从而引起烧结燃料消耗的增加和利用系数的下降，但对改善烧结矿的低温还原粉化率以及冶炼时的软化熔融特性却非常显著，经研究分析得出，MgO 的限值应不超过 2%。日本烧结矿 MgO 含量一般为 1.0%～0.8%。

针对目前高炉炉料 Al_2O_3 较高、炉渣黏度高的现状，提高烧结矿中的 MgO 的含量，可以提高烧结矿的质量，改善高炉造渣技术，降低炉渣的黏度，促进高炉顺行。

正常生产中使用的熔剂为白云石和生石灰，在碱度高时适当地配用少量的石灰石。轻烧白云石是白云石煅烧后的产物，其主要化学成分为 CaO、MgO，而白云石的成分为 $CaCO_3$、$MgCO_3$，所以用轻烧白云石代替白云石提高混合料中 CaO、MgO 的有效含量，同时生石灰的用量可以相应地减少，在保证烧结矿中 MgO 不变的条件下，可以提高烧结矿的品位。其次，由于轻烧白云石是粉状的，它遇水易消化放出热量，在这一点上与生石灰的作用相同，如有利于制粒，提高料温、降低固体能耗等。通过分析，有以下结论。

① 使用轻烧白云石后，烧结矿品位、MgO 含量以及转鼓指数都有所提高，利用系数也稍有提高。随着烧结矿中 MgO 含量的增加，加大了 MgO 与 CaO、SiO_2、FeO 的结合机会，在一定程度上抑制了 $2CaO \cdot SiO_2$ 的生成，同时 MgO 因溶于 β-$2CaO \cdot SiO_2$ 中也阻止了 $2CaO \cdot SiO_2$ 的相变。

② 随着烧结矿中 MgO 含量的增加，抑制了 Fe_3O_4 在冷却过程中在氧化生成 Fe_2O_3，从而减轻烧结矿因氧化而产生的粉化，烧结矿的返矿率从 16.23%下降到了 13.49%。

③ 由于轻烧白云石有效 CaO、MgO 较高，所以烧结生产使用轻烧白云石可以相应地减少生石灰石的用量，同时由于熔剂量的减少，节省了运输费用，有利于生产操作，改善作业环境。

④ 随着烧结矿中 MgO 的提高，由于镁黄长石、钙镁橄榄石、镁蔷薇辉石等高温黏结相随之增加，烧结矿的熔融温度提高，软化区间变窄，炉料透气性改善。

⑤ 由于 MgO 能与 Si 反应生成镁硅酸盐，抑制了硅的作用，有利于低硅冶炼。

(5) Al_2O_3 的影响　Al_2O_3 能降低烧结料熔化温度，生成铝酸钙和铁酸钙的固溶体（$CaO \cdot Al_2O_3$-$CaO \cdot Fe_2O_3$），同时 Al_2O_3 增加表面张力，降低烧结液相黏度，促进氧离子扩散，有利于烧结矿的氧化，促进生成较多的铁酸钙。但烧结矿中 Al_2O_3 会引起烧结矿还原粉化性能恶化，使高炉透气性变差，炉渣黏度增加，放渣困难，故一般控制高炉炉渣 Al_2O_3 含量为 12%～15%，以保证炉渣流动性，故烧结矿中的 Al_2O_3 含量应小于 2.1%。

(6) CaO 的影响　烧结料中配入石灰石或生石灰是为了改善烧结矿的碱度。当烧结矿中 SiO_2 含量一定时，随碱度的提高，能增强混合料制粒效果，改善料层的透气性，料层氧位提高，促进铁酸钙、硅酸钙的形成，抑制磁铁矿和橄榄石的发展，从而使烧结矿中 FeO 含量降低，进而改善烧结矿的质量。但如果石灰石、生石灰、白云石矿化不彻底时在成品矿中会出现白点，从而在烧结矿的储存、运输过程中吸收空气中的水消化生成 $Ca(OH)_2$，体积膨胀，使烧结矿的强度降低，引起烧结矿的粉化。

思　考　题

1. 烧结生产主要技术经济指标有哪些?
2. 简述抽风带式烧结机的烧结过程（包括五层的变化）。
3. 烧结过程主要的物理、化学变化有哪些?
4. 烧结矿是怎样固结的? 固相反应对烧结有什么意义?
5. 强化烧结生产的根本是什么? 如何强化?
6. 液相体系中哪一种液相黏结的烧结矿还原性和强度都比较好?
7. 烧结矿中 FeO 含量对烧结矿质量有什么影响?
8. 高碱度烧结矿有什么优点?

5 烧结生产工艺及设备

烧结生产必须依据具体原料、设备条件以及对产品质量的要求，按照烧结过程的内在规律，合理确定生产工艺流程和操作制度，并充分利用现代科学技术成果，采用新工艺新技术，强化烧结生产过程，提高技术经济指标，实现高产、优质、低耗、长寿。

太原钢铁公司总结 20 字技术操作方针是：“精心备料、稳定水碳、减少漏风、低碳厚料、烧透筛尽”。“精心备料”包括原、燃料的质量及其加工准备，以及配料、混合、造球等方面，“精心备料”是烧结生产的前提条件；“稳定水碳”是指烧结料的水分、固定碳含量要符合烧结机的要求，且波动要小，“稳定水碳”是稳定生产的关键性措施；“减少漏风”对抽风系统而言就是减少漏风，提高有效抽风量，充分利用主风机能，是烧结强化的保证；“低碳厚料”、“烧透筛尽”是生产优质、高产、低耗烧结矿的途径。

烧结生产流程由原料的接受、储存与中和、熔剂燃料的破碎筛分、配料及混合料制备、

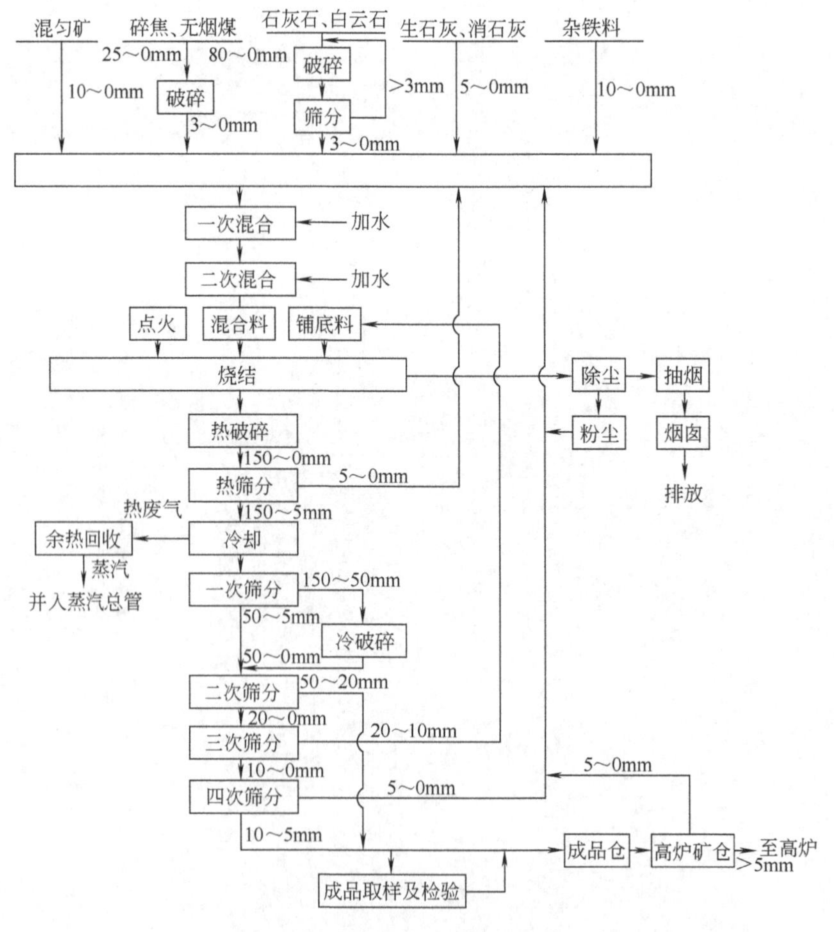

图 5-1 烧结生产工艺流程

烧结和产品处理等环节组成（见图 5-1 烧结生产工艺流程）。通过原料的中和混匀，将多品种的粉矿和精矿经配料及混匀作业，将化学成分稳定、粒度组成均匀的混合矿送往烧结机点火烧结；烧结产品经冷却后整粒，筛除粉末并使成品烧结粒度上限控制在 50mm 以内，达到较理想的粒度组成。

目前，许多实施小球烧结（精粉率高的烧结生产）的烧结车间设计有三次混合，一次混合目的是加水润湿混匀；二次混合主要是制粒；三段混合主要完成混合料外裹煤即燃料分加，此段不加水。

5.1 烧结原料的准备与处理

烧结原料数量大，品种繁多，粒度及化学成分极不均一。为保证获得高产、优质烧结矿，精心准备烧结原料是一个十分重要的环节。原料准备一般包括：接受、储存、中和混匀、破碎、筛分等作业。

5.1.1 原料的接受、储存和中和

根据其运输方式、生产规模和原料性质的不同，原料的接受方式可以分为火车运输、船舶运输、汽车运输。

进厂原料必须进行验收，如原料的品种、品名、产地、数量、理化性能等。只有验收合格的原料才能入厂和卸料；对存质疑的原料应按取样方法取样检验。

接受进厂的烧结料通常在原料场或原料仓库储存一定时间以缓冲来料和用料不均衡的矛盾，并进行必要的中和，以确保理化性质稳定。至于采用何种设施储存，主要根据来料远近、数量与种类等情况而定。原料种类多、数量大，仓库容纳不下；来料零散，成分复杂，需储存到一定数量后集中使用；原料基地远、受运输条件限制，不能按期运来，需要有连续生产的备用料时，均应设置原料场。目前我国新建烧结厂都设置了原料场。为提高投资效益，应考虑烧结厂原料场与整个钢铁厂原料场合用。

烧结料化学成分以及物理性能的波动都会引起烧结矿质量的差异。矿粉品位波动 1%，则烧结矿品位波动 1%～1.4%；矿粉中 SiO_2 和熔剂中 CaO 的变化会引起烧结矿碱度的波动；燃料中固定碳波动将引起烧结速度和烧结矿强度与还原性的变化；不同的矿粉具有不同的矿物组成，其软化温度有差别，软化温度高的矿粉烧结需要较多的燃料，这势必降低烧结矿的产量与还原性。因此烧结前必须对原料进行中和。

我国主要大中型烧结厂，精矿品位波动在±(0.5%～1%)，有的达±(1%～2%)；大部分小型烧结厂，铁料来源更为复杂，品位及其他成分波动幅度更大。国内外普遍采用的中和方法是：将各种不同品种或同品种不同质量的原料，按一定的比例借助各种机械进行混合，使化学成分和物理性质趋近均一。中和作业可在原料场和原料仓库进行。

图 5-2 所示为上海宝钢原料场的堆放、中和、混匀作业示意图，它主要包括如下作业。

(1) 设有一次堆料场　各种物料从原料码头卸下后，直接用皮带运往一次料场，按品种、成分不同分别堆放并初步混匀。

(2) 设有中和料槽　由取料机并通过皮带运输机将一次料场中的各种原料送入中和料槽，起储存、配料、控制送料量提高混匀作业的效果。

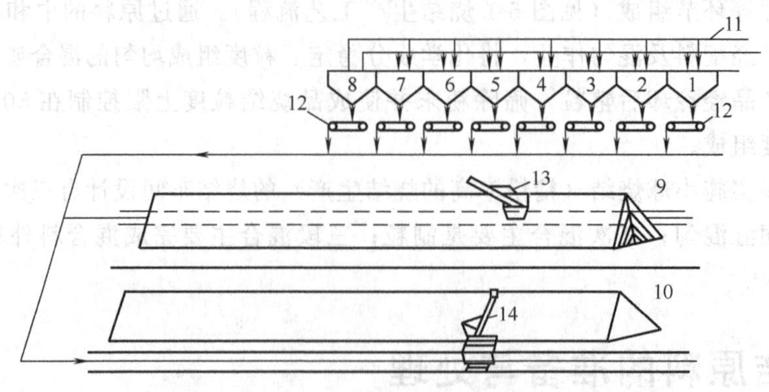

图 5-2 宝钢原料场堆放、中和、混匀示意图

1～8—配料槽；9，10—中和混匀矿堆场；11—入槽皮带帆系统；12—定量给料装置；13，14—堆料机

（3）设有混匀料场 通过配料槽进行中和作业的混合料，送往混匀料场，由堆料机沿料场的长度方向进行平铺堆积。然后沿料堆垂直面，用取样机切取。料堆成对配制，一个在辅堆时，另一堆取样送烧结厂配矿槽。

设置原料场，可以简化烧结厂的储矿设施及给料系统，也取消了单品种料仓，使场地和设备的利用率得到改善。

5.1.2 烧结原料的粒度要求

烧结所有各种原料粒度对烧结过程和烧结矿产质量均有很大影响。

（1）矿粉粒度 精矿粉粒度取决于选矿工艺的需要。由于精矿粉粒度均较细，不利于改善料层透气性。应强化精矿粉造球作业，以获得粒度组成良好的混合料。矿粉粒度适当增大，有利于改善烧结料透气性。但粒度不宜过大。这是因为：

① 在较短的高温作用时间内，矿粒不易熔融黏结，烧结矿强度降低；

② 垂直烧结速度过快，出现“夹生”现象，返矿率增大，产量下降；

③ 布料时易引起粒度偏析，使烧结不均匀；

④ 不利于硫的分解和氧化，影响去硫效果。

一般矿粉粒度应限制在 8～10mm 以下。对于生产高碱度烧结矿和烧结高硫矿粉，为有利于铁酸钙系液相的生成和硫的去除，矿粉粒度应不大于 6～8mm。

（2）熔剂粒度 石灰石和白云石粒度应小于 3mm，以保证在烧结过程中能充分分解和矿化。粒度过粗，矿化不完全，在烧结矿中残存游离 CaO“白点”，在储存过程中吸水消化生成 $Ca(OH)_2$，体积膨胀，引起烧结矿粉化。此外，石灰石粒度粗大，还容易生成正硅酸钙。为加强烧结料造球而配加的生石灰或消石灰，其粒度应小于 5mm 和 3mm，以利加水消化与混匀。

（3）燃料粒度 燃料粒度直接影响燃烧速度、高温区的温度水平和厚度，以及料层的气氛性质、透气性、

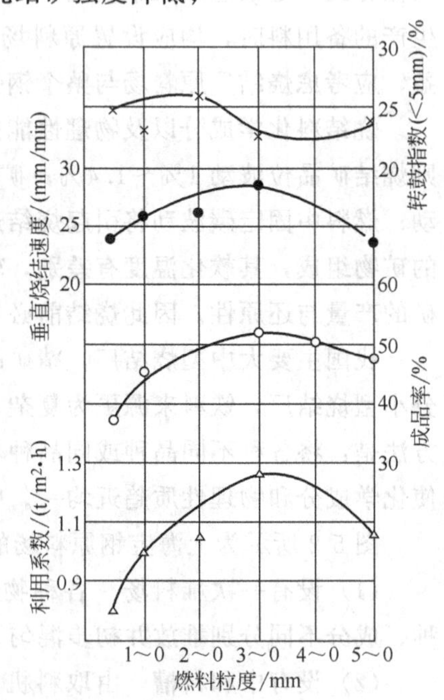

图 5-3 燃料粒度对烧结指标的影响

烧结的均匀性，从而对烧结矿产质量产生重大影响，如图 5-3 所示。

燃料粒度大，比表面积小，使燃烧速度变慢，燃烧层厚度增加，透气性降低，垂直烧结速度下降，生产率降低。同时，燃料粒度大，烧结料层中燃料分布相对稀疏，在粗燃料颗粒周围，温度高，还原性气氛强，液相过多且流动性好，形成难还原的薄壁粗孔结构，强度亦降低。反之，在远离燃料颗粒的区域，温度低，烧结不均匀出现夹生料，强度差。此外，大颗粒燃料在布料时易产生自然偏析，使下层燃料多，温度过高，容易过熔和黏结炉箅，结果返矿增多。

燃料粒度过细对烧结也不利，它使燃烧速度过快，燃烧层过窄，温度降低，高温反应来不及进行，导致烧结矿强度变坏，返矿增加，生产率降低。

适宜的燃料粒度应使燃烧速度与传热速度“同步”，以尽可能减少燃料用量并获得所需要的燃料层温度水平与厚度，应根据烧结料特性通过试验确定。一般认为燃料粒度最好为0.5～3mm，但在工业生产中，只能控制其上限。此外，燃料种类不同，适宜的粒度可能会有差别。如攀钢烧结试验指出，获得相同的生产指标，无烟煤的粒度稍大于焦粉粒度，其最佳粒度范围，两者分别为 0.5～1.0mm 和 0.5～4.0mm。

(4) 返矿粒度　返矿是筛分烧结矿的筛下物，由强度差的小块烧结矿和未烧透及未烧结的烧结料组成。由于返矿粒度较大，孔隙较多，故加入烧结料后可改善料层透气性，提高垂直烧结速度。对于细精矿粉烧结，返矿可成为造球核心及料层骨架料；加之返矿已烧结过一次，含有低熔点物质，有助于烧结过程中液相的生成，热返矿还可预热烧结料，消除或减轻过湿层的影响。这些均有利于提高烧结矿的产量与质量。因此，配加一定数量合格的返矿可强化烧结过程。

返矿粒度过大，在烧结料加水混匀过程中难于冷却和润湿，对成球很不利。在料层内，大颗粒返矿周围成型条件变坏，烧结时很难结成一体，会降低烧结矿强度；返矿颗粒过大，势必降低烧结矿的成品率和产量。相反粒度过小，特别是小于 1mm 的粒级比例过大，则会降低烧结料层的透气性。因此，保证烧好、烧透是获得良好返矿的重要条件，而良好的返矿质量，又为烧好烧透奠定了基础，两者是相辅相成的。实践表明，返矿粒度在 5～0mm 或 10～0mm 时烧结指标最好。故应将返矿粒度上限控制在 5～6mm。

(5) 其他烧结物料粒度　其他烧结附加料，如炉尘、轧钢皮、水淬钢渣等，一般粒度都不大，但往往会有砖石等夹杂物，在入厂前应筛除干净，使之小于 10mm，以利配料操作和混匀。

5.2 烧结配料

烧结配料是将各种准备好的烧结料，按配料计算所确定的配比和烧结机所需要的给料量，准确地进行配料的作业过程。它是整个烧结工艺中的一个重要环节，与烧结产品质量有密切关系。

5.2.1 配料要求与方法

配料的基本要求是按照计算所确定的配比，连续稳定地配料，把实际下料的波动值控制在允许的范围内。实践表明，当燃料配入量波动±0.2%时，就足以引起烧结矿强度和还原性的变化；当矿粉或熔剂配入量发生变化时，烧结矿的铁量和碱度即随之变化。烧结矿化学成分的变化都可能导致高炉炉温、渣碱度的变化，不利炉况的稳定顺行。

目前常用的配料方法为容积配料法、重量配料法和化学成分配料法。

容积配料是基于物料具有一定的堆密度，借助给料设备对添加料的容积进行控制，以达到混合料所要求的添加比例的一种方法。调节圆盘给矿机的闸门开口度的大小，就可以控制料流的体积即物料的重量。现在国内中小型烧结厂大多数采用这种配料方法。为了提高这种配料方法的精度，常配以重量检查。也就是用一个半米长的长方形料盘，在圆盘给料机下通过同一直径的两个端点，称量所接物料，看它是否符合按配料计算应配的重量，若不符就应进行调整。

重量配料法是按原料的重量进行配料的一种方法，通常称为连续重量配料法。这种方法是借助于电子皮带秤和定量给料自动调节系统来实现自动配料的。电子皮带秤给出称量皮带的瞬时送料量信号，而后信号输入给料机自动调节系统的调节部分，调节部分根据给定值和电子皮带秤测量值的信号偏差，自动调节圆盘转速，以达到给定的给料量。重量配料系统如图 5-4 所示。

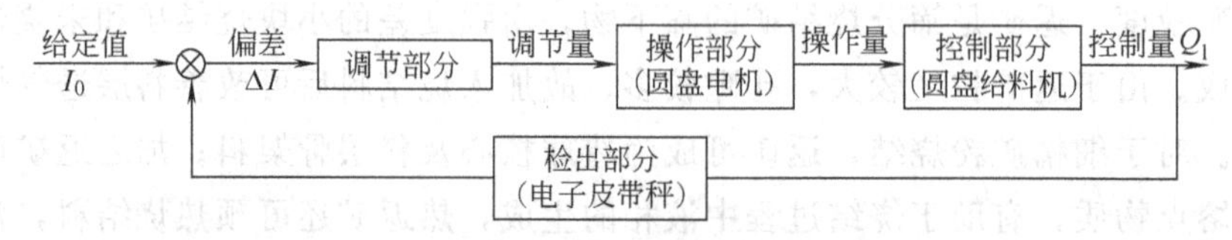

图 5-4　重量配料系统

重量配料法能提高配料的精确性，对配比少的原料，如燃料和生石灰，更能显示出其优越性。用此法可实现配料的自动化，便于电子计算机集中控制与管理，配料的动态精度可高达 0.5%～1%，为稳定烧结作业和产品成分创造了良好条件。我国新建和技术改造后的烧结厂基本都采用这种配料法。

在国外有的烧结厂开始采用 X 射线荧光分析仪分析混合料中的各种化学组成，并且通过电子计算机控制混合料化学成分的波动，实现烧结厂较为理想的按原料化学成分配料的方法。

近年来，由于国内铁矿资源愈来愈匮乏，铁矿石尤其是富矿储存量急剧减少，使得矿石价格急剧增加，钢铁企业生产成本和经济效益的矛盾十分突出。降低烧结成本、提高产品质量已迫在眉睫，自 2006 年起已逐渐减少烧结原料中进口铁矿石的用量，采用多种矿粉合理搭配进行烧结。而合理的烧结配矿主要体现在以下几方面：

(1) 烧结矿品位　烧结矿品位是钢铁联合企业中一个举足轻重的生产参数，它可以直接的或间接的影响高炉的生产指标。一般认为，入炉矿石品位提高，可降低高炉焦比，增加生铁产量，但是只有在烧结矿强度和冶金性能良好且稳定的前提下才能实现。提高含铁原料品位，可以通过使用一定比例的高品位进口粉来取代一部分低品位粉矿，降低低品位矿的用量。实践证明，这样不仅没有影响烧结矿 TFe 的稳定性，相反，烧结矿 TFe、碱度稳定率较用低品位粉矿前分别提高 0.60%和 6.52%，同时，烧结矿 TFe 提高约 1.0%。但是，不能盲目的提高烧结矿的品位，因为烧结矿品位对铁水费用的影响有一个经济品位区，大于这个区间，炼铁费用随烧结矿品位增加而升高，这是主要由于烧结矿品位增加，采用的高品位原料的价钱相应升高，使炼铁成本增加，所以确定合理的烧结矿品位具有非常重要的作用。

(2) 原料成本　原料成本可以直接影响烧结矿的成本，从而影响整个炼铁系统的费用。一般情况下，原料的品位越高其价钱也越高，采用怎样的原料配比，要考虑到整个炼铁系统的经济效益，不能仅以降低原料成本核算，多用低价原料。只有将原料成本、品位以及炼铁系统的效益等因素综合考虑，才能制定出合理的原料配比和配矿烧结。

(3) 烧结矿质量指标　烧结矿是我国高炉炼铁的主要炉料，精料是高炉冶炼的基础，高炉操作指标离不开烧结矿的质量。经过对烧结矿质量和产量对炼铁系统影响的研究，发现要改善炼铁指标，应优先重视改善烧结矿质量，提高烧结矿品位，减少成分波动，其次才是增加烧结矿产量，提高高炉入炉熟料比。烧结矿质量指标主要指烧结矿的落下强度、成品率、转鼓指数、抗磨指数以及冶金性能等。

综合以上几点，选择合理的配矿应具有以下几点：固体燃耗低、原料费用低、合理的烧结矿品位、渣组分适宜、转鼓指数和成品率高、返矿率低、低温还原粉化率低、还原性能好、利用系数及烧结矿产量高。

5.2.2 影响配料准确性的因素分析

影响烧结配料准确性的因素可归纳为以下三个方面。

(1) 原料条件　包括原料条件的稳定性、原料粒度和水分等，对配料的准确性都有不同程度的影响。烧结用料品种多、来源广、成分杂，若事先未经很好混匀，其成分波动是很大的。原料粒度的变化使堆积密度发生变化，特别是当原料粒度范围大时，会使圆盘给料机在不同时间的下料量出现偏差。当采用容积配料时，影响更大。原料水分的波动，不仅影响堆积密度，还影响圆盘给料的均匀性，使配料的准确性变差。

(2) 设备状况　安装给料机时，如果圆盘中心与料仓中心不吻合或盘面不水平会使圆盘各个方向下料不均匀；盘面的粗糙程度将影响其与物料间的摩擦力，盘面光滑时会出现物料打滑现象，下料时有时无，特别是物料含水分高时，其摩擦系数更小，配料的误差更大。

(3) 操作因素　矿槽料位不断变化，引起物料静压力变化。随着物料静压力的下降，物料给出量减少；当原料中有大块物料或杂物时，会使料流不畅，以至堵塞圆盘的出料闸门。所以，在料槽中装设料位计，料线低时就发出信号，指挥进料系统自动进料，以保持料位的稳定。此外，配料操作人员的技术水平对配料准确性的影响就更大了。

5.2.3 烧结配料计算

烧结配料计算的目的是在已知的供料条件下，按照高炉冶炼对烧结矿质量指标的要求，正确地确定各种原料的配比。烧结配料计算的方法有几种，可根据用途和对计算所要求的精确程度选择。常用的有简易理论计算法和现场经验计算法。这里只介绍简易理论法。

简易理论计算的基本原则是，根据“物质守恒”原理，按照对烧结矿主要化学成分的要求，列出相应的平衡方程式，然后求解。为此，须具备下述基本条件。

① 计算所使用的原燃料要有准确的化学全分析，并将其中的元素分析按其存在形态折算成相应的化合物含量；各化合物含量要调整为100%；

② 有烧结试验或生产实践所提供的有关经验数据（如燃料配比和烧结脱硫率等）；

③ 给出产品烧结矿质量指标。

根据这些参数和原料条件及要求可分别列出下列方程。

按 Fe 的平衡列方程（以单位质量的烧结矿计）：

$$w(Fe_{烧})=\sum w(Fe_i)\times i$$

按 FeO 的平衡列方程：

$$\sum a_i\times i-1=\frac{1}{9}\left[w(FeO)_{烧}-\sum w(FeO)_i\times i\right]$$

按碱度平衡列方程：

$$R_{烧}\times\sum w(SiO_{2i})\times i=\sum w(CaO_i)\times i$$

按 MgO 平衡列方程：

$$w(MgO)_{烧}=\sum w(MgO_i)\times i$$

式中，$w(Fe)_{烧}$，$w(FeO)_{烧}$，$w(MgO)_{烧}$为烧结矿中所要求的 Fe、FeO 和 MgO 含量；$R_{烧}$为要求的烧结矿碱度；i 为单位质量烧结矿的有关原料用量（如矿粉、石灰石、白云石及燃料等）；$w(Fe_i)$，$w(CaO_i)$，$w(SiO_{2i})$ 及 $w(FeO_i)$为各原料中相应成分的含量；α_i为各有关原料的残存量（不包括还原和氧化而引起氧的变化的残存量）。

列出的方程式数应与要求解的未知数相等。为了简化计算，有些原料的用量可根据经验或简单的计算预先确定（如燃料、白云石等）。现举例说明如下。

(1) 已知条件　原燃料成分及粒度见表 5-1、表 5-2，要求生产 $w(TFe)=60\%$，$m(CaO)/m(SiO_2)=2.0$，$w(FeO)=8\%$的烧结矿，脱硫率为 50%，$w(MgO)=2\%\sim4\%$。

表 5-1　原燃料的化学成分/%

原料名称	TFe	FeO	CaO	MgO	SiO_2	P	S	Al_2O_3	烧损	水分
二匀矿	60.87	—	1.35	1.21	5.89	0.017	0.118	—	2.64	6.13
巴西精矿	68.27	—	0.011	0.018	2.29	0.026	0.009	0.600	—	4.80
印度矿	62.66	—	—	—	2.98	0.042	0.013	2.500	—	10.36
OG 泥	53.13	3.97	12.99	4.03	2.54	0.049	0.139	—	—	31.41
石灰石	—	—	51.71	2.34	1.66	—	—	—	42.06	2.64
白云石	—	—	32.20	20.64	0.51	—	—	—	45.04	1.52
焦粉	—	—	1.12	1.37	7.19	—	0.664	—	79.88	10.61
煤粉	—	—	0.79	1.93	13.09	0.15	0.594	—	70.32	15.88
返矿	52.78	—	12.11	3.55	6.05	0.071	0.07	—	1.10	2.12
生石灰	—	—	78.0	3.00	4.00	—	—	—	9.53	—

表 5-2　原燃料的粒度组成/%

原料名称	+8mm	8～5mm	5～3mm	3～1mm	1～0.5mm	−0.5mm
二匀矿	3.30	11.58	14.82	32.96	15.28	22.05
巴西精矿	—	0.31	0.10	1.88	2.93	94.77
印度矿	5.72	6.62	16.10	31.31	19.86	20.39
OG 泥	—	—	—	—	—	100
石灰石	—	0.17	5.42	47.27	17.54	29.60
白云石	0.12	1.11	10.35	33.09	14.44	40.89
焦粉	—	6.50	12.04	28.45	15.92	39.09
煤粉	—	0.16	6.75	50.38	16.78	25.93
返矿	6.67	12.46	25.49	33.69	8.97	12.72

(2) 确定原料（干料）用量　以100kg烧结矿为计算单位，根据原料供应情况或生产经验，规定二匀矿用量10kg，OG泥6kg，白云石10kg，燃料6kg。假设巴西精矿用量为x（kg），印度矿为y（kg），石灰石为z（kg）。

首先计算各种原料在烧结过程中的残存量（即进入烧结矿的百分数。计算考虑了脱硫率，未考虑因还原或氧化反应而损失或增加的氧量）。

二匀矿＝100％－(2.64％＋0.118％×0.5)＝97.3％

巴西精矿＝100％－(0.009％×0.5)≈100％

印度矿＝100％－(0.013％×0.5)≈100％

OG泥＝100％－(0.139％×0.5)＝99.93％

石灰石＝100％－42.06％＝57.94％

白云石＝100％－45.04％＝54.96％

混合燃料＝100％－77％－0.643％×0.5＝22.678％

再按烧结矿的质量要求列方程。

① 按铁平衡列方程

$$\frac{1}{100}(60.87\times 10+68.27x+62.66y+63.13\times 6)=60$$

整理得

$$0.6827x+0.6266y=50.72 \tag{5-1}$$

② 按碱度平衡列方程

$$\frac{1.35\times 10+0.011x+12.99\times 6+32.30\times 10+1.12\times 6+51.71z}{5.89\times 10+2.29x+2.98y+2.54\times 6+1.66z+0.51\times 10+8.96\times 6}=2.0$$

整理得

$$4.57x+5.96y-48.39z=155.1 \tag{5-2}$$

③ 按FeO平衡列方程

烧结过程中FeO的变化是由氧的得失引起的。氧的得失可以从两个方面考虑。一方面考虑到烧结过程中铁氧化物的还原或分解时，生产100kg烧结矿氧的损失应该为：

$$\frac{1}{100}(97.3\times 10+100x+100y+99.93\times 6+57.94z+54.96\times 10+22.678\times 6)-100$$

$$=x+y+0.5794z-77.42 \tag{5-3}$$

另一方面，根据各种原料带入的FeO量与烧结矿要求的FeO含量计算其氧的损失。分析如下：Fe_2O_3还原成FeO时，损失的含量根据以下反应式计算：

$$Fe_2O_3 \longrightarrow 2FeO+\frac{1}{2}O_2$$

即对于1kgFeO，损失$\frac{16\times 1\text{kg}}{72\times 2}=\frac{1}{9}$kg氧。按要求烧结矿中FeO为8％，则损失的氧量为：

$$8\times \frac{1}{9}\text{kg}/100\text{kg 烧结矿}$$

但原料中含有一部分FeO，因此实际损失的氧为：

$$\frac{1}{9}(8.0-6\times3.97\%)=0.8642 \tag{5-4}$$

显然式（5-3）与式（5-4）相等，所以根据氧的平衡得到方程：

$$x+y+0.5794z=78.28 \tag{5-5}$$

将式（5-1），式（5-2），式（5-5）联立求解得：

$$x=58.78\text{kg}$$

$$y=16.90\text{kg}$$

$$z=4.42\text{kg}$$

（3）计算成分（见表 5-3） 计算烧结矿成分，并校核有关指标。

表 5-3 烧结矿成分计算表

原料名称	用量/kg	Fe		P		S		Fe_2O_3	FeO
		w/%	m/kg	w/%	m/kg	w/%		m/kg	
二匀矿	10.0	60.87	6.09	0.017	0.0017	0.118	0.012		
巴西精矿	58.78	60.27	40.13	0.026	0.0153	0.009	0.005		
印度矿	16.90	62.66	10.59	0.042	0.007	0.013	0.002		
OG 泥	6.0	53.13	3.19	0.049	0.003	0.139	0.008		
石灰石	4.42	—							
白云石	10.0	—							
混合燃料	6.0	—		0.045	0.003	0.643	0.039		
合计	112.1		60.0		0.03		0.033①	76.83②	8.0

原料名称	用量/kg	SiO_2		Al_2O_3		CaO		MgO		P_2O_5	S/2
		w/%	m/kg	w/%	m/kg	w/%	m/kg	w/%	m/kg		
二匀矿	10.0	5.89	0.59	0.60	0.06	1.35	0.14	1.21	0.12		
巴西精矿	58.78	2.29	1.35	2.50	1.47	0.011	0.01	0.018	0.01		
印度矿	16.90	2.98	0.50	—	—	—		—	—		
OG 泥	6.0	2.54	0.15	—	—	12.99	0.78	4.03	0.24		
石灰石	4.42	1.66	0.07	—	—	51.71	2.29	2.34	0.10		
白云石	10.0	0.51	0.05	—	—	32.30	3.23	20.64	2.06		
混合燃料	6.0	8.96	0.54	—	—	1.02	0.06	1.54	0.09		
合计	112.1		3.25	—	1.53		6.50		2.62	0.069③	0.033

① 脱硫率为 50%。

② $m(Fe_2O_3)=[m(\text{TFe})-m(\text{Fe}_{\text{FeO}})]\times\frac{160}{112}=(60.0\text{kg}-\frac{8.0\times56}{72}\text{kg})\times\frac{160}{112}=76.83\text{kg}$。

③ $m(P_2O_5)=0.03\text{kg}\times\frac{142}{62}=0.069\text{kg}$。

校核：烧结矿碱度 $R=\frac{w(\text{CaO})}{w(\text{SiO}_2)}=\frac{6.50}{3.25}=2.0$

$w(\text{TFe})=60.0\%$

$w(\text{MgO})=2.62\%$

烧结矿质量＝99.0kg

以上数据表明计算正确。

（4）配料皮带上料量的计算 已知两台 105m^2 烧结机，利用系数 $1.8\text{t}/(\text{m}^2\cdot\text{h})$，作业率 90%，配料皮带速度为 95m/min。

由配料计算结果和原料水分含量可求得生产100kg烧结矿的湿料质量为：

$$\left(\frac{10.0}{1-0.0613}+\frac{58.78}{1-0.048}+\frac{16.90}{1-0.31}+\frac{6.0}{1-0.31}+\frac{4.42}{1-0.026}+\frac{10.0}{1-0.015}+\frac{6.0}{1-0.12}\right)\text{kg}$$

$=(10.65+61.74+18.78+8.70+4.54+10.15+6.82)\text{kg}$

$=121.4\text{kg}$

两台烧结机每小时需湿料量为：

$$(1.8\times105\times2\times0.9\times121.4\times1000/100)\text{kg}=413000\text{kg}$$

所以每米配料皮带的上料量为：

$$\frac{413000\text{kg}}{60\times95}=72.46\text{kg}$$

每米皮带各种物料得上料量为：

二匀矿＝(72.46×10.65/121.4)kg＝6.36kg，或8.8%

巴西精矿＝(72.46×61.74/121.4)kg＝36.86kg，或50.9%

印度矿＝(72.46×18.78/121.4)kg＝11.21kg，或15.5%

OG泥＝(72.46×8.70/121.4)kg＝5.20kg，或7.2%

石灰石＝(72.46×4.54/121.4)kg＝2.71kg，或3.7%

白云石＝(72.46×10.15/121.4)kg＝6.06kg，或8.4%

混合燃料＝(72.46×6.82121.4)kg＝4.07kg，或5.6%

5.3 混合料制备

5.3.1 配合料混合的目的与要求

配合料混合的主要目的是使各组分分布均匀，以利烧结并保证烧结矿成分的均一稳定。在物料搅拌混合的同时，加水润湿和制粒，有时还通入蒸汽预热，改善烧结料的透气性，促使烧结顺利进行。

为获得良好的混匀与制粒效果，要求根据原料性质合理选择混合段数。目前生产中采用的有一段混合和两段混合，有的还有三段混合。一段混合混匀、加水润湿和粉料成球在同一混料机中完成，由于时间短、工艺参数难以合理控制，特别在使用热返矿的情况下，制粒效果很差。而且我国是以细精矿为主，对混匀与制粒的要求都很高，一段混合不能满足要求。因此，大中型烧结厂均采用两段混匀流程和三段混合流程。一次混合主要是加水润湿、混匀，使混合料的水分、粒度和料中各组分均匀分布；当使用热返矿时，可以将物料预热；当加生石灰时，可使CaO消化。二次混合除继续混匀外，主要作用是制粒，还可通蒸汽补充预热，提高混合料温度；三次混合主要进行外裹煤。

5.3.2 影响混匀与制粒的因素

混匀与制粒均在圆筒混合机中进行。配合料进入混合机后，物料随混合机旋转，在离心力、摩擦力和重力等作用下运动，各组分互相掺和混匀；与此同时，喷洒适量水分使混合料润湿，在水的表面张力作用下，细粒物料聚集成团粒，并随混合机转动而受到各种机械力的作用，团粒在不断的滚动中被压密和长大，最后成为具有一定粒度的混合料。

(1) 原料性质的影响　物料的黏结性、粒度和密度都影响混匀与制粒效果。黏结性大和亲水性强的物料易于制粒，但难于混匀。一般褐铁矿与赤铁矿粉比磁铁矿粉制粒要容易些，粒度差别大的物料，在混合时易产生偏析，故难于混匀，也难于制粒。在粒度相同的情况下，多棱角和形状不规则的物料比圆滑的物料易于制粒。物料中各组分间密度相差悬殊时，由于随混合机回转被带到的高度不同，密度大的物料上升高度小，密度小的物料则相反，在混合时就会因密度差异而形成层状分布，因而也不利于混匀和制粒。

(2) 加水量和加水方法　混合料的适宜水分值与原料亲水性、粒度及孔隙率的大小有关。一般情况下，磁铁矿最小，约6%～10%，赤铁矿居中，为8%～12%，褐铁矿最高，可达24%～28%。当配合料粒度小，又配加高炉灰、生石灰时，水分可大一些。反之则应偏低一些。如图5-5所示，水分的波动范围应严格控制在±3%以内。

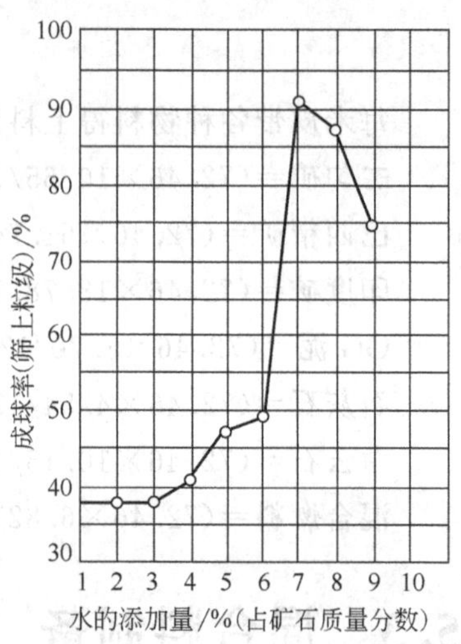

图5-5　物料成球性与含水量的关系

混合料加水方式与加水地点是改善混合料混匀效果与制粒效果的重要措施之一。混合机加水必须均匀，注意将水直接喷在料面上，如喷在混合机壁或筒底上，将造成混合料水分不均匀，且筒壁黏料。加水方式由柱状改为雾化加水，加大加水面积，有利于均匀加水，有利于母球长大。

加水方法对混匀与制粒的影响也很大。应遵循尽早往烧结料加水的原则，使物料的内部充分润湿，增加内部水分，这对成球有利。目前采用热返矿和两段混合，加水常分三段。

① 返矿打水　返矿打水的目的是降低返矿温度，稳定混合料水分，有利于提高混匀与制粒效果，促进热交换。往返矿中打水，可在两个位置选择。从有利于制粒考虑，宜在返矿皮带上打水，使高温返矿不直接进入一次混合机，使返矿得到充分润湿，为制粒创造了良好条件；也可在返矿进入一次混合机的漏斗前打水，返矿的热量能得到较充分利用，有利于提高混合料温度，劳动条件比前者要好。但因返矿温度降低和润湿程度均较差，混合料成球后，会引起水分剧烈蒸发而使小球碎裂。

② 一次混合机中加水　其目的是使混合料得到充分润湿，接近于造球的适宜水分，为二次混合机造球做准备。

③ 二次混合机中加水　此处只是根据混合料水分的多少进行调节、补充加水，以保证有更好的成球条件，并促进小球在一定程度上长大。补加水分一般不超过总水量的20%。

另外，应在混合机进料端加水，并力求均匀稳定，将水直接喷在料面上，以利于更好成球，避免圆筒内壁黏料，破坏料的运动轨迹。

(3) 返矿质量与数量　返矿粒度较粗，具有疏松多孔的结构，可成为混合料的造球核心。在细精矿混合时，上述作用尤为突出。返矿粒度过大，易产生粒度偏析而影响混匀和制粒，适宜的返矿粒度上限，应控制在5～6mm；返矿粒度过小，往往是未烧透的生料，起不了造球核心的作用。返矿温度高，有利于混合料预热，但不利于制粒，适量的返矿量对混匀和造球都有利。

返矿在烧结过程中起着重要的作用，混匀矿中返矿的比率约为25%～50%。返矿的循环减少了新混合料的使用量，另一方面，因其改善了混合制粒和烧结过程，混合料中添加返矿还可以提高烧结过程的效率。研究表明，较理想的返矿配比约为30%。超过该配比时，产量会降低，但强度会有所提高。而影响返矿生成的最大因素有混合料中焦粉比例和返矿量。混合料中焦粉比例在5.5%～7.0%范围内变化时，返矿量可降低19.1%；混合料中返矿配比在25%～45%范围内变化时，返矿发生量可减少11.8%。混合料的碱度也在一定程度上影响返矿的生成。

(4) 圆筒混合机工艺参数 主要工艺参数如下。

① 混合机的倾角 此倾角决定物料在混合机中的停留时间。倾角越大，物料混匀与制粒效果愈差。一般用于一次混合的倾角应小于2°，用于二次混合的倾角应不小于1.5°。

② 混合机的转速 混合机的转速决定着物料在圆筒中的运动状况，而物料的运动状况也影响混匀与制粒效果。转速过小，筒体所产生的离心力较小，物料带不到一定的高度，形成堆积状态，混匀与制粒效果差；反之，若转速过大，产生的离心力太大，使物料紧贴于筒壁上，以致完全失去混匀与制粒作用。只有转速适当，物料在离心力作用下带到一定高度，而后在自身重力作用下跌落下来，如此反复滚动，才能达到最佳的混匀与制粒效果。混合机的临界转速为$30/\sqrt{R}$ (r/min)(R为混合机的有效半径，单位为m；有效半径=实际半径−0.05m)。一般一次混合机的转速采用临界转速的0.2～0.3倍，二次混合机采用临界转速的0.25～0.35倍。目前我国混合机的转速偏低。

③ 混合机的长度与制粒时间 混合机的长度与倾角共同决定混合时间。倾角一定，混合机加长，混合时间就延长，对混匀与制粒有利。目前新建烧结厂和老厂改造后，混合机长度比原来有较大幅度增加。一次混合机长度达9～14m，二次达12～18m，宝钢分别达到17m和24.5m。

为了保证烧结料的混匀和制粒效果，混合过程应有足够的时间。20世纪70年代初以前，世界各国的混合制粒时间大部分为2.5～3.5min，即一次混合1min，二次混合1.5～2min。国内外新建厂则大都把混合制粒时间延长至4.5～5min或更长。生产实践证明混合制粒时间在5min之前效果明显。但日本釜石厂的混合制粒时间达9min。

④ 混合机的填充系数 填充系数是指圆筒混合机内物料所占圆筒体积的百分率。当混合时间不变，而填充系数增大时，可提高混合机的产量，但由于料层增厚，物料运动受到限制和破坏，因而对混匀制粒不利；填充系数过小，不仅生产率低，而且物料间相互作用小，对制粒也不利。一般认为，一次混合的填充系数为15%左右，二次混合比一次混合低些。

5.3.3 强化混匀与制粒的措施

国外烧结厂都相当重视混合造球作业，也进行了相当多的研究工作。这是因为只有将所烧结的原料制成具有足够强度的小球，才能促进固体燃料充分燃烧并使各种原料参与反应，使烧结矿产量高、质量好、能耗低，且环保又能得到改善。因此，加强混合料的混合造球作业是改善烧结过程的一项强有力的措施。

(1) 延长混合造球时间 20世纪70年代初以前，无论是日本还是其他国家，所采用的混合造球时间大部分为2.5～3.5min，有的甚至只有30～40s。而国外最近新建的厂，无论是采用一、二次混合合并型还是一、二次混合分开型，比如日本的室兰6号机、大分2号机、君津3号机、若松1号机以及澳大利亚肯布拉港3号机，混合造球时间都增加至5min左右。

(2) 寻求高效率的混合机　为了寻求高效率的混合机，前苏联一些烧结厂还在研制和试验其他结构型式的造球机，如水平圆盘式造球机、“套筒式”圆筒造球机等。前捷克斯洛伐克进行了混合料振动造球的研究。而法国席尔斯厂新建的393m^{2}的机上冷却烧结机，采用了两台同轴圆筒混合机串联安装，倾角为3°。

(3) 控制添加水量；改进加水方式　添加到混合料中的水量对混合料的成球质量及其透气性有很大的影响。不同混合料其加水量也不一样。关键是把水量限制在一个最佳的范围内。铁矿粉烧结，混合料最佳水分量一般大约为混合料最大透气性时水分量的90%。因此，按照或按照接近最佳混合料水分量生产，烧结矿既能增产，质量也会得到改善。据报道，英国钢铁公司康塞特（Consett）烧结厂，控制混合料的水分量增产约40%，且烧结矿质量也有所提高。因此，近年国外很多厂都对一、二混合加水量进行自动控制，以保证烧结混合料的最佳水分量。

(4) 预先制粒法　改善以细粒级原料为主的烧结混合料透气性的方法之一，是将细粒组分预先制粒，然后再将其与粗粒组分混合。日本许多厂将高炉灰、烧结粉尘或与细粒精矿添加大约3%的皂土，制成2～8mm的小球送至二次混合机。烧结机利用系数提高10%左右，固体燃耗为5kg/t。前苏联研究了一种细粒精矿添加生石灰预先制粒的方法，应用于600mm的料层厚度烧结中，烧结机利用系数可达1.83t/(m^2·h)，燃耗降低15%～20%，小于5mm粉末减少10%～20%。

(5) 添加黏结剂　在细精矿烧结时，添加适量的黏结性物料，如消石灰、生石灰，这些黏结剂粒度细，比表面大，亲水性好，黏结性强，能大大改善烧结料的成球性能，既可加快造球速度，又能提高干、湿球的强度与热稳定性。生石灰遇水消化成为消石灰$Ca(OH)_2$后，不仅能形成胶体溶液，而且还有凝聚作用，使细粒物料向其靠拢，形成球核，在混合中经反复滚动压密，球粒不断长大并且有一定的强度。

(6) 采用磁化水润湿混合料　水经过适当强化的磁场磁化处理后，其黏度减小，表面张力下降，而有利于混合料的润湿和成球。在此条件下，加于物料中的水分子能够迅速地分散并附着在物料颗粒表面，表现出良好的润湿性能，在机械外力的作用下，被水分子包围的颗粒与未被水分子润湿的干颗粒之间的距离缩小，使水分子的氢键把它们紧紧地连接在一起，强化造球。

(7) 烧结添加转炉钢渣与OG泥对制粒的影响　转炉钢渣的加入会影响混合料的制粒效果。这主要是由于所加钢渣的加水润湿性能和造球性能均较铁矿粉差造成的，因此有必要考虑采取强化制粒的一些措施。烧结生产中加入少量OG泥，有利于混合料制粒，对改善混合料透气性，提高产量，降低成本及保护环境十分有利。

5.3.4　混匀效果

混匀效果表示混匀前后混合料中各组分波动幅度的变化结果，波动越小，效果越好。衡量混匀效果有两种方法。

(1) 混匀效率

$$\eta=\frac{K_{最小}}{K_{最大}}\times 100\% \tag{5-6}$$

式中 $K_{最小}$，$K_{最大}$——分别表示所取试样均匀系数的最小值与最大值；

η——混匀效率，%（此值越接近100%，表示混匀效果越好）。

K 值可用下式求出：

$$K_1=\frac{C_1}{C},K_2=\frac{C_2}{C},K_3=\frac{C_3}{C},\cdots,K_n=\frac{C_n}{C} \tag{5-7}$$

式中 K_1，K_2，K_3，…，K_n——各试样的均匀系数；

C_1，C_2，C_3，…，C_n——某一测定项目在所取试样中的含量，%；

C——某一测定项目在此组试样中的平均含量，%。

$$C=\left(\frac{C_1+C_2+C_3+\cdots+C_n}{n}\right) \quad (n\ 为取样数目)$$

（2）平均均匀系数

$$K'=\frac{\sum(K_d-1)+\sum(1-K_s)}{n} \tag{5-8}$$

式中 K'——平均均匀系数，此值越接近于零，表示混匀效果越好；

K_d——各试样均匀系数中大于1.0的值；

K_s——各试样均匀系数中小于1.0的值；

n——试样数目。

先按式（5-7）计算出各种试样的均匀系数，然后再按式（5-8）计算一组试样的平均均匀系数。

前一种方法是一组试样中最大偏差与最小偏差进行比较，因而不能全部说明试样情况；后者是一组试样中所有的分析结果均参加计算，故更为全面、准确。

应当指出，混匀效果与混合前物料的均匀程度有关。以上两种方法是用于检查混合料混匀效果的质量指数，通常用于评价混合料中的铁、固定碳、氧化钙、二氧化硅、水分、粒度的混匀效果。

5.4 烧结操作制度

烧结操作制度主要包括布料、点火、抽风及烧结终点控制等内容。

5.4.1 布料要求与方法

从满足工艺要求考虑，布料包括布铺底料和布混合料两道工序。

（1）布铺底料　在烧结台车炉箅上先布上一层厚约20～40mm、粒径10～20mm、基本不含燃料的烧结料，称为铺底料。它的作用是将混合料与炉箅隔开，防止烧结时燃烧带与炉箅直接接触，既可保证烧好烧透，又能保护炉箅，延长其使用寿命，提高作业率。另外，铺底料组成过滤层，防止粉料从炉箅缝抽走，使废气含尘量大大减小，降低除尘负荷，提高风机转子寿命。铺底料还可防止细粒料或烧结矿堵塞与黏结箅条，保持炉箅的有效抽风面积不变，使气流分布均匀，减少抽风阻力，加速烧结过程。

铺底料一般从成品烧结矿中筛分出来，通过皮带运输机送到混合料仓前专设的铺底料仓，再布到台车上。因此，铺底料工艺只有采用冷矿流程才能实现。

（2）布混合料　铺底料之后随即布混合料。要点如下。

① 按规定的料层厚度，沿台车长度和宽度方向料面平整，无大的波浪和拉沟现象，特别是在台车拦板附近，应避免因布料不满而形成斜坡，加重气流的边缘效应，造成风的不合理分布和浪费。

② 沿台车高度方向，混合料粒度、成分分布合理，能适应烧结过程的内在规律。理想的布料是：自上而下粒度逐渐变粗，含碳量逐渐减少，从而有利于增加料层透气性，并改善烧结矿质量，双层布料法就是据此提出来的。采用一般布料方法，只要合理控制反射板上料的堆积高度或由圆辊落到多辊布料器上的落料点，有助于产生自然偏析，也能收到一定效果。

③ 保证布到台车上的物料具有一定的松散性，防止产生堆积和紧压。但在烧结疏松多孔、粒度粗大、堆积密度小的烧结料，如褐铁矿粉、锰矿粉和高碱度烧结矿时，可适当压料，以免透气性过好，烧结和冷却速度过快而影响成型条件和强度。

布料的均匀合理性，既受混合料槽内料位高度、料的分布状态、混合料水分、粒度组成和各组分堆积密度差异的影响，又与布料方式密切相关。

当缓冲料槽内料面平坦而料位高度随时波动时，因物料出口压力变化，使布于台车上的料时多时少，若混合料水分也发生大的波动，这种状况更为突出，结果沿烧结机长度方向形成波浪形料面；当混合料是定点卸于缓冲料槽形成堆尖时，则因堆尖处料多且细，四周料少且粗，不仅加重纵向布料的不均匀性，也使台车宽度方向布料不均。在料层高度方向，因混合料中不同组分的粒度和堆积密度有差异，以及水分的变化，布料操作的影响，会产生粒度、成分偏析，从而使烧结矿内上、中、下各层成分和质量很不均一，见表 5-4。

表 5-4　沿料层高度方向烧结矿质量的变化

项目 / 部位	台车取样深度/mm	烧结矿成分/%					
		TFe	FeO	SiO_2	CaO	S	$w(CaO)/w(SiO_2)$
上层	0～80	34.20	13.94	18.36	25.00	0.156	1.36
中层	80～160	32.70	17.03	16.90	28.40	0.150	1.64
下层	160～240	33.30	21.83	17.70	27.68	0.230	1.52

为了克服上述弊病，实现较理想的布料，应改进布料操作和方式。首先，要保持缓冲料槽内料位高度稳定和料面平坦，一般要求保持在 1/2～2/3 的料槽高度上。措施是：烧结机为多台布置时，必须保证每台的料槽能均衡进料，最好安装料位计，实现料位的自动控制。为避免机速变化时布料时松时紧，机速和布料机转速应实行联锁控制。在布料方式上，目前普遍采用的有圆辊布料机-反射板或多辊布料器、梭式布料机-圆辊布料机-反射板或多辊布料器两种。前者工艺简单，设备运行可靠，但因料槽料面不平坦，沿台车宽度方向布料的不均匀性难以克服，台车越宽，偏差越大，故只适用于中小型烧结机的布料。对于较大和新建烧结机，采用后一种布料方式的越来越多。梭式布料机把向缓冲料槽的定点给料变为沿宽度方向的往复直线给料，消除料槽中料面的不平和粒度偏析现象，从而大大改善台车宽度方向布料的不均匀性。表 5-5、表 5-6 和图 5-6 反映不同布料方式的布料效果。

表 5-5 不同布料方式台车上混合料粒度的分布

取样位置		左	中	右
大于10mm/%	梭式布料器固定	6.26	3.91	9.85
	梭式布料器运转	8.14	7.59	7.66
1～0mm/%	梭式布料器固定	45.01	41.61	40.70
	梭式布料器运转	46.62	45.13	47.87

表 5-6 台车上混合料中碳素的分布/%

梭式布料器运转情况	台车上的位置			在料层中的位置		
	左	中	右	上	中	下
梭式固定	4.47	4.15	4.32	4.5	4.36	4.06
梭式运转	4.17	4.12	4.17	4.30	4.22	4.07

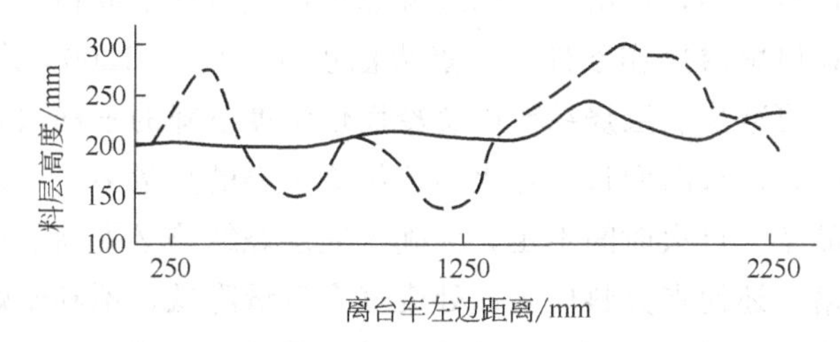

图 5-6 不同布料方式的料面形状

—梭式布料器运行；---梭式布料器固定

厚料层烧结时，在反射板或多辊布料器前安装一松料器（埋置于料层中），使下滑物料在松料器上受到阻挡，减轻料层的压实程度，对改善透气性有良好作用。

为了进一步改善布料效果，国外采用了一些新的布料方式，如乌克兰扎波罗什烧结厂使用电振动布料器，该布料器由带有齿形分流器的电振给料机和装料溜槽组成，既能使烧结料沿台车宽度方向均匀分布，又能使烧结料粒度和含碳量沿料层高度方向产生较大程度的偏析，从而实现较为理想的布料（见表 5-7）。不仅改善料层的透气性，还解决烧结料层上部热量不足，而下部热量过剩的问题，使温度控制更加合理，烧结矿强度、利用系数得以提高，还原性改善。

表 5-7 振动布料器布料烧结料层中碳量与粒度分布

布料方式 \ 料层 \ 项目	含碳量/%						大于6mm粗粒级含量/%
	Ⅰ	Ⅱ	Ⅲ	Ⅳ	Ⅴ	Ⅵ	
振动布料	5.21	4.93	4.41	3.99	3.47	2.53	上层为5.5%，下层为61.3%
圆辊布料	4.52	4.46	4.27	4.18	3.77	3.47	上下层粗粒级含量相差20%

注：料层厚度为400mm，Ⅰ Ⅱ Ⅲ Ⅳ Ⅴ Ⅵ为自上而下分层。

还有一种叫磁性圆辊布料机，它是在圆辊布料机内安装一固定的、由若干个交变极性的永久磁铁组成的磁性系统，它对烧结磁铁矿粉的布料很有效。与普通圆辊布料机相比，所获得的料层含碳更接近于理想状态。

5.4.2 点火操作

烧结点火一是将表层混合料中的燃料点燃，并在抽风的作用下继续往下燃烧产生高温，使烧结过程得以正常进行；二是向烧结料层表面补充一定热量，以利于产生熔融液相而黏结成具有一定强度的烧结矿。

(1) 点火参数　点火参数主要包括点火温度和点火时间。点火温度既影响表层烧结矿强度，还关系到烧结过程能否正常进行。点火温度太低，表层烧结料得不到足够的热量，即使表层不能固结，下层着火也不好，料层温度低，结果烧结矿强度很差；点火温度过高，表层烧结料过度熔化，形成不透气的外壳，使垂直烧结速度降低，烧结矿还原性变坏，表层矿变脆。

点火温度的高低，主要取决于烧结生成物的熔融温度。虽然混合料的化学组成不同，烧结生成物的种类和数量也各异，但由于烧结过程总是形成多种生成物，因而烧结生产中点火温度一般差别不大。在厚料层操作条件下，点火温度在1000～1200℃之间，点火装置设保温炉并通废气保温时，可减少表层烧结矿因急冷而使强度下降的不利因素。

在点火温度一定时，点火时间长，点火器传给烧结料的热量多，可改善点火质量，提高表层烧结矿强度和成品率；点火时间不足，为确保表层烧结势必提高点火温度；点火时间过长，不仅表面易于过熔，还使点火料层表面处废气含氧量降低，不利于烧结。

点火时间与点火温度有关，即与点火供给的总热量有关，点火时间1min左右为宜，保温时间按1～2min选取。但随着烧结料层厚度的提高，机速减慢，为减少燃料消耗，有的烧结机已停用保温段。

(2) 点火燃料　烧结生产多用气体燃料，常用的气体燃料有焦炉煤气及高炉煤气与焦炉煤气的混合煤气。高炉煤气由于发热值较低，一般不单独使用，天然气可以用作点火燃料，极个别厂无气体燃料采用重油或煤作为点火燃料。为适应烧结点火燃料自动控制技术的要求，供烧结点火用的煤气热值和压力要尽可能稳定。

(3) 点火燃料需要量　烧结点火所需消耗的燃料与烧结混合料的性质、烧结机的设备状况以及点火热效率等有关。点火燃料需要量一般用下式计算：

$$Q = A_{效} \cdot q_{利} \cdot q \tag{5-9}$$

式中　Q——点火燃料需要量，kJ/h；

$A_{效}$——有效烧结面积，m^2；

$q_{利}$——烧结机利用系数，$t/(m^2 \cdot h)$；

q——每吨烧结矿的点火热耗，kJ/t。

此外，还可用混合料点火强度的经验值来计算点火燃料需要量。混合料点火强度是指烧结机单位面积的混合料在点火过程中所供给的热量。当选定点火强度后，即可按下式计算点火燃料需要热量$Q_{热}$：

$$Q_{热} = 60 J v B_{顶} \tag{5-10}$$

式中　J——点火强度，kJ/m^2；

v——烧结机正常机速，m/min；

$B_{顶}$——台车顶部宽度，m。

计算得出点火所需热量 $Q_{热}$ 值后，用下式计算点火燃料需要量 Q：

$$Q=\frac{Q_{热}}{H_{低}},\mathrm{m^3/h} \tag{5-11}$$

式中 $H_{低}$——点火燃料低发热值，$\mathrm{kJ/m^3}$。

(4) 空气需要量　根据确定的实际点火温度 t 按下式求出理论燃烧温度 t_0：

$$t_0=\frac{t}{\eta} \tag{5-12}$$

式中 η——高温系数，按 0.75～0.8 选取。

由点火燃料发热量 $H_{低}$ 和上式求得的理论燃烧温度 t_0，用燃烧计算图表查得对应的过剩空气系数 α，再根据 α 查出单位燃料燃烧的空气需要量 q_α，然后按下式计算出每小时空气需要量 Q_α：

$$Q_\alpha=Qq_\alpha \tag{5-13}$$

(5) 点火装置　点火装置的作用是使台车表层一定厚度的混合料被干燥、预热、点火和保温，一般点火装置可分为点火炉、点火保温炉及预热炉三种。目前新型点火炉配合使用的烧嘴有线式烧嘴、面式烧嘴和多缝式烧嘴及双斜式烧嘴等。

5.4.3 烧结过程的判断和调节

为保证烧结过程正常进行，要根据不断变化的情况，正确判断烧结作业，及时调节。其主要对象是点火温度、混合料水分、混合料固定碳含量及烧结终点。

(1) 点火温度的判断和调节　点火温度适当与否，可从点火料面状况等加以判断。点火温度过高（或点火时间过长），料层表面过熔，呈现气泡，风箱负压升高，总烟道废气量减少；点火温度过低（或点火时间过短），料层表面呈棕褐色或有花痕，出现浮灰，烧结矿强度变坏，返矿量增大。点火正常的特征：料层表面呈黑亮色，成品层表面已熔结成坚实的烧结矿。

点火温度主要取决于煤气热值和煤气空气比例是否适当。在煤气发热值基本稳定条件下，点火温度的调节是通过改变煤气空气配比来实现的。一般纯焦炉煤气与空气的比例为(1∶4)～(1∶6)；混合煤气与空气的比例，则视煤气成分而定。煤气空气比例适当时，点火器燃烧火焰呈黄白亮色；空气过剩呈暗红色；煤气过剩则为蓝色。

(2) 混合料水分和碳含量的判断与调节　混合料水分、混合料固定碳含量的稳定，是烧好烧透的前提条件。

混合料水分变化可从机头布料处直接观察，也可在检测仪表和料层上反映出来。水分过大时，圆辊布料机下料不畅，料层会自动减薄，料面出现鳞片状；点火时火焰发暗，外喷，料面有黑斑，负压升高；机尾烧结矿层断面红火层变暗，烧不透，强度差。水分过小时，点火火焰同样外喷，且料面出现浮灰，总管负压也升高，烧不透，烧结矿疏散，返矿多。

燃料多少可从点火和机尾矿层断面判断。燃料多时，点火器后表层发红的台车数增多，即使点火温度正常，料面也会过熔发亮。燃料少时，点火器处料发暗，很快变黑；点火温度正常时，虽然表层有部分熔化，但结不成块，一捅即碎。机尾观察情况是：燃料多时，红层变厚发亮，冒蓝色火苗，烧结矿成薄壁结构，返矿少，炉箅有较严重的黏结现象。燃料过少时，红层薄且发暗，断面疏松，烧结矿气孔小，灰尘大，返矿多。从仪表上看，燃料多时，机尾段风箱废气温度升高，总管负压、终点温度都升高；燃料少时，废气温度下降，负压变化则不大。

当发现混合料水、碳量发生大的变化而影响正常烧结作业时，对水分或燃料量进行调整。同时应考虑到调节的滞后过程，可临时采取调节料层厚度、点火温度和机速等措施与之相适应。

(3) 烧结终点的判断与控制　烧结终点是烧结结束的时间点。正确而严格控制终点可充分利用烧结面积，提高产量，降低燃耗；还可保证获得优质的烧结矿和好的返矿。

烧结终点控制是在保证料层不变的前提下，主要通过控制机速来实现。若终点提前，适当加快机速，终点滞后则减慢机速。机速调节幅度不宜过大，应控制在±0.2m/min，机速调整间隔时间应大于20min。

5.5 烧结矿的处理

从烧结机尾台车上卸下的烧结矿块度较大（可达300～500mm)，粒度很不均匀，大块中还夹杂着粉末或生料，温度高达750～800℃，不便运输储存，不能满足高炉冶炼的要求，需将其冷却到150℃以下，并将大块破碎、粉末筛除，使粒度适宜。

5.5.1 烧结矿处理流程

现在普遍采用的是冷矿处理流程，并且在热烧结矿冷却后，再一次冷破碎和多段冷筛分，进一步整粒，图5-7和图5-8分别是武钢三烧整粒流程和宝钢烧结整粒流程图。

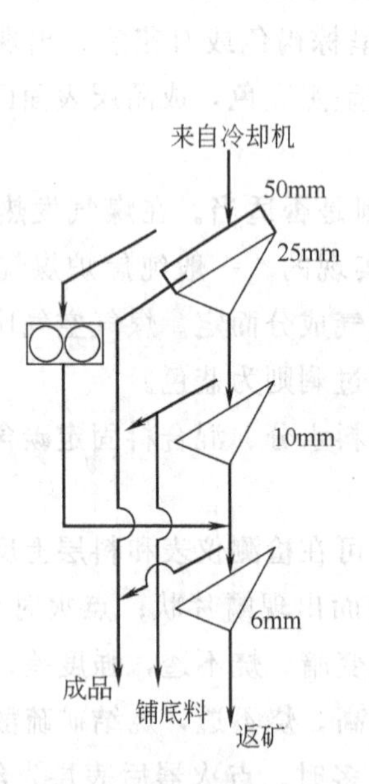

图5-7　武钢三烧整粒流程图

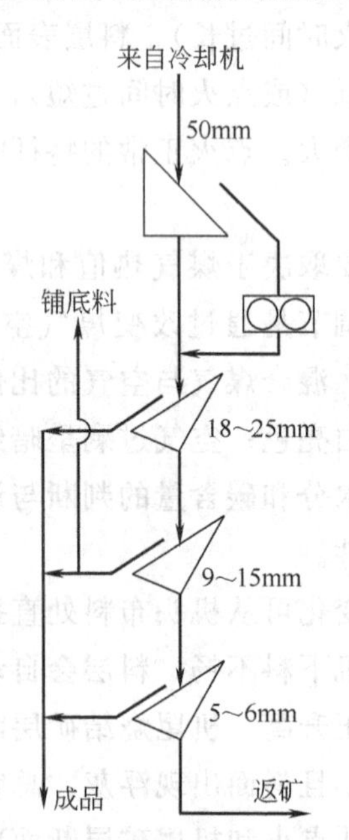

图5-8　宝钢烧结整粒流程图

5.5.2 烧结矿冷却的目的和要求

将机尾台车卸下的热烧结矿由卸矿温度强制冷却到低于130～150℃的冷烧结矿，其目的如下。

① 便于进一步对烧结矿破碎筛分、整粒，达到“小、净、匀”的要求。

② 高炉使用经过整粒的冷烧结矿，炉顶温度降低，炉尘吹损减少，有利于炉顶设备的维护，延长使用寿命，为提高炉顶煤气压力、实现高压操作提供了有利条件。

③ 冷矿通过整粒便于分出粒度适宜的铺底料，实现较为理想的铺底料工艺。

④ 冷烧结矿可直接用皮带运输机运输，取消机车和运输车辆，免建铁路线，占地面积减少，厂区布置紧凑，节省大量设备和投资；烧结矿用胶带运输和向炉顶供料时，易于实现自动化，增大输送能力，更能适应高炉大型化的要求。

从工艺角度考虑，既要加快冷却速度，节省设备投资，提高烧结生产率，又要保证烧结矿强度不受影响，尽可能减少粉化现象。

从冷却介质来看，自然风冷和水冷都不可取。前者冷却速度太慢，冷却周期长，占地面积大，环境条件恶劣，现代化生产根本无法采用；后者冷却强度大，效率高，成本低，但因急冷使强度大大降低，尤其对熔剂性烧结矿，遇水产生粉化的情况更为严重，并且难于再行筛分。现在均采用强制风冷方式。为提高强制风冷的冷却效率，需从冷却机理着手分析，以便采取相应的工艺措施。

烧结矿的冷却有三种传热方式。在烧结矿表面，热量以传导、对流和辐射的方式传递给强制通过料层的空气，使表面温度降低；在内外温差的推动下，烧结矿块内部的热量又以传导的方式传递到表面。在烧结矿冷却条件下，对流传热和传导传热是主要的。

$$Q_{对}=\alpha \cdot F(t_{表}-t_{空}) \tag{5-14}$$

$$Q_{传}=\lambda \cdot F(t_{内}-t_{表})/d \tag{5-15}$$

式中 $Q_{对}$，$Q_{传}$——分别为对流和传导热的传热量，kJ/h；

α，λ——分别为对流和传导传热的传热系数，kJ/(h·℃)；

F——烧结矿传热表面积，m^2；

$t_{空}$——空气温度，℃；

$t_{表}$，$t_{内}$——烧结矿表面温度和内部温度，℃；

d——烧结矿块半径，m。

对流传热系数 α 是空气流速的函数，当烧结矿层空隙率一定时，风量愈大，流速愈高，α 也愈大。

当烧结矿温度一定时，在一定冷却时间内，冷却效果主要取决于烧结矿粒度、粒度组成和冷却风量与风速。当烧结矿粒度小、风量大、风速高时，矿块内部的热量能很快传到矿块表面；矿块表面的热量又及时被气流带走，不致引起内部传热的延迟和停滞。根据传热量计算，每吨烧结矿所需的冷却风量，对于抽风冷却和鼓风冷却分别接近 4000m^3 和 3000m^3。风量一定时，烧结矿粒度显得更为重要。因为在足够的风量条件下，烧结矿表面的热量很容易被冷却气流带走，但由于烧结矿传导传热速度很慢，矿块内部热量不易传到矿块表面来，就会延长冷却时间，降低生产率。研究表明，烧结矿由 750℃冷至 100℃时所需的最少时间可按以下经验公式计算：

$$\tau=0.15kd$$

式中 τ——冷却时间，min；

k——系数，根据筛分效率高低可取 1.0～1.2；

d——烧结矿粒度上限，mm。

按上式计算结果，不同粒度的烧结矿所需的最少冷却时间为：

烧结矿粒度/mm	150	100	50
最少冷却时间/min	23～30	15～23	7～10

因此，冷却前对大块烧结矿破碎是很必要的。为使烧结矿在20～30min内从卸矿温度冷却至规定温度，烧结矿应该破碎到150mm以下，并使冷却机上布料均匀。

5.5.3 烧结矿的整粒

为改善烧结矿还原性和高炉料柱透气性，必须将烧结矿粒度上限控制到一个适当的水平，这与高炉大小有关。通常大中型高炉为40～50mm，小型高炉30～40mm。同时要严格控制粒度下限，对小于5mm的粉末，其含量越低越好，一般应低于5%。其次，从改善铺底料质量，完善铺底料工艺出发，应在整粒过程中，分出适宜粒度的一部分成品烧结矿作为铺底料，其粒度范围一般在10～20mm，虽然表面看来减少了入炉成品矿量，但由于铺底料在烧结过程中发挥的良好作用，反而促进了烧结矿产质量的提高，最终为高炉提供了更好的条件。

基于上述要求，烧结矿一般在热破碎、冷却的基础上，还应再进行一次（国外有的厂进行两次）冷破碎和3～4次冷筛分，整粒流程如图5-8所示。我国宝钢等新建大中型烧结厂大体上都采用类似流程，只是各级粒度有些差异。基本过程是：首先将来自冷却机的烧结矿经一次筛分，分出大于50mm的大块，将其送入齿面对辊破碎机进行冷破碎。小于50mm的粒级再经多次筛分，分出成品、铺底料和返矿。冷破碎后的产品也并入一次筛分分出的小于50mm的烧结矿进入整粒系统。

为尽可能消除成品矿在最后储存、转运过程中产生的粉末，在高炉槽下再进行一次筛分，筛下物返回烧结参加配料。

5.6 烧结工艺的进步及烧结新技术

5.6.1 烧结精料

高质量的烧结矿是高炉炼铁精料的保证。近些年来，烧结工作者改变了以往有什么料用什么料的传统做法，而是精心备料，对提高烧结矿质量起了重要作用。

(1) 适量进口富矿粉　根据各企业的具体情况，适量进口不同性质、不同价格的粉矿，不但可以提高烧结矿品位，还可以改善混合料粒度组成和成球性，为厚料层、低温烧结创造条件。

几种进口烧结用富矿粉的成分见表5-8。

(2) 优化烧结原料结构　优化烧结原料结构，实行物理性能、化学成分和烧结性能的合理配矿，淘汰质量差、价格高的品种，实现优质、高产、低成本。如宝钢提高南非粉矿配比，减少巴西粉矿，在保证烧结矿质量的基础上，大幅度降低了原料成本。南京钢铁公司等企业，部分使用从澳大利亚进口的罗布河褐铁矿粉做原料，实现了低温烧结新工艺。

表 5-8 几种进口烧结用富矿粉性能

名 称	化学成分/%											
	Fe	SiO_2	Al_2O_3	CaO	MgO	TiO_2	Mn	P	S	K_2O+Na_2O	烧损	H_2O
澳哈粉	63.6	3.45	2.0	0.04	0.08	0.12	0.19	0.072	0.017	0.042	3.2	
巴西 SSF	64.2	5.10	1.0	0.02	0.03	0.08	0.20	0.045	0.007	0.013	1.5	
巴西高硅粉	60.0	12.0	0.80	0.02	0.02	0.04	0.10	0.035	0.004	0.011	1.0	
巴西 CJF	67.2	0.60	0.94	0.01	0.02	0.03	0.45	0.037	0.01	0.020	1.5	
澳 BHP 纽曼山粉	63.4	4.2	2.35	0.06	0.10	0.10	0.06	0.069	0.015	0.030	2.4	5.2
澳 BHP 哥粉	64.6	4.7	1.60	0.03	0.03	0.09	0.03	0.040	0.006	0.080	1.2	4.9
澳 BHP 扬迪粉	58.5	4.9	1.30	0.05	0.07	0.06	0.03	0.041	0.012	0.012	9.9	7.8
澳 BHP 混粉(70%扬迪,30%纽曼山)	60.0	4.7	1.61	0.06	0.08	0.07	0.05	0.049	0.013	0.020	7.4	7.0
印度果阿粉Ⅰ	67	1.2	0.9					0.05	0.010		—	8.0
印度果阿粉Ⅱ	65～66	2～2.5	2～2.5					0.06	0.020		—	6.0
印度果阿粉	62～65	3.0～3.5	3.0					0.05～0.06	0.02		—	6.0～8.0
印度果阿粉Ⅳ	56～58	6.0～7.0	5.0					0.05～0.08	0.02		—	8.0
南非 ISCOR 粉Ⅰ	65.72	3.39	1.23	0.102	0.04	0.051	0.03	0.050	0.012	0.22	—	1.5max
南非 ISCOR 粉Ⅱ	65.47	3.34	1.45	0.102	0.04	0.051	0.03	0.053	0.012	0.18	—	1.98

(3) 稳定原料化学成分和粒度组成　强调含铁原料入厂时化学成分的稳定性和粒度组成等质量指标。对外购铁精矿品位上限也应有一定要求，降低铁的标准偏差，稳定烧结矿化学成分。

(4) 选择优质燃料和熔剂　使用含固定碳高，灰分、挥发分和硫含量低的煤做烧结燃料，可提高烧结矿品位和强度，并降低硫含量，还可减少烧结废气的排硫量，改善环境。强调生石灰的活性度和粒度，提高生石灰的强化制粒效果。

5.6.2 原料中和混匀与配矿自动化

以往只利用一次料场或精矿槽进行一些简单的混匀作业，混匀效果较差。自 1984 年 6 月马钢一烧建有堆取料机的混匀料场竣工之后，宝钢、唐钢、广钢、鞍钢、武钢等 20 多家企业又相继建成现代化混匀料场。

为提高混匀效率，采取了分小条多层堆料方式与分块（Block）堆料法；加强一次料场的管理，进行预配料并稳定预配料比例；减少端料并将端料返回重铺；保证铺料层数达 600 层以上；用滚筒式取料机或双斗轮取料机截取；对原料和混匀料进行机械化取样化验；用计算机进行控制等措施。中和混匀料的质量达到了较高的水平。

宝钢混匀矿堆 A39 与 B40 两堆中和料，铁的标准偏差 0.384～0.442，SiO_2 标准偏差 0.293～0.373。其生产的烧结矿，铁的标准偏差 0.232～0.237，SiO_2 标准偏差 0.082～0.084。1988 年与 1989 年烧结矿质量指标见表 5-9。

表 5-9 宝钢烧结矿质量指标

年份	合格率/%	一级品率/%	稳定率/%			烧结矿化学成分/%							
			TFe(±0.5%)	$w(CaO)/w(SiO_2)$(±0.05)	FeO(±1%)	TFe		FeO		SiO_2		$w(CaO)/w(SiO_2)$	
						$\bar{x}$	σ_{n-1}	$\bar{x}$	σ_{n-1}	$\bar{x}$	σ_{n-1}	$\bar{x}$	σ_{n-1}
1988	99.32	88.60	94.79	92.74	97.68	56.61	0.245	6.80	0.353	5.70	0.095	1.65	0.028
1989	99.69	91.18	95.53	94.83	97.20	56.40	0.256	6.41	0.355	5.67	0.087	1.70	0.029

配料工序是稳定烧结矿化学成分、提高质量的又一个重要环节。现各企业基本上实现了以电子秤或核子秤进行重量配料，使配料误差从过去的5%～10%降至1%～2%，如果设备选型合理，加强维护和实物校对，其误差还可小于1%。在重量配料的基础上，不少企业又实现微机自动控制，使烧结矿成分进一步稳定。太钢实行自动配料后，烧结矿一级品率由50%提高到75%。

鞍钢新烧分厂采用德国生产的热返矿冲击秤，配合热返矿称量矿槽，对于控制和稳定热返矿量、稳定混合料水分和固定碳及烧结矿化学成分也起着重要的作用。

自采用冷却整粒工艺后，从配料到烧结矿成品取样化验，需要4～5h，给及时调整化学成分带来困难。为此，中南工业大学采用系统辨识法建立烧结矿化学成分预测模型，超前2h进行成分预报，其预报的命中率可达85%～90%，为烧结化学成分的前馈控制建立了基础，并开发了自适应预报的以碱度为中心的智能控制系统，给出智能调整措施。东北大学利用前馈神经网络，建立了烧结矿化学成分超前预报模型，通过对现场实际运行数据分析表明，碱度的预测值与实际值比较，最大偏差值为0.1915，最小偏差值为0.0033，10级偏差数平均值为0.0723；对铁和氧化亚铁的预报偏差也较小，预报模型具有很好的预报结果和实际应用前景。

5.6.3 提高料层透气性，采用厚料层烧结

我国烧结原料以细粒精矿为主，料层透气性差，料层厚度较薄，烧结矿粉末多，强度低，还原性差，能耗高。自1978年起，首钢、本钢、鞍钢率先将料层厚度提高到300mm、340mm、375mm以后，全国各企业均相应采取措施，逐年提高料层，取得了明显的技术经济效果。到目前为止，年平均料层厚度超过500mm的有宝钢、首钢、鞍钢新烧、唐钢、太钢、重钢三烧、柳钢、济钢等企业，其中宝钢、太钢、柳钢、济钢等超过600mm。

提高料层厚度所采取的技术措施主要有以下。

① 优化原料品种结构，适量增加富矿粉，配用成球性好的原料。

② 使用生石灰、消石灰、轻烧白云石粉等强化剂；改善生石灰粒度，提高生石灰活性度，使用生石灰配消器，采用热水消化生石灰。

③ 加强燃料的破碎，采用燃料分加工艺，减少下层燃料量。

④ 改变混合机参数和结构，延长混料造球时间，提高成球率。

⑤ 稳定混合料水分和碳含量，并采用低水、低碳操作。

⑥ 采用橡胶衬板或含油稀土尼龙衬板做混合机内衬；采用雾化水、有机黏结剂（如丙烯酸酯）等，强化混合料成球。

⑦ 采用蒸汽预热混合料技术。

⑧ 改善布料条件，松散混合料，采用松料器；加强燃料的合理偏析；减少表层的压料量；保证料层铺平铺满，减轻边缘效应。

⑨ 适当降低1～4号风箱负压；加强表面点火和上部供热。

⑩ 提高风机负压；减少烧结抽风系统的阻力损失；降低抽风系统的漏风率；采用合理的抽风制度。

⑪ 严格控制烧结终点，稳定与提高冷、热返矿的质量。

⑫ 降低事故率，采用各种自动化工艺，创造一个稳定生产的良好环境。

对于原料条件较差、装备水平较低且烧结机面积较小的中小企业来说，采用厚料层烧结的难度更大一些。以柳钢二烧 2 台 $50m^2$ 烧结机为例，在短短的一年多时间里，采取许多技术和管理措施，把烧结料层厚度从 1996 年 7～12 月份的 460mm 提高到 1998 年 1～9 月份的 598mm，在保持垂直烧结速度基本不变的情况下，由于提高成品率而使烧结机利用系数提高 $0.194t/(m^2 \cdot h)$，达到了 $1.626t/(m^2 \cdot h)$，即提高 13.5%；烧结矿 FeO 含量从 11.40% 降低到 8.27%，还原性能大幅度改善；高炉返矿率从 15.04%降低到 12.34%；烧结矿燃料消耗、点火煤气消耗、电耗分别降低了 12.14kg/t、29.0%、14.89kW·h/t；烧结厂环境大为改善；烧结与高炉冶炼年经济效益达 3480 万元。2000 年 6 月在进一步强化混合料制粒和降低烧结机漏风率的情况下，结合采用预热—点火—热风烧结新工艺，将料层厚度稳定地提高到 800mm 以上，并获得了更好的技术经济效益。

5.6.4 均匀烧结

均匀烧结就是指台车上整个烧结饼纵截面左中右、上中下各部位的温度趋于均匀，最大限度地减少返矿和提高成品烧结矿质量。

左中右的不均匀性问题是混合料在矿槽内偏析造成的，主要依靠梭式布料器来解决。而上中下层的不均匀性则是由烧结过程的特点决定的。上层料层温度低，高温带窄，黏结相量不足，冷却快，玻璃质含量高，因而强度差、粉末多。下层则由于自动蓄热作用，料层温度高，高温带宽，烧结饼过熔化，氧化亚铁含量高，气孔度低，微气孔少，故还原性能差；有时甚至大量生成正硅酸钙，在冷却过程中由 $\beta\text{-}2CaO \cdot SiO_2$ 转变成 $\gamma\text{-}2CaO \cdot SiO_2$，体积膨胀 10%，而造成烧结矿粉化。

处理上中下层温度差异的主要措施是在布料时让混合料产生合理偏析，即下层的粒度大于上层，而下层的碳含量低于上层，控制偏析的程度，即可达到均匀烧结的目的。在以往采用反射板，辊式布料器产生自然偏析的基础上，国外又开发出条筛溜槽布料、反吹风偏析布料、料流稳定器布料、电振布料、磁辊布料与强化筛分布料（ISF 布料）等多种布料法。ISF 布料装置已推广应用于日本新日铁，我国攀钢也引进了该技术。以日本广烟 3 号机为例，该装置为 1 台电动机通过挠性轴和齿轮驱动 220 根棒条转动，由于棒条筛的松散和分级作用，提高了料层透气性并增强了混合料粒度和碳的偏析。ISF 与溜槽布料比较，透气性指数提高 13.4%，火焰前沿速度加快 3.1mm/min，各层烧结反应都处于较佳状态，成品率提高 3.3%～3.8%，焦粉用量减少 2.2～2.3kg/t，电耗降低 1.6kW·h/t，还可减少废气中 NO_x 含量。

5.6.5 低温烧结法

低温烧结新工艺　低温烧结是世界上烧结工艺中一项先进的工艺，它具有显著的改善烧结矿质量和节能的优点。日本、澳大利亚及我国都进行了这方面的研究，并将它应用到实际烧结矿生产中，获得了高还原性、低 FeO 的烧结矿，取得了显著的经济效益。

低温烧结工艺的理论基础是“铁酸钙理论”。铁酸钙特别是针状复合铁酸钙（常以 SFCA 表示），SFCA 的一般结构式为 $Ca_5Si_2(Fe,Al)_{18}O_3$，它只能在较低的烧结温度（1250～1280℃）下获得。与普通熔融型（烧结温度大于 1300℃）烧结矿比较，低温烧结矿具有强度高、还原性能好、低温还原粉化率低等特点，是一种优质的高炉炉料。为促进 SFCA 的生成，在以磁精粉为原料的烧结中，要求 $m(Al_2O_3)/m(SiO_2)$ 为 0.1～0.35。

低温烧结新工艺可以在现有烧结生产设备不作大的改造的情况下，通过加强烧结原料的准备，优化烧结工艺，控制烧结温度等技术措施来实现。其主要的工艺对策如下：

（1）加强原料准备，特别要控制好粒度：富矿粉小于 8mm 的占 90%；焦粉小于 3mm 的占 85%～90%，其中小于 0.125mm 占 20%；石灰石小于 3mm 的占 90%；蛇纹石小于 1mm 的大于 80%。

（2）烧结矿碱度控制在 1.8～2.0。

（3）低燃料低水分高料层作业，同时改进布料。

（4）严格控制烧结温度在 1250℃左右，严禁超过 1300℃，以避免 SFCA 分解，点火温度以 1050～1100℃为宜。

（5）有条件的厂家，可考虑辅以外配碳工艺以提高燃烧效率，降低燃料消耗。

（6）以磁精粉为原料时，要特别注意确保 Fe_3O_4 的充分氧化。这要求高料层中有较宽的高温氧化带，1100℃以上高温区保持 5min 以上。

北京钢铁研究总院与天津铁厂合作，进行了低温烧结工业试验结果如表 5-10，烧结矿质量改善，高炉产量提高 4%～9%，焦比降低 6～15kg/t。

表 5-10　低温烧结工业试验结果

项目	料层厚度/mm	烧结层温度/℃	料层中 1100℃以上保持时间/min	焦粉消耗/(kg/t)	垂直烧结速度/(mm/min)
低温烧结	380～400	1245～1276	5～7	49.36～50.4	16.63～16.93
普通烧结	350	1300～1337	4.7	58.24	18.36

项目	利用系数/(t·m²·h)	烧结矿			
		TFe/%	FeO/%	$\frac{w(CaO)}{w(SiO_2)}$	转鼓指数(+5mm)/%
低温烧结	1.209～1.326	51.9～51.92	8.85～9.12	1.78	80.07～80.17
普通烧结	1.244	52.15	10.5	1.73	80.30

项目	烧结矿						
	筛分(−5mm)		矿物组成(体积)			低温还原粉化率(−3mm)/%	还原度/%
	出厂	沟下	赤铁矿	铁酸钙	硅酸盐		
低温烧结	4.86～6.61	7.76～7.83	7.0	43.5	11.0	7.60	73.43～85.51
普通烧结	7.08	7.89	2.0	14.0	23.0	7.37	69.20

北京科技大学研究用 100%的磁铁精矿进行低温烧结，当采取强化混合料制粒、燃料分加、低碳厚料层操作等技术措施，生产碱度为 2.0 的高碱度烧结矿时，虽然烧结矿 FeO 含量偏高，为 9.4%（主要存在于磁铁矿中），烧结矿中赤铁矿含量 20%～25%，铁酸钙含量 35%；转鼓指数（±6.3mm）达 69%，还原度 92.06%，低温还原粉化率（−3.15mm）23.8%；利用系数达 1.8t/(m²·h)，燃耗降到 37kg 标煤/t，取得了较好的技术经济指标。

5.6.6 热风烧结

热风烧结就是在烧结机点火器后面，装上保温炉或热风罩，往料层表面供给热废气或热空气来进行烧结的一种新工艺。热废气温度可高达 600～800℃，也有使用 200～250℃的低温热风烧结。热废气来源有煤气燃烧的热废气、烧结机尾部风箱或冷却机的热废气，也有用热风炉的预热空气。热风罩的长度可达烧结机有效长度的三分之一。

采用热风烧结工艺可增加料层上部的供热量，提高上层烧结温度，增宽上层的高温带宽度，减慢烧结饼的冷却速度，提高硅酸盐的结晶程度，减少玻璃质的含量和微裂纹，减轻相间应力，提高成品率和烧结矿强度。在相应减少固体燃料用量的同时，可提高烧结废气的氧位，消除料层下部的过熔现象，改善磁铁矿的再氧化条件，可降低烧结矿氧化亚铁含量，改善烧结矿还原性能。当烧结矿总热耗量基本不变时，重点是提高烧结矿强度，但料层阻力有所增加，需依靠提高成品率来维持烧结机利用系数不致降低。当适当降低总热消耗量时，可在保证强度不变的情况下，降低烧结矿氧化亚铁含量，改善烧结矿还原性能，且大量节省固体燃料用量，降低烧结矿成本和少量提高烧结矿品位。

鞍钢新烧分厂 2 台 265m^2 烧结机，采用鼓风环冷机二段的热废气进行烧结（一段 350℃的高温热废气用于余热锅炉产生蒸汽），原始热废气平均温度 309℃，经掺入冷风调整与稳定后的热废气温度为 252.5℃，热风用量为 219400m^3/h。结果表明，由于大幅度降低了烧结矿固体燃料消耗，在保证烧结矿强度和返矿率基本不变的情况下，烧结矿 FeO 含量降低了 1.2%，还原度提高了 3.0%。

5.6.7 小球烧结与球团烧结法

我国大多数烧结厂都以细精矿物质为主要原料，鞍钢、本钢、包钢、太钢、酒钢、首钢等企业的部分烧结厂精矿粉率达 80%以上，因而强化造球、提高烧结矿产质量尤为重要。

小球烧结和球团烧结法就是将烧结混合料用改进后的圆筒混合机或圆盘造球机制造出粒度为 3～8mm 或 5～10mm 小球，然后在小球表面再滚上部分固体燃料，布于烧结台车上点火烧结。由于料层透气性好，可大幅度提高料层厚度，再加燃料分布合理及燃烧条件的改善，可降低固体燃料消耗。烧结矿呈轻度熔融小球黏结的葡萄状结构，还原性能改善、强度提高，烧结机利用系数高，能耗低，经济效益显著。

该技术的关键是选择合适的造球设备和参数，确保足够的造球时间；控制好混合料水分，制造出粒度合格的小球；添加生石灰等强化剂，提高小球的强度以及采用合理的运输与布料设备，保证小球不被破坏并形成粒度与碳的合理偏析。

用该技术生产自熔性或高碱度烧结矿，都可以取得良好的技术经济效果。特别是生产酸性球团烧结矿，利用系数、强度与还原性能等指标较普通酸性烧结矿有较大改善，为高炉提供一种新型的酸性炉料。不同碱度球团烧结矿冶金性能见表 5-11。

表 5-11 不同碱度球团烧结矿冶金性能

碱 度	0.27	0.36	0.52	0.61	0.69
900℃还原度/%	48.5	56.8	69.3	78.8	69.0
低温还原粉化率(-3.15mm)/%	4.5	4.3	35.3	19.8	11.8
还原软化开始温度/℃	1088	1041	1043	1045	1058
还原软化终了温度/℃	1152	1156	1164	1176	1188

日本福山 5 号机采用球团烧结法（HPS 法）主要是为了在烧结料中增加价格便宜、品位高、SiO_2 含量低的细粒精矿的用量，最高配比可达 40%～60%。混合料用直径为 7.5m

的圆盘造球机造出5～10mm的小球，经外滚焦粉后，在烧结机上预热干燥、点火和烧结，取得了提高烧结矿品位达58.22%、降低SiO_2含量至4.21%、提高还原度6.4%及降低成本的显著效果。

5.6.8 双层布料、双碱度料烧结

双层布料技术最早是作为均匀上下层烧结矿质量、降低能耗的一项重要措施，让上层的燃烧量高于下层。有时也将某些难烧的矿粉配入下层的混合料中以提高烧结矿产质量。后来又发展成为不同碱度的双层布料烧结，将高、低两种碱度（碱度为0.9和1.8）的混合料，分层布料，点火烧结，其经过破碎、筛分后的烧结矿是高低两种碱度烧结矿的混合物，可以在一台设备上实现炉料结构的优化。该技术也曾用来处理高硫原料，提高烧结过程中的脱硫率，即将高硫原料配入低碱度烧结料中，布于下层，大幅度提高脱硫率，降低整个产物的含硫量。

日本鹿岛厂曾研究氧化钙分别制粒法，即双碱度料烧结。在2号烧结机增加一条配料造球生产线，用石灰石粉、澳大利亚富矿粉和轧钢皮配成高氧化钙料，经混合一圆筒造球后，以20%的比例与配入返矿和焦粉的80%的低氧化钙料混合进行烧结。1987年进行了工业试验与生产，工业试验得出，料层透气性改善，烧结负压降低0.45kPa，利用系数提高1.6%，低温还原粉化率（－3mm）从34.4%降低到28.7%，焦粉消耗降低0.3kg/t。1987年1～5月工业生产指标与1986年9～11月比较，料层厚度从450mm提高到480mm，焦粉消耗降低4kg/t，JIS转鼓指数（＋10mm）提高2%，JIS还原度提高2%，低温还原粉化率（－3mm）降低1%，高炉冶炼有一定效果。

5.6.9 改善烧结矿粒度组成的措施

（1）提高烧结矿强度，改善烧结矿粒度组成　采取优化烧结原料结构、稳定烧结操作指标、选择合理热工制度、生产高碱度烧结矿，实现厚料层烧结工艺等措施，减少烧结总产物中0～5mm与5～10mm部分。

（2）加强烧结矿的冷却与整粒　避免在冷却机后的皮带上打水，适当加大双齿辊破碎机的开口度，提高冷矿筛的筛分效率。

（3）减轻烧结矿从出厂到高炉矿槽的破碎　生产实践表明，转运过程增加的粉末（－5mm部分）量为2.6%～10.3%，高炉矿槽储存增加的粉末量为3.3%～4.2%。因此，提高烧结矿强度、减少转运次数、降低转运落差、改进皮带漏嘴的形式和内衬等都可减少高炉槽下筛分前烧结矿粉末的含量。

（4）尽量避免建设烧结矿缓冲矿槽　武钢三烧与高炉矿槽之间有一个储存量为3400t，储存时间为7.5h的矿槽。由于增加转运次数，矿槽内落差高，烧结矿滚动挤压与自然风化，储存3天后烧结矿粉末（－5mm）增加8.9%，储存5天增加9.8%。高炉使用储存矿明显减产。最好是加大高炉栈桥矿槽，而不专门设置缓冲矿槽。如必须设置缓冲槽，则应增设筛分装置。宝钢落地后的烧结矿取用时，其筛出的返矿量达25%左右。

（5）提高槽下振动筛筛分效率　槽下未经过筛分的烧结矿粉末（－5mm）量达10%以上，不宜直接入炉，因此大部分高炉槽下都设置有振动筛。筛分效率较高的振动筛有三轴传动的椭圆等厚筛和双层振动筛等。筛孔尺寸一般在4.5～7.0mm之间，选择较大的筛孔可以提高0～5mm部分的筛分效率，但将造成小粒烧结矿的损失，鞍钢10号高炉槽下振动筛筛缝为 6.3mm，高炉返矿中+5mm 部分达 35%左右。

5.6.10 降低烧结矿低温还原粉化率的措施

烧结矿低温还原粉化率是影响高炉生产的重要因素，以往为了控制和降低烧结矿的低温还原粉化率，通常采取提高烧结矿中的 FeO 的含量和改变烧结原料组成等措施。但这些措施一方面受到资源等条件的限制；另一方面对烧结矿质量和品位有一定影响，使烧结生产和高炉生产燃耗增加。

烧结矿在低温条件下（500～550℃）还原之所以会产生粉化，其基本原因是在 500℃左右时其中的赤铁矿还原成磁铁矿，体积发生变化，在烧结矿内产生内应力，进而形成裂纹，导致强度的减弱，在机械力的作用下产生粉化。烧结矿低温粉化的机理如下。

① 初始还原与初始裂纹的形成　随着低温还原粉化试验的开展，向烧结矿料层通入还原气体时，那些可接触到还原气体的赤铁矿颗粒先被还原，造成体积膨胀，产生内应力。当产生的应力超过周围黏结相的断裂韧性时就会在黏结相内形成裂纹。

② 裂纹扩展与进一步还原　裂纹的形成又促进了还原过程，因为还原气可以通过裂纹到达其他相中新的赤铁矿颗粒，使它还原，即烧结矿得到进一步还原。而进一步还原又为裂纹的进一步扩展提供了能量。另外，由于在烧结工艺的冷却过程中，不同的矿相在不同的时间结晶，其热收缩系数大不相同，也有可能在烧结矿中产生残余应力，这种残余应力又会促使分支裂纹的扩展。在还原末期，尽管烧结矿的外形可能完整无缺，但其内部的龟裂程度却十分严重。

我国宝钢、攀钢、武钢等部分企业生产的烧结矿低温还原粉化率较高，一般小于 3.15mm 达 30%～40%，接近日本全国的平均水平（−3mm 部分为 36.3%）。

宝钢对可能影响低温还原粉化率的 10 多个因素进行了两组多元线性回归分析，结果指出，在波动范围内，烧结矿的 Al_2O_3、TiO_2、MgO 含量、烧结机机速及烧结矿 SiO_2 含量、碱度等 6 项与低温还原粉化率有较强的相关关系。前 4 项是正相关，后 2 项是负相关。对烧结矿低温还原粉化率影响最大的因素是烧结矿 SiO_2、FeO 含量、点火煤气消耗和烧结机机速，其他的因素影响较小。降低烧结矿低温还原粉化率的措施是严格控制混匀矿中 TiO_2 和 Al_2O_3 的含量；提高烧结矿中 SiO_2 和 FeO 含量；适当提高机速，在保证烧好的前提下，使烧结终点后移；提高点火强度和提高机头、机尾风箱负压等。通过试验，将烧结料中蛇纹石的平均粒度从 2.68mm 降到 1.20mm，可使低温还原粉化率从 41.4%降到 35.9%。

武钢二烧烧结矿 FeO 含量为 8%左右时，其低温还原粉化率为 40.15%～43.5%，给高炉冶炼带来影响。武钢开发了往烧结矿表面喷洒氯化钙溶液的新工艺，在成品皮带的头部安装可调张角的喷嘴，对喷嘴的数量、型式、张角和安装位置以及 $CaCl_2$ 溶液的浓度、数量和喷洒方式等进行了全面研究，1991 年转入正式生产。当喷洒浓度 3%的 $CaCl_2$ 溶液时，低温还原粉化率平均降低 10.78%，取样测定烧结矿水分仅为 0.2%，高炉槽下烧结矿粒度组成无明显变化。攀钢、柳钢等企业也进行了喷洒 $CaCl_2$ 溶液的试验与生产。柳钢生产得出，烧结矿低温还原粉化率从 15%～20%降至 3%以下，高炉增产 4.6%，焦比降低 15.3kg/t。

喷洒 $CaCl_2$ 时烧结矿是有一定温度的（100℃左右），此时喷上去的 $CaCl_2$ 溶液中的水分被蒸发，$CaCl_2$ 结晶成晶体吸附在烧结矿表面，形成一层薄膜。由于烧结矿为一种多孔状结构，其表面气孔很多，这些气孔恰是还原气体进入烧结矿内部还原其中 Fe_2O_3 的通道，黏

表 5-12A 各企业 2005 年度指标

钢 厂	烧结机台数×面积/m^2	年产量/t	利用系数/[t/(m^2·h)]	日历作业率/%	成品率/%	合格率/%	料层/mm	精粉率/%	固体燃料消耗/(kg 标准煤/t)	点火煤气/(GJ/t)
宝钢炼铁厂	3×495	17095242	1.371	96.40	74.70	100	710		47.64	0.0760
宝钢不锈炼铁厂	3×130	4123000	1.320	91.41	85.00	99.76	620	7.69	53.01	
鞍钢炼铁总厂	1×360	3657540	1.286	90.22		91.40	600	64.60	38.28	0.101
	2×265	5367800	1.311	88.17		91.62	650	57.06	38.13	0.0910
	4×90	2690800	1.127	75.70		90.83	600	63.88	40.16	0.109
鞍钢集团东鞍山	1×360	3678182	1.308	89.20		87.03	600	86.08	47.03	0.115
首钢炼铁厂	4×90	4073536	1.334	96.52	92.44	99.93	550	13.72	34.35	0.104
首钢矿业公司	6×97.5	7471820	1.586	91.95	75.08	99.59	647	63.62	40.00	6.24
武钢	4×75	772742	1.193	42.42	86.23	97.06	600	13.71	44.99	0.0581
	1×360	3773568	1.324	90.34	86.59	98.23	696	11.56	47.16	0.0530
	2×435	7686397	1.2605	83.58	86.39	95.84	665	2.02	43.99	0.0607
马钢	2×90	2520467	1.745	91.70	88.39	90.42		4.92	40.47	0.0790
	1×105	1494572	1.725	94.11	88.39	88.94	672	4.92	40.47	0.0790
	2×300	6490018	1.361	91.50	68.79	95.74	692	7.19	56.35	0.0600
攀钢	1×167.3	7810674	1.241	87.19	74.67	99.99	585	51.09	48.30	0.0858
奈城钢铁公司	1×105	1260500	1.480	92.59		93.12	550	9.94	62.18	38.79
包钢	4×90	4301400	1.445	94.38		80.00	600	60.04	65.28	
	2×180	3343900	1.126	94.14		76.80	600	61.44	66.64	
	1×265	2185700	1.073	96.25		69.00	650	69.59	68.84	

续表

钢 厂	烧结机台数×面积/m^2	年产量/t	利用系数/[t/(m^2·h)]	日历作业率/%	成品率/%	合格率/%	料层/mm	精粉率/%	固体燃料消耗/(kg标准煤/t)	点火煤气/(GJ/t)
江苏沙钢	1×360	2570000	1.300	86.50	68.00	95.46	600	8.00	54.55	0.0729
	1×360	3820000	1.330	90.82	68.00	96.06	600	8.00	55.01	0.0731
	1×174	1630000	1.380	83.21	68.00	96.81	550	8.00	54.09	0.0748
	1×150	1480000	1.470	84.06	68.00	97.23	550	8.00	54.53	0.0759
唐钢炼钢厂	1×180	1878992	1.282	92.95	81.38	100	672	35.13	55.06	0.151
	1×210	1985736	1.298	96.98	81.38	100	650	34.78	55.01	0.151
	1×265	2989462	1.318	97.71	77.32	100	599	34.75	55.00	0.151
莱钢	2×265	4564000	1.130	90.83	88.30	91.01	750	15.20	52.62	0.103
	3×105	4082000	1.538	97.40	88.65	95.49	700	11.52	54.73	0.053
本钢	2×265	4451885		81.29	86.00	99.12	497	68.78	60.00	0.128
	1×360	3515025	1.318	84.59	86.26	97.47	557	68.23	58.00	0.117
邯钢	1×400	3660588	1.143	91.46	89.39	92.84	585	27.60	51.39	0.114
	2×90	2237448	1.524	93.07	90.53	92.74	596	27.60	45.88	0.133
安钢 1×90	1×105	2183108	1.520	83.96		82.56	604	42.57	39.27	0.132
柳钢	1×110	1492300	1.727	90.12		99.43	653	5.48	44.28	0.061
	1×265	2234100	1.418	91.62		97.89	694	7.09	46.29	0.081
湘钢 2×90	1×180	5871556	1.700	96.26	90.77	92.11	618	20.03	43.37	0.089
济钢	2×120	3872071	1.987	92.71		94.49	640	13.83	35.00	0.089
梅山	2×130	3428600	1.620	92.95		99.21	473	28.90		0.0771
	1×180	1927400	1.332	91.77		98.94	634	28.90		0.0681
南京	1×180	2246975	1.537	92.71	82.74	96.24	620		44.86	

续表

钢厂	烧结机台数×面积/m²	年产量/t	利用系数/[t/(m²·h)]	日历作业率/%	成品率/%	合格率/%	料层/mm	精粉率/%	固体燃料消耗/(kg标准煤/t)	点火煤气/(GJ/t)
新余	1×115	1440516	1.472	97.11		97.31	620	38.09	32.33	0.0810
	1×180	2074284	1.360	96.72		97.31	650	38.09	32.33	0.0810
酒钢	2×130	3385611	1.550	91.54	86.43	98.14	716	60.17	44.08	0.0519
天铁	1×132	1451330	1.317	95.32	89.38	83.48	608	34.68	48.08	0.130
	1×126	1219458	1.164	94.94	89.13	83.51	525	33.92	48.11	0.145
涟钢 1×130	1×180	3496200	1.400	91.93		93.70	725	26.97	48.68	0.140
太钢	2×90	2219315	1.536	96.66		99.95	580	81.72	39.23	0.0650
	2×100	216085	1.299	97.19		99.95	700	74.92	39.05	0.0660
韶钢	1×105	920663	1.529	68.93	90.68	87.21	600	24.04	54.23	0.119
	1×360	3026821	1.219	92.40	91.81	92.35	700	24.47	47.41	0.0720
昆钢	3×130	2788681	1.310	93.72	81.70	98.74	600	15.95	60.86	0.129
邢钢	1×180	2398243	1.572	96.74		98.93	600	45.50	47.60	0.0800
青冈	1×105	1649000	1.858	98.69	90.80		700		49.67	0.161
三明	1×130	1690236	1.550	97.09	92.06	98.38	580	41.19	42.49	0.110
重钢	1×240	1918719	1.478	75.37	75.15	85.89	648	21.68	52.00	0.0840
	2×105	1428238	1.451	53.52	72.13	92.35	600	21.87	60.00	0.0670
长钢	1×198	2103800	1.360	89.54	86.34	92.14	693	37.61	42.04	0.0701
鄂钢 2×75	1×90	2515156	1.364	87.68	83.76	87.48	650	22.30		
承钢	1×150	1099100	0.995	73.57		76.74	600	65.29	50.76	0.158
	2×150	1211900	0.878	66.41		64.74	600	64.38	61.50	0.216
山西海鑫	1×198	2071495	1.250	95.74	68.05	72.88	680	18.22	51.09	
南昌	1×130	1631720	1.488	96.28	86.86	90.87	611	30.67	57.00	0.0860

表 5-12B 各企业烧结矿主要成分

钢厂	电耗/(kW·h/t)	工序能耗/(kg标准煤/t)	w(TFe)/%	w(FeO)/%	$w(SiO_2)$/%	Rw(CaO)/$w(SiO_2)$	R±0.08	[w(TFe)±0.5]/%	转鼓ISO/%	出厂粉率(−5mm)/%
宝钢炼铁厂	37.46	60.59	58.39	7.29	4.63	1.84	99.38	99.44	82.13	3.77
宝钢不锈炼铁厂	36.63	70.51	58.60	7.63	4.79	1.81	(R±0.08)96.61	99.09	78.50	3.24
鞍钢炼铁总厂	40.46	59.05	58.07	8.03	4.90	2.04	(R±0.08)84.74	90.10	78.97	4.87
	41.99	58.95	57.88	8.12	4.78	2.08	87.01	93.47	79.44	3.98
	46.01	62.66	57.99	7.97	4.87	2.07	82.48	89.46	80.12	3.62
鞍钢集团东鞍山	34.34	66.52	54.91	8.10	6.25	2.05	(R±0.05)70.42	91.99	78.16	6.74(炼铁槽下筛分)
首钢炼铁厂	44.10	57.56	57.06	9.36		1.87	(R±0.05)99.04	96.12	77.97	1.27
首钢矿业公司	32.81	61.15	57.09	6.90	5.46	1.86	96.22	99.26	74.26	7.60
武钢	36.80	62.44	57.02	8.16	5.16	1.90	(R±0.08)86.08	98.97	76.76	4.35
	34.08	62.17	57.72	7.30	4.78	1.89	84.69	91.99	76.78	5.41
	42.56	62.71	57.55	7.18	4.79	1.88	80.17	96.46	77.09	5.98
马钢	30.86	50.64	56.41	8.13	4.87	2.17	74.70	89.79	73.21	10.63
	30.86	50.64	56.47	8.11	4.86	2.17	74.71	87.26	71.97	8.81
		75.00	56.92	8.19	4.77	2.20	86.80	71.39	81.60	5.49
攀钢	27.94	62.66	49.23	7.54	5.23	2.16	(R±0.05)96.78	99.96	71.32	14.58
奈城钢铁公司	41.16		53.57	7.80	5.25	1.97	55.34	81.09	70.16	3.29
包钢	47.68	85.40	55.75	7.67	5.22	1.85	78.36	92.90	71.47	8.40
	51.15	87.58	56.02	9.39	5.11	1.95	76.33	90.90	72.32	6.71
	62.76	62.76	55.57	8.90	5.08	1.94	70.27	87.70	74.39	7.24
江苏沙钢	42.00	63.10	56.90	9.01	5.23	1.92	84.60	88.00	78.17	4.25
	37.00	63.40	56.61	8.75	5.36	1.89	83.10	87.90	77.54	4.35
	51.00	64.60	56.85	8.98	5.32	1.87	82.21	87.51	76.90	5.77
	50.50	66.70	56.77	8.90	5.29	1.85	80.60	87.40	76.91	4.16

续表

钢厂	电耗/(kW·h/t)	工序能耗/(kg 标准煤/t)	$w(TFe)$/%	$w(FeO)$/%	$w(SiO_2)$/%	$Rw(CaO)/w(SiO_2)$	$R \pm 0.08$	[$w(TFe) \pm 0.5$]/%	转鼓 ISO/%	出厂粉率(−5mm)/%
唐钢炼钢厂	35.72	64.30	56.34	9.07		1.99	100	99.21	81.13	4.13
	37.74	64.30	56.35	8.93		1.99	100	97.40	81.15	4.12
	34.03	64.30	56.35	8.91		1.99	100	97.71	81.14	3.99
	44.37	69.61	56.96	8.44	4.75	2.05			79.45	5.17
	40.84	70.50	57.05	9.12	4.79	2.00			76.89	5.55
本钢	45.82	82.50	56.93	8.50		1.97	98.28	91.63	81.01	
	43.43	69.00	57.11	7.53		1.98	90.93	90.35	79.80	
邯钢	29.86	65.20	57.05	8378	4.65	2.08	($R \pm 0.12$)93.87	[$w(TFe) \pm 1.0$]98.94	78.28	1.79
	31.08	63.24	57.11	8.52	4.64	2.07	94.20	98.64	77.19	1.65
安钢	38.95	58.57	58.04	8.52	44.49	1.94	($R \pm 0.08$)71.09	64.81	71.93	
柳钢	33.28	59.88	54.27	7.34	5.64	1.94	($R \pm 0.05$)76.08	[$w(TFe) \pm 0.8$]99.87	73.24	14.33
	39.10	64.76	54.52	7.44	5.56	1.92	73.80	99.85	73.64	14.18
湘钢	31.02	60.29		8.65	4.91	2.04	($R \pm 0.08$)83.19	92.98	74.18	15.56
济钢	25.89	48.98	54.50	8.31	5.23	2.24	($R \pm 0.05$)71.99	[$w(TFe) \pm 0.4$]65.92	79.35	6.66
梅山	21.62	57.85	58.03	9.17	4.85	1.72	95.82	97.40	80.08	
	42.08	76.71	58.07	8.54	4.84	1.72	94.47	96.04	82.89	
南京	32.12	70.99	56.51	9.99	7.36	1.86	78.21		78.30	5.18
新余	34.94	48.85	55.11	8.04	5.82	1.94	($R \pm 0.08$)93.12	91.22	74.63	2.01
	34.94	48.85	55.11	8.04	5.82	1.94	93.12	91.22	74.63	2.01
酒钢	25.84	53.87	47.80	9.48	9.02	1.89	($R \pm 0.08$)97.05	97.52	81.90	13.53

续表

钢厂	电耗/(kW·h/t)	工序能耗/(kg标准煤/t)	w(TFe)/%	w(FeO)/%	$w(SiO_2)$/%	Rw(CaO)/$w(SiO_2)$	R±0.08	[w(TFe)±0.5]/%	转鼓 ISO/%	出厂粉率(−5mm)/%
天铁	38.79	71.60	57.48	11.07	5.45	1.55	81.79	79.67	73.25	7.73
	48.90	76.03	57.78	11.11	5.42	1.56	80.53	76.38	72.26	7.73
涟钢	39.74	69.58	55.48	6.93	4.89	2.45	(R±0.05)68.21	76.52	76.08	12.00
太钢	27.80	53.21	58.77	9.94	4.78	1.87	(R±0.08)97.10	96.47	70.76	3.36
	35.44	56.13	58.32	9.31	5.05	1.85	97.30	96.19	75.62	5.82
韶钢	49.67	76.51	56.18	10.29	5.07	1.86	(R±0.05)53.84	82.82	70.66	11.32
	35.05	64.24	56.82	9.19	4.88	1.82	(R±0.05)54.42	87.64	73.24	10.26
昆钢	36.23	79.67	55.22	8.72	5.36	2.01	74.71	94.11	76.35	7.21
邢钢	35.45	63.57	56.96	9.59	5.17	1.93	85.33	78.42	77.53	15.77
青冈	36.30	60.31	56.20	9.00	5.28	1.90	99.81	99.93	74.14	8.44
三明	36.15	60.84	57.33	8.69	5.96	1.67	(R±0.06)92.75	91.84	70.37	15.47
重钢	35.73	69.00	54.54	7.32	5.79	1.89	(R±0.05)61.63	75.24	75.10	6.37
	34.24	75.00	52.21	8.24	6.20	2.15	61.10	86.95	76.68	6.72
长钢	50.10	68.29	54.17	7.78	6.80	1.59	58.41	79.30	74.70	8.58
鄂钢 2×75		77.00	55.40	8.36	5.41	2.01	93.92		74.45	4.64
	64.91	83.17	54.70	8.13		1.86	81.35	79.76	80.66	7.04
	73.13	110.66	54.89	8.51		1.84	72.75	67.20	80.82	0.024
山西海鑫	43.65	82.87	53.75	9.57	6.71	1.74	86.45	[w(TFe)±1.0)]84.79	73.12	13.36(−6mm)
南昌	43.75	74.00	55.29	8.91		1.95	91.09	[w(TFe)±0.5)]80.72	76.90	16.21

结在烧结矿表面的 $CaCl_2$ 薄膜一方面阻碍了还原气体与烧结矿表面的接触，从而抑制了烧结矿表面的还原；另一方面 $CaCl_2$ 薄膜堵塞了还原气体进入烧结矿的通道，阻碍了烧结矿内部的继续还原，减缓了烧结矿的还原速度，从而降低了还原粉化率。研究表明，喷洒 $CaCl_2$ 只是吸附在烧结矿的表面，并没有发生化学反应，烧结矿在高炉内进入 600℃以上温度区时，$CaCl_2$ 便开始挥发，至 900℃时已全部挥发，所以对烧结矿的还原速度不会产生影响。

目前除采取以上十个方面的技术措施外，国内外还采用烧结使用复合熔剂；熔剂分加技术；混合料预压烧结；煤气无焰烧结；富氧点火；富氧烧结与富氧双层烧结等。

2005 年我国重点企业与典型地方骨干企业烧结矿产质量及主要技术经济指标见表 5-12A 与表 5-12B。

5.7 烧结厂主要工艺设备

5.7.1 熔剂和燃料的破碎筛分设备

熔剂和燃料的破碎设备主要有锤式破碎机、反击式破碎机、四辊破碎机，筛分设备常用振动筛。

（1）锤式破碎机　烧结厂目前普遍采用锤式破碎机破碎石灰石、白云石、菱镁石，主要有产量高、破碎比大、单位产量的电耗小、维护比较容易等优点。锤式破碎机按转子旋转的方向可分为可逆式与不可逆式两种。可逆式能延长锤头寿命和保证破碎效率。锤式破碎杭的尺寸用转子的直径（包括锤头部分）和长度两个尺寸来表示。反击式破碎机的板锤冲击力较小，比较适合于石灰石的细破碎，当转子线速度达到 50～60m/s 时，效果良好，在宝钢、梅山等烧结厂得到应用。与锤式破碎机构成闭路所用的筛子多采用自定中心振动筛，也有采用惯性筛、胶辊筛、共振筛、圆振筛和其他类型的振动筛。

锤式破碎机由机壳、转子、调整装置及电动机等部分组成（图 5-9）。

锤式破碎机按其转子的旋转方向，分为可逆式和不可逆式两种。目前普遍采用的是可逆式。当锤头使用一段时间，打击面严重磨损，影响破碎产量和质量时，即将电机调相反转，让锤头的另一面继续发挥破碎作用，而不必立即更换新锤头。既保证了产量，又延长了锤头寿命，提高了破碎机的作业率。

锤式破碎机破碎比大（达 10～15），对原料块度适应能力强，最大给矿粒度可达 80mm；生产率高；单位产品耗电量较小；结构简单，操作维护方便。但工作部分磨损大，箅缝易堵塞，对物料水分要求严格；工作噪声大，扬尘量多。

（2）反击式破碎机　反击式破碎机又称为冲击式破碎机，是一种高效的新型破碎设备。它在化工、煤炭、建筑等部门已广泛用于各种物料的中、细碎作业。近年来，在烧结燃料破碎中也有采用的。

反击式破碎机主要由机壳、转子、反击板及拉杆等组成，见图 5-10。

该破碎机结构简单，破碎比很大（一般 30～40，最大 150），生产率高，单位产品电耗小，可进行选择性破碎，适应性强，对中硬性、脆性和潮湿的物料均可破碎，维护方便。但板锤磨损严重，寿命短。

（3）四辊破碎机　四辊破碎机常用作烧结燃料的破碎。当燃料粒度小于 25mm 时，可

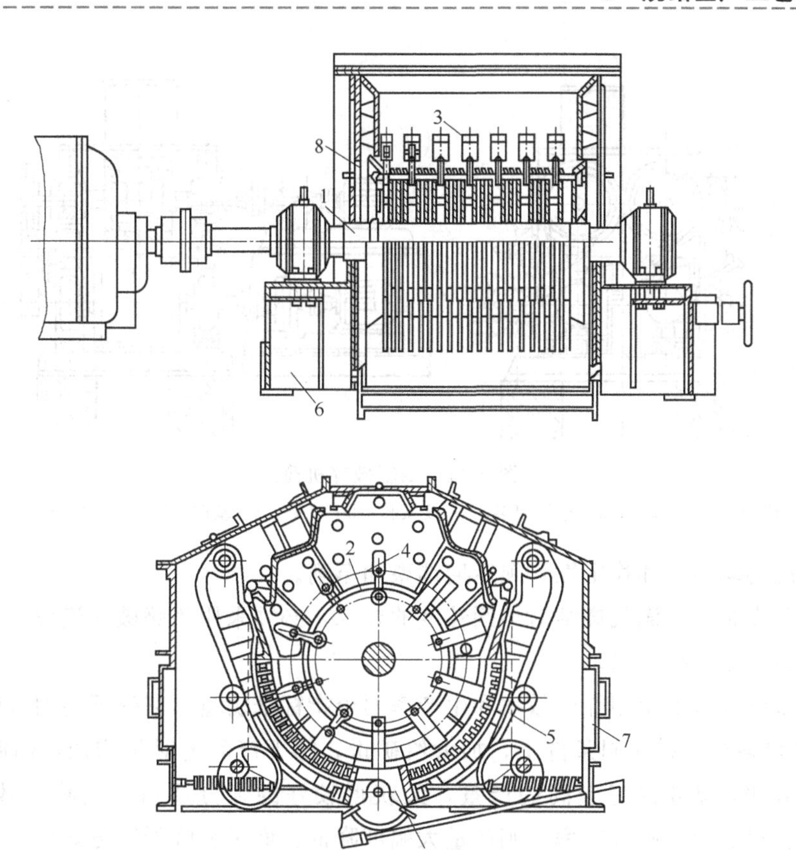

图 5-9 锤式破碎机

1—主轴；2—圆盘；3—锤头；4—轴杆；5—筛板；6—机座；7—检修人孔；8—机壳；9—金属捕集器

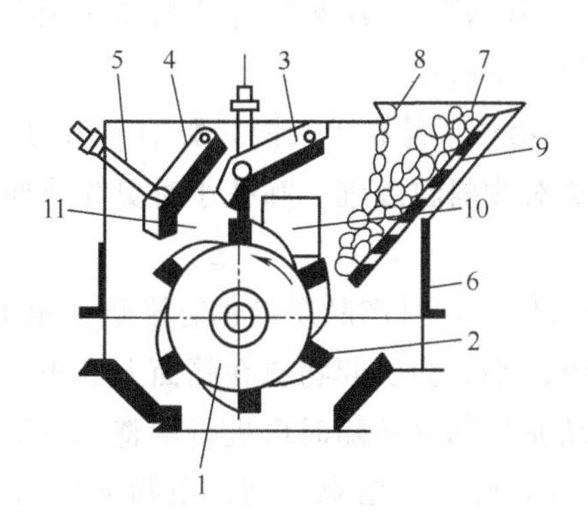

图 5-10 反击式破碎机

1—转子；2—锤头；3—第一反击板；4—第二反击板；5—拉杆；6—机体；7—给矿口；8—筛板；9—链幕；10—第一破碎区；11—第二破碎区

一次破碎至 3mm 以下，不需筛分，可实行开路破碎。图 5-11 为四辊破碎机示意图。

四辊破碎机结构简单、操作维护方便，辊间距离可调，过粉碎现象少。但破碎比小(3～4)。当给料粒度大于 25mm 时，须用对辊（或反击式、锤式）破碎机预先粗碎，否则，上辊咬不住大块，不仅加剧对辊皮的磨损，还使产量降低；辊皮磨损严重、且磨损不均匀，

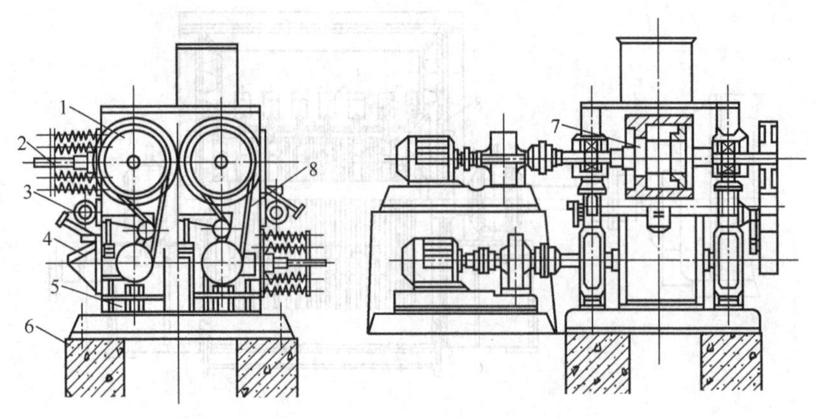

图 5-11 四辊破碎机简图

1—传动轮；2—弹簧；3—车辊刀架；4—观察孔；5—机架；6—基础；7—破碎辊；8—传动带

影响产品粒度的均匀性和稳定性，须定期调整和车削。

（4）筛分设备 为满足烧结对熔剂粒度的要求，必须采用闭路破碎流程。其筛分设备基本上都采用自定中心振动筛。

筛分设备的筛分效果用筛分效率和生产率两个指标来衡量，它受下列因素的影响。

① 给矿量多少 在相同条件下，加大给矿量，筛下产品绝对量增加，但筛分效率相应降低。实践表明，既要保持较高的产量，又获得较好的筛分质量，其筛分效率在55%～70%较合适。过分提高筛分效率，则产量大幅度降低；而过分降低筛分效率，又使循环负荷增大，电耗增加。

② 筛孔大小 一般来说，筛孔过大过小都不好。筛孔小，虽可提高筛下产品合格率，但产量低，尤其当筛分物料较湿时，还会导致筛孔堵塞；筛孔过大，产质量都降低。产量降低的原因是：由于筛孔大，筛网丝就粗，结果使筛孔的净面积减少。试验表明，筛孔尺寸在3.6mm×3.6mm左右时产质量都较高。

③ 筛面尺寸 筛面过宽，物料不易布满筛网，影响筛面的有效利用。而增加筛面长度，则可提高筛分效率和产量，这对物料粒度细、筛孔小时更为重要。一般所用筛子，其筛面的长宽比最好在3以上。

④ 筛面倾角 筛体的安装倾角，对产品质量也有影响。倾角愈大，筛孔投影尺寸愈小，产量和筛分效率愈低。但倾角过小，会引起物料在筛面上堆积，也不利于筛分。因此，筛子安装角度应能根据对筛分产品质量的要求随时可进行调整，一般为15°～20°。

⑤ 水分高低 原料含水分高时，易堵塞筛网，虽筛下产品合格率高，但筛分效率和产量降低。为此，要使物料含水小于1.5%～2%。

5.7.2 配料与混料设备

（1）配料仓 配料仓的结构形式、个数、容积及各种料在配料仓中的排列顺序，对配料作业都有一定影响。

① 配料仓的结构形式 料槽结构主要应满足顺畅下料的要求，与原料性质有关。我国烧结配料仓有三种结构形式，见图5-12。储存、精矿、消石灰用燃料等湿度较高的物料，应采用倾角70°的圆锥形金属结构料仓；储存石灰石粉、生石灰、干熄焦粉、返矿和高炉灰

等较干燥的物料，可采用倾角不小于60°的圆锥形金属结构或半金属结构料仓；而储存黏性大的物料，如精矿和黏性大的粉矿等，可采用三段式的圆锥形金属结构活动料仓，并在仓壁设置振动器。此外，在料仓内壁敷设辉绿岩铸石板或通压缩空气等，对顺利排料也有一定效果。

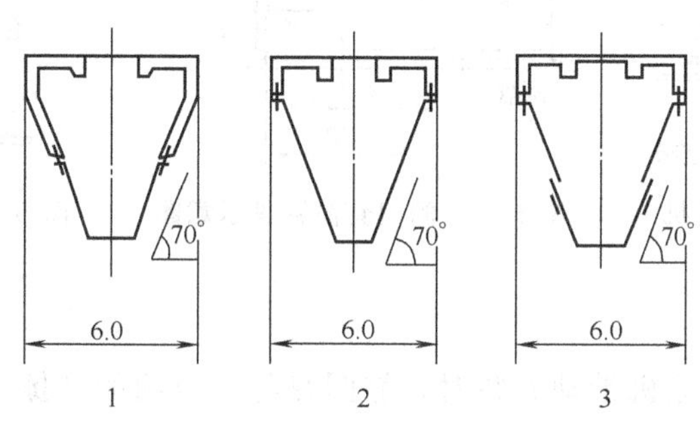

图 5-12 圆锥形料仓结构形式示意图

1—半金属结构料仓；2—金属结构料仓；3—金属结构活动料仓

② 料仓数量、容积与储料时间 料仓数量主要取决于烧结所用原料的品种和含铁原料的准备情况，也与料仓容积有关，两者共同服从于原料储存时间的要求。以粉矿为主，原料品种少或铁料已在混匀料场混合成单一的匀矿，则料仓数量相对较少，既便于管理，又易于控制和调节流量；大料仓还有助于克服仓内粒度偏析，减少成分波动。但料仓过大，会因料层高、压得紧、摩擦力大，可能下料不畅，故对精矿粉不一定适宜。考虑到配料设备发生故障时不能中断配料的要求，一般含铁料仓应不少于3个，熔剂和燃料仓各不少于2个，生石灰仓可设1个，返矿仓可设1～2个；其他杂料，如高炉灰、轧钢皮等，可视具体情况预留适当仓位。

为减少原料准备等因素对烧结的影响，提高烧结机的作业率，各种原料在料仓中应保持一定的储存时间。每种料的储备时间按来料周期及破碎机和运输系统等设备的一般事故所需检修时间计算，以保证连续供应为原则。一般各种原料均不小于8h。

③ 原料在料仓中的排列顺序 安排各种料在料仓中的排列顺序时，主要考虑有利于配料和环境保护。一般顺序是：精矿粉→富矿粉→燃料→石灰石（白云石）→生石灰（消石灰）→杂料。其目的是：含铁原料设在配料皮带机前进方向的最后位置，便于其他原料的配比可及时根据含铁原料的变化进行调节；燃料排在稍前方，以免其黏皮带造成配料量的波动。因为燃料在混合料中占的比例小，而误差大小对烧结过程的影响又很大；把易扬尘的生石灰、高炉灰等杂料放在最前面，是为了便于集中除尘或局部隔离密封，以减少对操作环境的污染。

（2）圆盘给料机 圆盘给料机是烧结厂最常用的配料设备。它适用于各种含铁原料、石灰石（白云石）、燃料、返矿等细粒物料的配料，给矿粒度50～0mm。它具有结构简单、给料均匀、易于调整、维护和管理方便等优点。但给料的准确性受物料粒度、水分及料柱高度波动的影响较大，且套筒下缘和圆盘磨损较严重，需加强管理维护。

圆盘给料机由转动圆盘、套筒、调节给料量大小的闸门或刮刀以及传动装置组成，见图5-13。

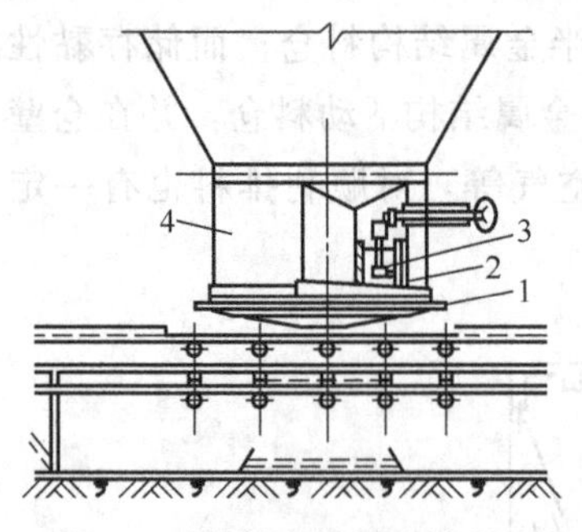

图 5-13　烧结配料圆盘给料机

1—底盘；2—刻度标尺；
3—出料口闸板；4—圆筒

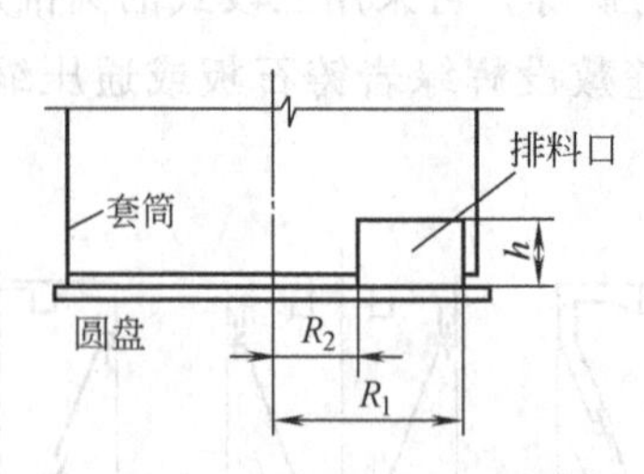

图 5-14　闸门套筒圆盘示意图

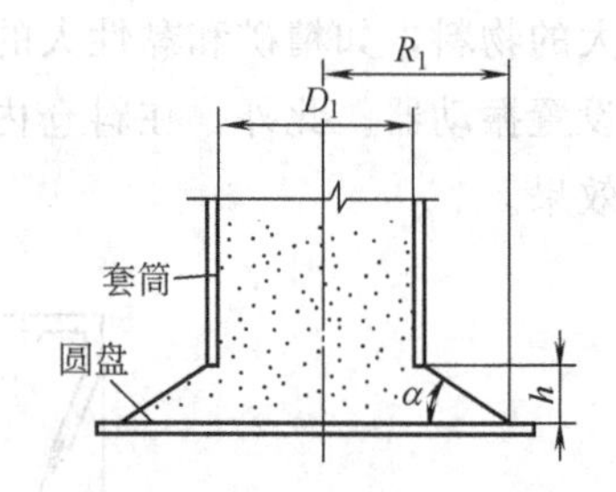

图 5-15　刮刀卸料圆盘示意图

当圆盘被电动机经减速机带动旋转时，靠圆盘与物料间的摩擦力，将物料自料仓内带出，借闸门或刮刀卸于配料皮带上。调节闸门、刮刀位置或圆盘转速，可达到调节给料量的目的。

圆盘给料机的套筒，有带卸料闸门和活动刮刀两种形式，见图 5-14、图 5-15。实践表明，闸门式套筒的闸门在给料量大时往往被挤坏。因此，宜用于配料量少，且要求配料准确性较高的熔剂和燃料；而对于配用量较大的铁料，则宜采用带活动刮刀的套筒。虽然它对料的控制性能不如前者，但当水分大时是适用的。

圆盘给料机因其传动机构密封的形式不同，分为封闭式和敞开式两种。见图 5-16 和图 5-17。封闭式与敞开式比，负荷大，能耐高温，检修周期长，对于大型烧结厂的配料仓一般较深，料柱压力较大，故多采用封闭式的。但它设备重，价格较高，制造困难，故中小型厂多采用设备较轻，便于制造的敞开式圆盘给料机。

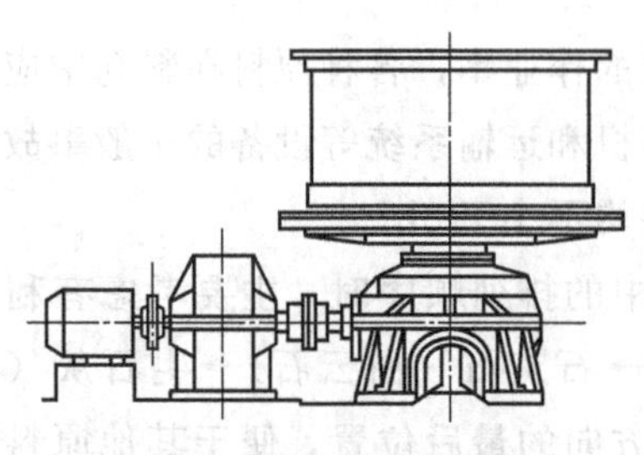

图 5-16　封闭式圆盘给料机

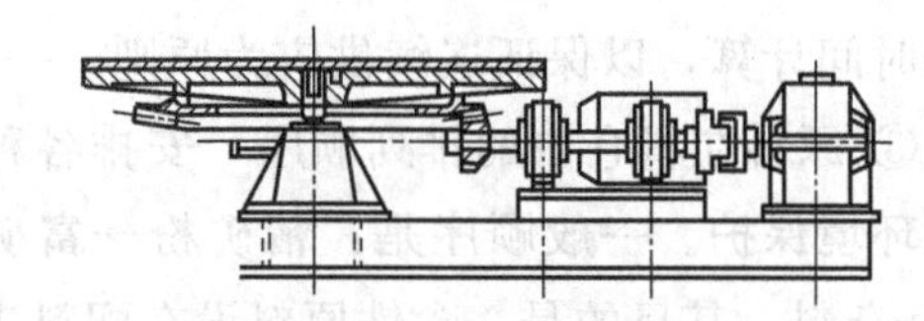

图 5-17　敞开式圆盘给料机

安装圆盘时，应使圆盘和料槽保持同心，盘面水平；由于套筒下缘易磨损，现已把套筒缩短，另用钢板围成一圆套用螺栓连接于其上，以便拆换；为解决圆盘磨损严重的问题，可在盘面上焊方钢形成自然料衬，起保护作用。另外，有的厂在盘面上镶嵌辉绿岩铸石板，圆盘寿命可延长数倍。

为使下料均匀，应力求仓内压力稳定和减少粒度偏析，料位应保持在装满量的 60%～80%，这就需设置料位监测装置。

(3) 圆筒混料机　圆筒混料机是国内外烧结厂普遍采用的混料设备。其结构简单、工作可靠，生产率高。

① 构造及工作原理　圆筒混料机由钢板焊接的回转筒体和传动装置组成。筒体内壁，

一般都焊有钢板或安装有橡胶板作内衬，也有的顺着筒体壁加焊数条扁钢，形成料衬，以防止对筒体的直接磨损。为提高混匀效果，有的在一次混料圆筒内加扬料板或搅拌器。二次混合机因主要作用是造球，为防对球粒的破坏，一般不加上述装置。但也有在筒内前1/3安装旋转刮刀，后2/3设置20mm×50mm的菱形格网的，制粒效果有待实践考察。

筒体的支承和传动方式有两种。一是借助筒体外的两个钢制托圈，支承于固定在基础上的两组钢质托轮上，再加定位轮定位，防止筒体串动。由电动机经减速箱带动齿轮，再由齿轮带动固定于筒体上的齿圈而使圆筒回转，见图5-18。为减小振动和噪声，故大型混料圆筒有的已改为由胶轮支承和摩擦传动。胶轮有充水、充气和实心等形式。从国外实践看，实心胶轮较为实用，它可避免空心胶轮因各自水压、气压不平衡，造成压力低者承受超负荷而爆裂的弊病。

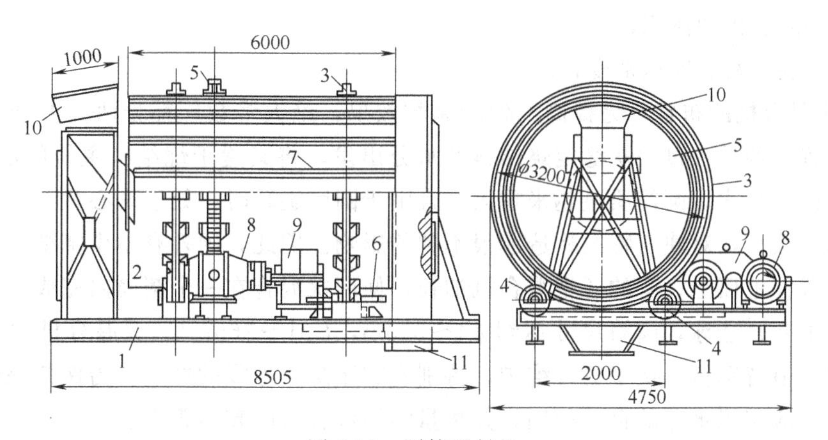

图5-18 圆筒混料机

1—骨架；2—转鼓（圆筒）；3—铁箍；4—支持用的轱辘；5—齿环；6—定向轱辘；7—角铁条；8—电动机；9—减速器；10—装料漏斗；11—卸料漏斗

当圆筒被带动旋转时，借助离心力的作用，将物料带到一定高度，当料的重力超过离心力时，物料则瀑布式地向下抛落，同时沿着筒体倾斜的方向逐步向出料端移动。与此同时，通过给水管向物料喷水，物料被润湿。如此重复一定时间，物料不断混匀，并滚动成具有一定强度和大小的球粒。

② 主要工艺参数　决定圆筒混料机生产能力的主要工艺参数如下。

a. 混料机转速　一般合适的转速的经验值为：一次混合为（0.2～0.3）$n_{临}$，二次混合为（0.25～0.35）$n_{临}$，$n_{临}$可由下式计算

$$n_{临}=30/\sqrt{R} \tag{5-16}$$

式中　$n_{临}$——混料机的临界转速，r/min；

R——混合机的半径，m。

b. 混合时间　适宜的一次混合时间为2min左右，二次混合为3min左右。根据此时间选择混合机规格，再按选定的规格用以下公式核算混合时间t(s)：

$$t=\frac{L}{v}=\frac{L}{0.105Rn\tan(2\alpha)} \tag{5-17}$$

其中

$$v=\frac{2\pi Rn\tan(2\alpha)}{60}=0.105Rn\tan(2\alpha)$$

式中　L——混合机圆筒长度，m；

v——料流速度，m/s；

R——混合机圆筒半径，m；

n——混合机转速，r/min；

α——混合机圆筒安装角度，(°)。

c. 混合机填充系数　混合机的填充系数 φ(%)，一次混合为 10%～20%，二次混合或合并型混合机为 10%～15%。混合机规格选定后，填充率按下式验算：

$$\varphi=\frac{Qt}{3600V\rho}=\frac{Qt}{3600\pi R^2L\rho}\times 100\% \tag{5-18}$$

式中　Q——混合机的给料量，t/h；

V——混合机的体积，m^3；

ρ——混合料的堆积密度，t/m^3。

③ 圆筒混合机的布置　为提高混匀和制粒效果，绝大多数厂都分两次混合。二次混合机的安置位置有两种：过去从稳定烧结料的水分出发，将其置于烧结机主楼的混合料仓前，但随着烧结机大型化，圆筒质量越来越大，且由于圆筒旋转时料处于偏心状态，设备的偏心负荷和振动都很大，对建筑物结构造成很不利的影响。因此，国外有不少烧结厂把一、二次混料机均设置在地面上；有的还把混合机加长，使两次混合在一个圆筒内完成，前段主要是混匀，后段主要是造球，圆筒尺寸达到 ϕ4～5.5m，L21～26m。二次混合机“落地”可减少建筑费用，节省钢材，便于管理维护，特别有利于防止地震的影响。为保持混合料水分和球粒的稳定，应实现水分的自动控制，并尽量缩短混合料的转运距离。

5.7.3　带式烧结机

带式烧结机是目前烧结生产的主要设备。它由烧结机本体、风箱与密封装置、布料器及点火器等部分组成。烧结机结构如图 5-19。

(1) 烧结机本体结构　烧结机本体结构包括环形轨道、台车和传动装置。

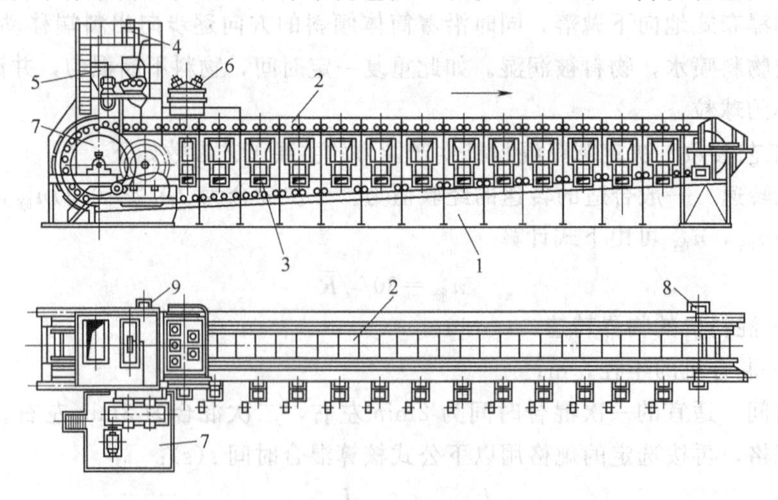

图 5-19　带式烧结机示意图

1—烧结机的骨架；2—台车；3—抽风室；4—装料；5—装铺底料；6—点火器；7—烧结机传动部分；8—卸料部分碎屑出口处；9—烧结机头部碎屑出口处

① 环形轨道　烧结机的环形轨道铺设在钢结构的机架上，供台车走行。目前烧结机台车走行轨道有以下两种型式。

a. 尾部弯道式　前苏联和我国过去设计的较小烧结机常采用这种结构。上部重车走行轨道为水平的，下部空车返回轨道由机尾向机头倾斜，倾角为2°～3°，使台车能借自重力作用向机头滑行。首尾部均为固定式弯道，弯道内焊有长方形断面的锻钢，以便磨损更换。在尾部弯道与下轨道及首部弯道与上轨道接轨处，均设有导轨，便于台车自弯道出来时可靠地进入直轨道。

为了克服台车热膨胀的影响，在尾部弯道开始处，使台车之间形成一间隙。间隙大小，可借助于连接弯道头、并固定在机架上的调节螺栓调整，一般为200mm左右。此间隙还有另一个作用，使台车在倾翻时，后面台车给前面台车一个冲击力，使烧结矿从台车上卸下。但由于台车经过此处时反复碰撞，易引起车体和弯道变形及损坏台车端缘，使相邻台车不能紧密接触，增加有害漏风；还可能破坏台车的正常运行而掉道。

b. 尾部星轮式　这种结构型式具有很多优点，得到普遍采用。按照尾部星轮的活动方式，又分为水平移动式和摆动架式两种，见图5-20（a）和图5-20（b）。

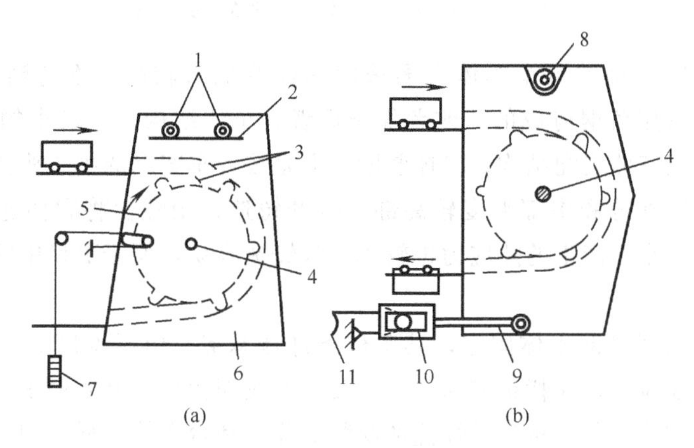

图5-20　机尾移动架（a）及摆动架（b）示意图

1—移动轮；2—轨道；3—压轨；4—星轮轴；5—星轮；6—钢板框架；
7—重锤；8—摆架固定轴；9—拉杆；10—滑轮座；11—钢绳导向轮

两者的共同特点是：在机尾采用与机头直径、齿形完全一样的星轮；头尾采用特殊曲线的弯道和下部水平返回轨道。但尾部星轮不带传动装置，是从动轮。不同之处是：前者安装在可沿烧结机长度方向上活动并可自行调节的移动架上；后者安装在可沿烧结机长度方向摆动的机架上。

由于尾部星轮位置可自行调整，并使在回车道上运行的台车受到星轮控制，因而解决了台车之间在热胀冷缩过程中可能产生的隆起或间隙；同时避免台车在机尾弯道内彼此发生碰撞冲击，消除因此而造成的台车变形，从而减少烧结机漏风；因首尾弯道是曲率半径不等的弧形轨道，可保证台车在转变后先摆平后接触或先分离后拐弯，这就防止台车互相碰撞摩擦，并使台车在直线轨道上运行平稳，不发生顶撞现象；返回轨道变为水平，可减小头轮直径和传动扭矩，降低设备费用。

② 台车　带式烧结机是由若干台车置于环形道上构成的封闭链带。台车由车体、拦板、

滚轮、箅条、滑板五部分组成，见图 5-21。

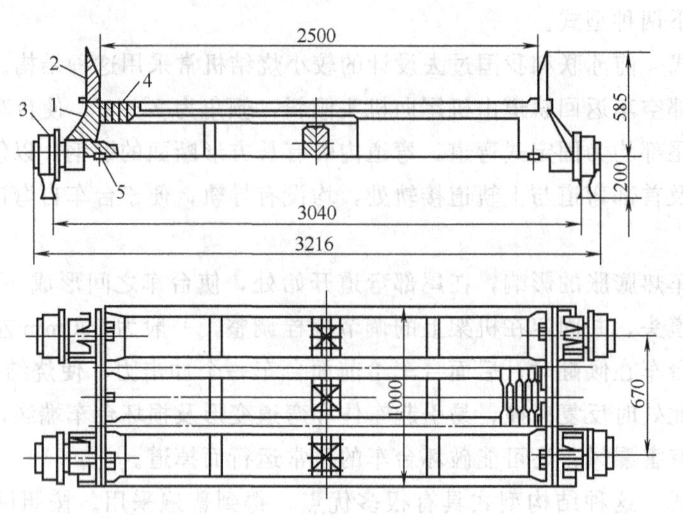

图 5-21　75m² 烧结机台车

1—车架；2—拦板；3—滚轮；4—箅条；5—滑板

a. 车体　目前国内烧结台车车体大多采用热疲劳抗力较高、不易断裂的铁素体球铁 QT42-10 铸造，也有用铸钢铸成的，前者优于后者。车体结构，除较小的台车为整体铸造外，一般采用二体或三体装配结构。二体装配，即是按台车宽度的中心线铸成两块；三体装配是把两侧温度较低部分和中部温度较高部分分开铸造，用螺栓将它们连接起来。对于后者，由于各部分温差小，产生的热应力也较小，且铸造容易，便于更换中间部分，也可采用优质材料。

b. 拦板　拦板用螺栓同车体固定，其工作条件最恶劣。由于温度周期性急剧变化，导致交变热应力和相变应力，使拦板容易产生热疲劳裂纹而损坏，其寿命很短，应采用热疲劳抗力高，并具有一定抗氧化、抗生长性能的材料制作。和台车体一样，现在大多采用铁素体球铁 QT42-10 铸造，也有用灰铸铁铸造的。

c. 箅条　箅条活动地卡在车体的四根横梁上，构成台车的工作面。箅条间隙为 6mm 左右。其工作条件也很恶劣，要求铸造材质能承受反复激烈的温度变化和高温氧化，具有足够的机械强度。为提高寿命，增大有效抽风面积，现国内外大型烧结机的台车箅条都采用含铬耐热合金铸造。日本的箅条成分如下：

C	Si	Mn	S
1.5%～2.0%	0.5%～1.0%	1.5%～2.0%	0.035%

P	Cr	Ni
0.035%	25%～28%	0.15%～1.5%

这种材质的箅条使用寿命达 4～5 年，每吨烧结矿的箅条消耗量仅为 0.007～0.034kg，而且箅条窄而长（每个台车的箅条由三排改为两排），有效通风面积增大到 25%。

我国有的烧结厂采用稀土铁铝锰钢制造箅条，效果也较好，成分为：

C	Si	Mn	Al
0.6%～0.8%	1%～1.5%	28%～30%	7.5%～8.5%

P	S	Ti	稀土
<0.07%	<0.02%	0.3%～0.5%	0.1%～0.2%

此外，从气体动力学考虑，箅条的结构型式也很重要。据前苏联研究，以下三种箅条型式中（见图 5-22），以图 5-22（c）为最好。它对气流具有最小的阻力，仅为 98.1Pa，占风机阻力损失的 1%；而图 5-22（b）和图 5-22（a）的阻力损失大得多，分别达 735.5Pa 和 931.6Pa，约占风机阻损的 8%～11%。

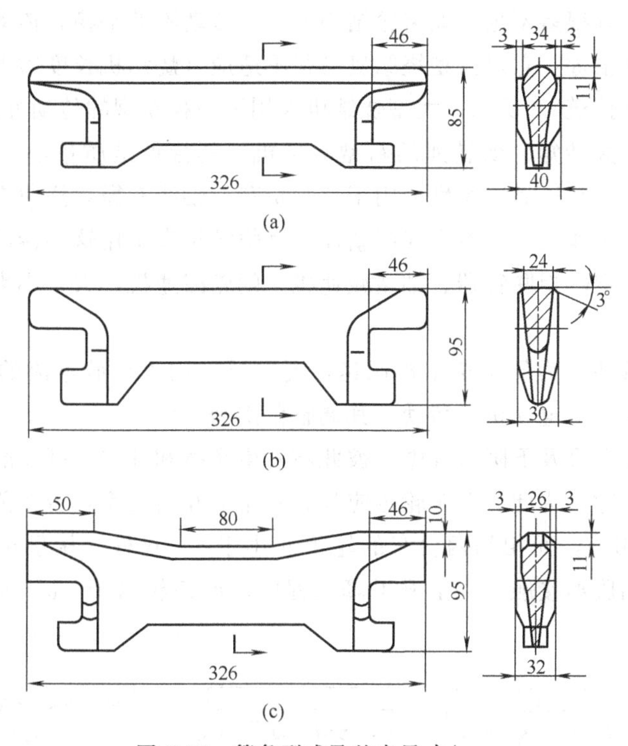

图 5-22 箅条型式及基本尺寸/mm

d. 台车滑板 台车体底部的两侧装有可更换的滑板，用埋头螺丝与车体固定。材质为 40 号钢，表面经热处理。为加强台车滑板与风箱上沿滑板之间的密封性，在台车滑板与车体之间装有几组弹簧，借助其弹力使上下滑板压紧，以减少漏风。

e. 台车轮 每个台车有四个转动的车轮，车轮轴用压入法装到车体上。台车的行走轮和负载轮一般采用圆锥滚动轴承，轴承加润滑脂润滑。但因易被灰尘污染、溢流或高温下结焦、导致阻力系数增大，以致把辊子卡死。为此，改用阻力系数小、强度大而耐磨性好的石墨铸铁滑动轴承，不仅其制造费用降低 7～10 倍，且大大减少了维护工作量。其结构见图 5-23。

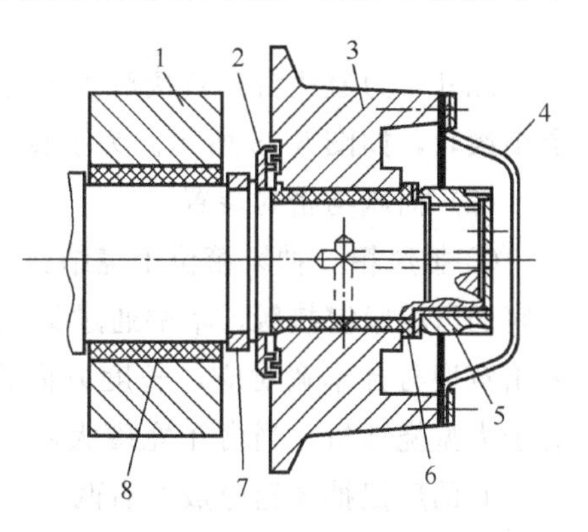

图 5-23 行走轮及负载轮的结构

1—导轮；2—密封端盖；3—车轮；4—盖；5—压紧螺母；6,8—轴瓦；7—垫圈

③ 烧结机的传动装置 烧结机的传动装置安装于机首的一侧，用以驱动台车在环形轨道上运动。

a. 传动方式与结构 目前烧结机有两种传动方式，

即开式齿轮传动及柔性传动。

开式齿轮传动是普遍采用的一种传动方式，它有一对开式齿轮型和两对开式齿轮型两种布置形式。该传动方式的传动装置由电动机、减速器、开式传动齿轮、联轴节、传动星轮等组成。由电动机带动齿轮传动系统，最后驱动大星轮转动，借助其板牙与台车内侧滚轮（或突缘）相啮合，将台车由下部返回轨道，沿弯道搬动到上部水平走行轨道上来，并推动前面台车一个紧挨一个地向机尾方向运动。

但开式齿轮传动有很多不足，如齿轮结构笨重，传动不够平稳，传动轴常常位移，齿轮不易密封，造成顶牙根等，它对大型烧结机已很不适应（烧结机长度增大后，台车跑偏现象更加严重，甚至台车掉道）。所以，大型烧结机采用了一种新型的传动方式——柔性传动。

柔性传动是一种大转矩、低转速的新型减速机。其特点是质量小、尺寸小、传动性能好，安装调整方便，运转可靠。特别适用于冲击负荷、轴线有微量挠曲变形的传动，对调整烧结机台车跑偏有突出作用。日本和我国新建大型烧结机者采用这种传动方式。

柔性传动装置由定转矩联轴器、轴装减速机，蜗轮减速机，大、小齿轮及弹簧平衡杆等组成。

b. 传动电机及其他　为便于烧结机调速，现广泛采用可控硅整流的直流电动机或交流滑差电机（电磁调速异步电动机）传动。其调整范围为 1∶3。

为使相邻台车在上升及下降过程中，彼此不发生摩擦和冲击，减少磨损与变形，应当使两台车间保持一定间隙。为此，台车轮距应具有一定的几何关系：台车前后两滚轮的间距 a 与大星轮的节距 c 相等，而相邻两台车的轮距 b 小于 a。这样，从星轮与滚轮开始啮合时起，相邻台车便开始脱离接触，在上升下降过程中，保持相当于（$a-b$）的间隙，如图 5-24 所示。

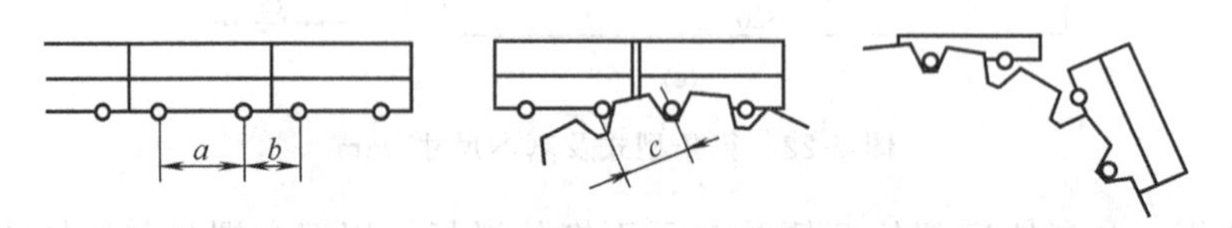

图 5-24　台车在弯曲轨道上的运动状态

$a>b$　$a=c$

此外，为避免台车直接对大星轮板牙表面磨损，较大的烧结机都在星轮的齿牙上安装两个小滚轮，如图 5-25 所示。为了克服台车的跑偏现象，小滚轮磨损后要及时更换。

（2）抽风与密封装置

① 抽风箱　抽风箱位于烧结机工作部分的台车下面，用钢板焊成。上缘弹性滑道与台车底面滑板紧密接触，下端通过集气支管与水平面大烟道相连，构成烧结机的抽风装置。抽风箱宽度与台车宽对应，长度方向则用横隔板分开，每个长 2～4m，与烧结机大小有关。对于大型烧结机，当台车宽度大时，出于台车合理结构的考虑，并克服气流分布不均的问题，有的厂把抽风箱分成左右两半，分别用两侧支管与总管连接。每一集气支管上均设有蝶形阀板，以调节抽风量。

② 密封装置　密封装置是烧结机的重要组成部分，其结构合理完善与否，对漏风大小影响很大。漏风发生在风箱与台车之间及导气管路系统。根据实测，前者是最主要的，而它

又主要取决于机头与机尾部分的密封状况，如图 5-26 所示。

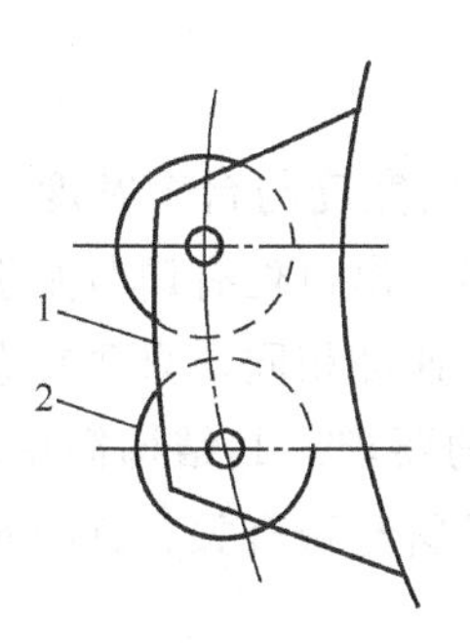

图 5-25 链轮板牙上的小滚轮

1—星轮齿；2—小滚轮

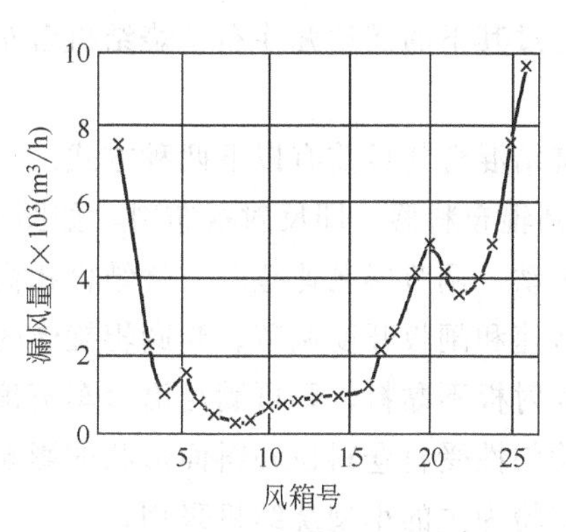

图 5-26 风箱的漏风量

烧结机各部分的主要密封方式有以下几种。

a. 风箱滑板与台车滑板间的密封 我国采用金属弹压式密封装置。它借助于金属弹簧产生的压力使上下滑板紧密接触，效果良好。为防滑板过快磨损，在下滑板上膛有油孔和油槽，用油泵给油润滑。

弹簧安装有两种方式。一是安在风箱上缘的滑道内，称为下动式；一是安装在台车滑板的槽内，称为上动式。后者便于拆换台车，既保证密封性，又提高作业率。但弹簧用量比前一种要多一倍以上。

b. 首尾风箱端部与台车底面之间的密封 这两处漏风率最高，主要是因为风箱隔板与台车之间的间隙太大引起的。目前我国基本有两种密封方式。一是箱式弹簧密封装置，如图 5-27 所示。即将两端密封板用金属弹簧支撑在风箱隔板上，借助于弹簧的压力，使浮动密封板与台车底部保持紧密接触。这种方式，使用初期效果良好。但因弹簧反复受冲击作用和高温影响，弹性逐渐下降，密封效果随之降低，多用于老式烧结机。

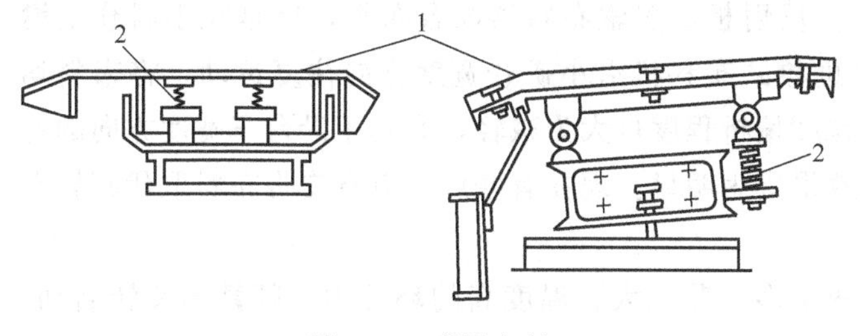

图 5-27 弹性密封

1—隔板；2—弹簧

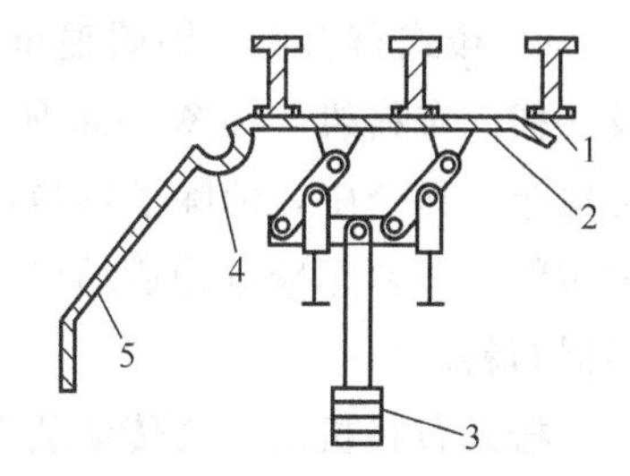

图 5-28 重锤连杆式密封装置

1—台车；2—浮动密封板；3—配重；4—挠性石棉密封板；5—风箱

新型烧结机采用四连杆重锤式密封板石棉挠性密封装置，如图 5-28 所示。机头设 1 组，机尾设 1～2 组。密封板由于重锤作用向上抬起，与台车体横梁下部接触。密封装置与风箱之间采用挠性石棉板等密封，可进一步提高密封效果。这种靠重锤和杠杆作用浮动支撑方式，由于克服了金属弹簧因疲劳产生塑性变形失去弹性的缺陷，从而避免了台车与密封板的碰撞，比前一种密封效果好。

(3) 布料设备　铺烧结底料较简单，在铺底料仓底部设有扇形闸门，由此闸门排出的铺底料，通过其下的摆动漏斗布于烧结机台车上。铺底料的厚度由设在漏斗排料口的平板闸门调节。

布烧结混合料目前有以下两种方式。

① 圆辊布料器　即反射板布料，如图 5-29 所示。布料器宽度与台车宽度一致，由调速电动机带动，调节器调速范围与烧结机相同，且应同步。料仓出口处有调节闸板，给料量可由圆辊转速和闸板开度调节。当圆辊旋转时，由于其上各点速度相同，只要料仓内各处压力一致，反射板不黏料，则可满足沿台车宽度方向均匀布料的要求。其结构简单，运转可靠。但布料均匀性受料仓料位和料面形状的影响，也与反射板黏料与否有关。这种布料方式，可供以富矿粉为主的小型烧结机采用。

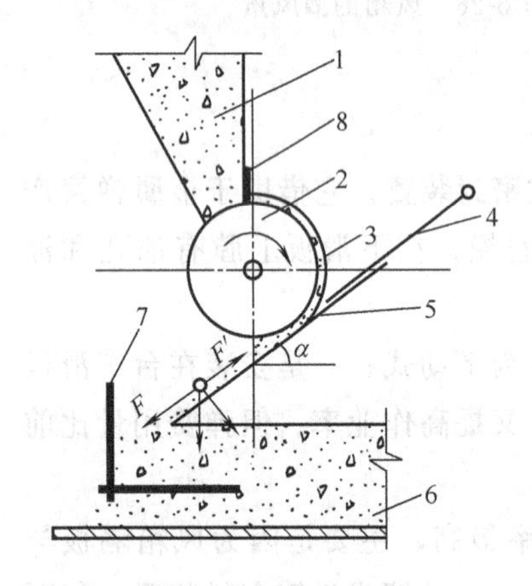

图 5-29　圆辊布料器

1—混合料仓；2—圆辊；3—料流；4—清料板；5—反射板；6—篦条；7—松料器；8—料流调节板

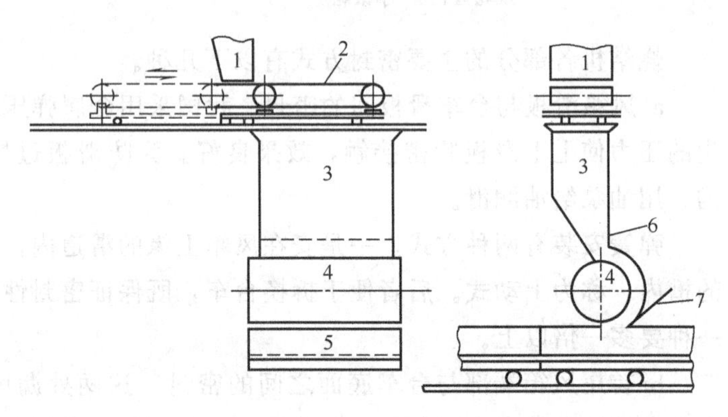

图 5-30　联合布料机示意图

1—小料斗；2—梭式布料机；3—小矿槽；4—圆辊布料机；5—台车；6—闸门；7—反射板

② 梭式布料机　即圆辊布料器——反射板或多辊布料器联合布料，这是在小料仓上增设一梭式布料机，如图 5-30 所示。借助梭式布料机沿小矿仓宽度方向往复运动，将来料均匀地布于料仓中，消除了落料堆尖，粒度偏析程度也大为减轻，有利于沿台车宽度方向的均匀布料。对台车较宽的烧结机，布粒效果更为明显。现在有些厂还以宽皮带布料取代圆辊布料器布料。

梭式布料机的电气传动装置处在灰尘多、蒸气大、温度高的环境中，频繁的反转启动，使电机发热，极限开关和换向装置容易磨损，集电环和电刷架容易击穿接地，过去经常发生故障，影响正常生产。目前已把换向电磁离合器改为滑块式电动换向机构，使用正常。

为克服反射板黏料对布料的影响，现已有两种改进办法。一是用多辊（5～9 辊）布料器代替反射板。工作时，由于相邻两辊运动方向相反，黏料即可消除，使布料更加均匀。再一措施是，新建的大、中型烧结机的反射板，多带有自动清扫器，在大运行过程中可定期清扫反射板。

为便于调节台车宽度方向的布料情况，在圆辊布料机与料仓出料口处除设有整体扇形闸门外，还设有几个分闸门，这些闸门分别用液压缸操纵，以调节启闭程度来调节给料量。

在厚料层烧结时，为改善料层透气性，国内烧结机已普遍在反射板前设置松料器。它由一排（或二排）ϕ40mm 左右的钢管或侧面安装的扁钢组成，间距约 200mm，长 1～1.5m，水平固定在支架上，布料时进入反射板下的料层中，台车前进时，松料器退出，便形成一松散的料带。

(4) 点火器　点火器结构随点火燃料种类不同而有所不同。点火燃料有固体（煤粉）、液体（重油）和气体三类。目前广泛使用的是气体燃料（焦炉煤气、焦炉煤气与高炉煤气的混合煤气）。高炉煤气因发热值较低，一般不单独使用，天然气亦可用作点火燃料。

见图 5-31，与旧点火器相比，其主要特点是：点火时间延长一倍，达 1～1.5min，并有保温作用，点火均匀，有利于提高烧结矿质量；点火器寿命延长；散热损失减少，热效率提高。此外，劳动条件改善。

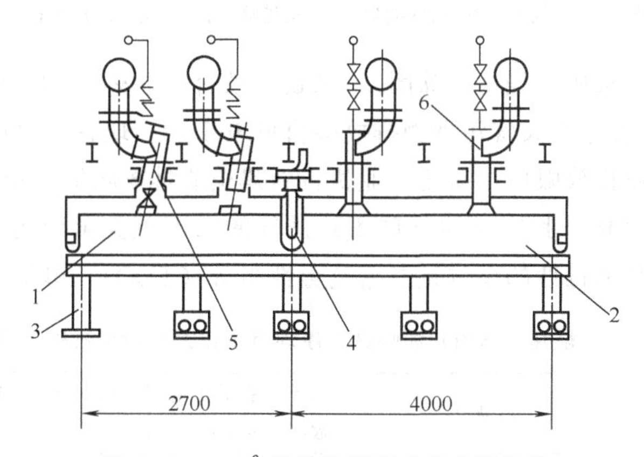

图 5-31　90m^2 烧结机顶燃式点火保温炉

1—点火段；2—保温段；3—钢结构；4—中间隔墙；5—点火段烧嘴；6—保温段烧嘴

我国研制的幕帘式点火器，改变了老式点火器高炉膛、大炉容、高温点火的传统点火方式，采用了先进的低炉膛、小容量、高温、短焰、瞬时直接点火新技术。炉膛高度 350～400mm，烧嘴布置为一排或两排，沿点火器横剖面在混合料表面形成一个带状的高温区，使混合料在很短时间（10～30s）内被点燃并进行烧结。因而点火能耗低（节约气体燃料 50%以上），设备寿命长、成本低、投资省、质量轻、操作方便。

点火烧嘴的结构型式很多，旧式点火器多采用低压涡流烧嘴和套管式烧嘴。改造后的点火器采用套管式旋流烧嘴，或叫喷头混合型烧嘴，如图 5-32 所示。煤气通过喷口后扩散，与经过旋流片具有一定旋转动量的旋转空气交叉混合成混合气流喷入炉内，形成稳定的燃烧火焰。这种烧嘴结构简单制造方便，外形尺寸小，便于在炉顶密布安装，而且加了旋流片，混合效果好，燃烧稳定，无噪声。

现在已经研制出一种称为多缝式烧嘴的燃烧装置，它与新型点火器相配合，取得很好的点火效果。该烧嘴由几个旋风管组合在一起形成一个烧嘴块，再由几个烧嘴块组成整个烧嘴。煤气从中心管流出与周围的强旋流空气混合，在耐热钢的长槽中燃烧，在较窄的长形槽中，形成带状高温区。

5.7.4　烟尘控制技术与设备

国家环境保护部制定了《钢铁工业污染物排放标准》系列标准，其中《钢铁工业大气污

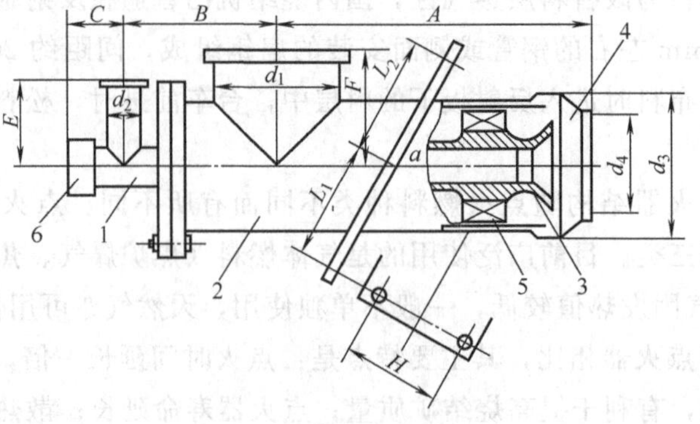

图 5-32　喷头混合型烧嘴

1—煤气管；2—空气管；3—煤气喷口；4—烧嘴喷头；5—空气旋流片；6—观察孔

染物排放标准》包括采选矿、烧结（球团）、炼铁、铁合金、炼钢和轧钢共 6 项标准。烧结（球团）和炼铁工序现有企业大气污染物排放限值见表 5-13。现有企业自 2008 年 7 月 1 日起执行表规定的现有企业排放限值，新建企业执行新建企业排放限值。新建企业排放限值比现有企业排放限值更加严格，其中烧结（球团）排气的二噁英类限值为 0.5ng-TEQ/m^3（定量评价二噁英类污染物的毒性的单位是二噁英毒性当量（TEQ)，单位为 ng-TEQ/m^3）。

表 5-13　烧结（球团）和炼铁工序现有企业大气污染物排放限值

分 类	污染源	污染源	最高允许排放质量浓度/(mg/m^3)	吨产品排放限值/(kg/t)	污染物监控位置
烧结球团	烧结(球团)设备	颗粒物	90	0.50	除尘器排气筒出口
		二氧化硫	600	2.00	除尘器排气筒出口
		氮氧化物	500	1.40	除尘器排气筒出口
		氟化物	5	0.016	除尘器排气筒出口
		二噁英类	1.0ng-TEQ/m^3		除尘器排气筒出口
	其他生产设备	颗粒物	70	0.50	除尘器排气筒出口
炼铁	热风炉	颗粒物	50	0.40	除尘器排气筒出口
		二氧化硫	250	0.10	除尘器排气筒出口
		氮氧化物(以 NO_2 计)	350	0.10	除尘器排气筒出口
	原料，煤粉系统	颗粒物	60	0.40	除尘器排气筒出口
	高炉出铁场	颗粒物	100	0.40	除尘器排气筒出口

（1）烟尘控制技术　就冶金工业当前实际情况来看，烟尘占污染大气污染物的首位，它量大而广；其次是硫氧化物，在含硫矿的冶炼过程中，在以煤、重油为燃料的燃料燃烧过程中，也多有产生。

据国外对钢铁工业排放的灰尘量进行分析认为：物料运输占 30.9%；炼钢占 25.3%；炼焦占 16.7%；烧结占 12.9%；其他占 14.2%。

烟尘一般指燃烧排放的颗粒物，一般情况下含有未燃烧的炭粒；冶金炉排放的烟尘其粒度大部分均在 1μm 以下。由于废气量大、粒度细、温度高、成分复杂等因素给烟尘控制技术带来很大困难。含尘烟气必须进行净化处理。冶金工业中常用的除尘设备有袋滤器、电除尘器、文氏管除尘器、旋风除尘器。前三种是冶金工业常用的高性能设备，旋风除尘器通常用于处理较粗尘粒。

(2) 除尘器设备在冶金工业中的应用

① 离心式除尘设备　在所有控制装置中，离心式除尘设备是最古老、最便宜并且目前还在继续研究和大量应用的一种装置。通常用于尘粒较粗和要求较低的场合，一般作为预净化之用。虽然经过不断改进也仅能除去大颗粒（15μm 以上可除去 95%），对于 3μm 的微粒其效率降至 50%以下。

② 电除尘器　电除尘器的除尘效率高、动力消耗少，适用于高温烟气净化（可达400℃）。在 20 世纪 50 年代初才开始用于钢铁工业。对于含有可燃气体（CO）成分为20%～40%的转炉烟气，采取防爆措施以后，使用电除尘器净化也获得成功。烧结机尾烟气的净化也已广泛采用电除尘器。

③ 袋式除尘器　袋式除尘器的工作机理是含尘烟气通过过滤材料，尘粒被过滤下来，过滤材料捕集粗粒粉尘主要靠惯性碰撞作用，捕集细粒粉尘主要靠扩散和筛分作用。已广泛应用于各个工业部门中，用以捕集非黏结、非纤维性的工业粉尘和挥发物，捕获粉尘微粒可达 0.1μm。袋式除尘器具有很高的净化效率，就是捕集细微的粉尘效率也可达 99%以上。滤料的粉尘层也有一定的过滤作用。目前袋式除尘器类型大多是按照清灰方式来命名的，主要分为机械振动型、大气反吹型和脉冲喷吹型三种。

④ 湿式除尘器　湿式除尘器是将粉尘对大气的污染转为水的污染，因此应尽可能不用。文氏管除尘器，尽管动力消耗大，但结构简单，布置紧凑，能除去微尘，有 90%以上的氧气转炉已采用文氏管净化烟气。高炉煤气、封闭型铁合金电炉几乎全部采用湿法除尘。

(3) 烧结厂的烟尘控制　烧结厂是钢铁工业主要烟尘污染源之一。烟尘主要发生在烧结机排放的烟气、烧结机尾部卸料及其破碎、筛分、给料机以及冷却机的废气中。

① 机头烟气除尘　为保护烧结风机免受磨损以及环境保护的要求，烧结机机头通常设有除尘装置。最简单的是机械式（旋风或多管旋风）除尘器，但排出的气体中含尘浓度仍然很高，不能满足环境要求。所以往往又在机械式除尘器后再加一级干式静电除尘器。烟气中粒子的电阻率较高时，较难除去。使用袋式除尘器除尘效果较好。

② 机尾污染控制　机尾污染源包括破碎机、给料机、皮带转运点、振动机、筛分机和冷却器，总共可能有 100 多个抽风点。净化设备多选用电除尘器或滤袋器。

(4) 烧结尾气脱硫　烧结尾气中的 SO_2 主要来自铁矿石和烧结用的燃料。铁矿石中的硫含量随产地不同有很大差异，其范围可以是 0.01%～0.3%；燃料中的硫含量也与此范围相当。目前我国多数钢厂已经采取措施，投资建设烧结尾气脱硫设施。

烧结尾气中 SO_2 的控制方法有三种：吸收、吸附和使用低硫原、燃料。国际上大规模工业化应用的烧结尾气脱硫方法有 10 余种。一般根据脱硫产物的形态将燃烧后脱硫分为湿法、干法和半干法三种。下面举两种常用的方法为例。

① 石灰-石膏法　石灰-石膏法是对烧结机排烟中含有高浓度的 SO_2 排烟收集、冷却、增湿后，将其中所含的 SO_2 用石灰石浆液吸收，同时将石膏作为副产品回收。石灰-石膏法是目前采用最多的一种方法，吸收剂为 5%～15%的 $CaCO_3$、Ca $(OH)_2$ 的浆液，吸收

SO_2，产生 $CaSO_4$：

$$CaCO_3 + SO_2 + 1/2H_2O \longrightarrow CaSO_3 \cdot 1/2H_2O + CO_2$$

调整 $CaSO_3 \cdot 1/2H_2O$ 溶液 pH<4，接触空气，生成石膏：

$$CaSO_3 \cdot 1/2H_2O + 1/2O_2 + 3/2H_2O \longrightarrow CaSO_4 \cdot 2H_2O$$

如图 5-33 所示，烧结机排气经电除尘净化后，用风机导入预冷塔，在预冷塔内降温至 50～60℃，同时除去粉尘和硫酸雾，然后进入吸收塔，气体中的 SO_2 和吸收液反应生成亚硫酸钙。从循环的吸收液中抽取部分亚硫酸钙溶液，在 pH 调整槽内调整 pH 到 4 以下，然后在氧化塔内与空气接触，使亚硫酸钙转变成石膏（$CaSO_4 \cdot 2H_2O$）。生成的石膏在浓缩器中浓缩，用离心分离机脱水后，得到石膏粉。也可向吸收塔内液体层中导入空气，得到石膏产品的。

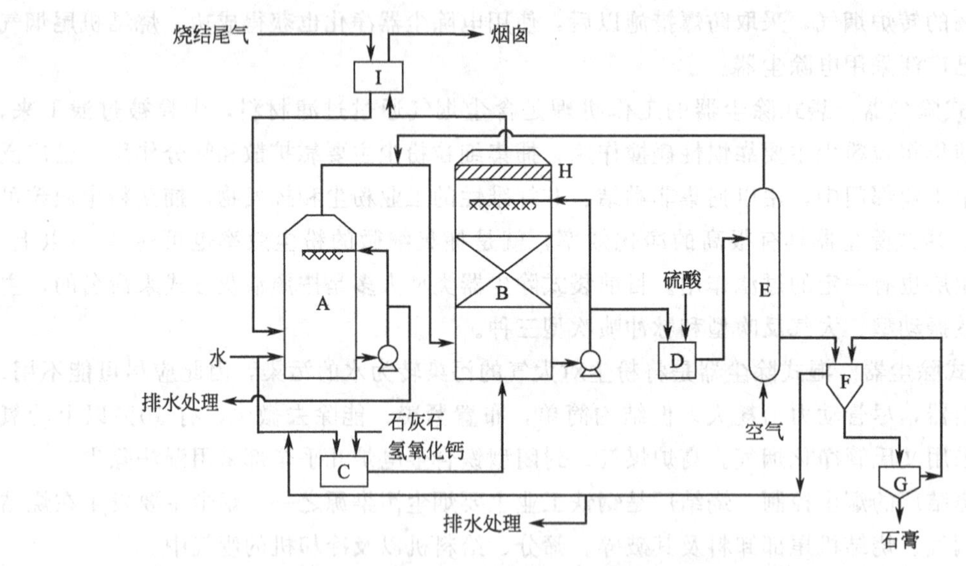

图 5-33 石灰——石膏法烧结尾气脱硫工艺流程

A—预冷塔；B—吸收塔；C—吸收剂调整槽；D—pH 调整槽；E—氧化塔；
F—凝集沉降槽；G—离心分离器；H—除雾器；I—气-气热交换器

② 氨水吸收-硫铵回收法 焦炉煤气中 NH_3 的质量浓度约为 $9g/m^3$，氨水吸收-硫酸铵回收法用 NH_3 作为吸收剂，以 $(NH_4)_2SO_4$ 回收 S；用烧结烟气中 SO_2 除去焦炉煤气中的氨，生产出硫酸铵。在吸收塔中 SO_2 和吸收液反应，生成亚硫酸氢铵和亚硫酸铵，含亚硫酸氢铵的溶液与焦炉煤气中的氨进一步反应生成亚硫酸铵。将 pH=6 的 $(NH_4)_2SO_3$ 溶液作为循环吸收液脱 SO_2，一部分排出体系回收硫铵，回收硫铵时向溶液中添加氨水，使其成为 $(NH_4)_2SO_3$ 溶液，在氧化塔内用加压的空气氧化，并加少量硫酸促进硫铵结晶成长，将结晶的硫酸铵分离、干燥，即得硫酸铵产品。烧结废气采用氨-硫铵法脱硫，其效率一般在 98% 以上，副产品硫酸铵质量好而且稳定，具有经济效益好、脱硫效率高等优点。

图 5-34 为日本某钢铁公司烧结烟气氨水吸收——硫酸铵回收法脱硫的工艺流程图，净化后的排气 SO_2 浓度仅为 $10mL/m^3$。广西柳钢是我国第一家采用该工艺对烧结烟气脱硫的。

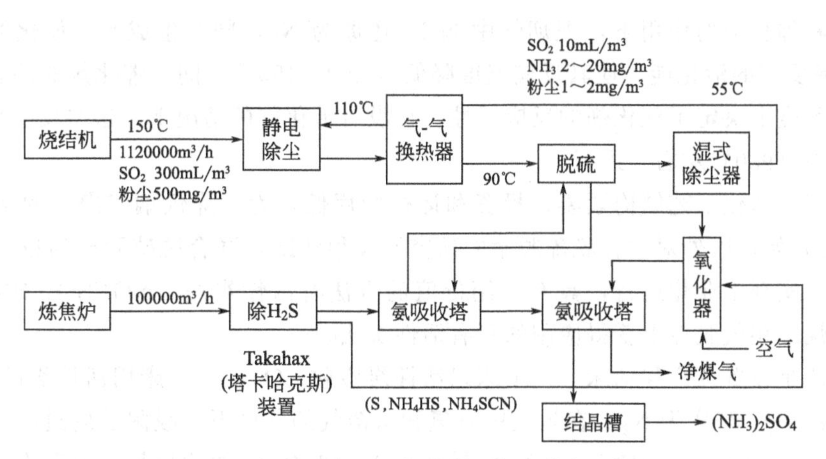

图 5-34 氨水吸收——硫酸铵回收法脱硫工艺流程

(5) NO_x 防止技术 NO_x 都是物质燃烧过程中产生的。钢铁工业中有烧结机、焦炉、热风炉、加热炉和锅炉等种类多、数目也大的 NO_x 发生源；主要的发生源是烧结机、焦炉和锅炉。使用的燃料有焦炉煤气、高炉煤气、转炉煤气、液化天然气、液化石油气、重油和焦炭等多种气、液、固态燃料。所以钢铁企业 NO_x 发生的原因多种多样，需要根据设备、NO_x 发生的机理、降低 NO_x 的效果和经济性来考虑防止 NO_x 的对策。

根据 NO_x 的生成机理以及其生成动力学，抑制 NO_x 的发生应该遵从下列原理：用含有机氮低的燃料；控制燃烧区域低氧分压；缩短燃气在高温区域停留时间；降低燃烧温度，特别是防止局部区域温度过高。根据以上原理之一或其组合，可以减轻 NO_x 的发生。但是过度强调降低 NO_x 的情况下，粉尘、CO 的产生有可能恶化。

低 NO_x 烧嘴有混合促进型、火焰分割型、自循环型、阶段燃烧组合型等。多种改良型烧嘴已经实用化。

(6) 烧结尾气脱硝技术 发达国家对 NO_x 污染的研究起步较早，已有相应的控制技术在工业上得到应用。我国在烧结（球团）厂对 NO_x 放还没有任何治理措施。多数企业没有对 NO_x 进行常规监测。日本和欧洲普遍采用选择性催化还原系统（SCR），其氮氧化物去除率达 60%～80%。美国则采用选择非催化还原系统（SNCR）的改进系统，使氮氧化物去除率提高到 80%。

目前国际上应用比较多的方法有：选择性催化还原法脱硝技术 SCR 和选择性非催化还原法脱硝技术 SNCR。

选择性催化还原法烧结废气脱硝技术是 20 世纪 70 年代在日本发展起来的。在含氧气氛下，还原剂优先与废气中 NO_x 反应的催化过程称为选择性催化还原。催化剂可以是金属类或碳基类，也有以氧化铝、硅石和二氧化钛等作载体的贵金属钯或铂，$CuSO_4 \cdot Al_2O_3$ 和 $Fe_2O_3[FeSO_4 \cdot Fe_2(SO_4)_3]$-$Al_2O_3$ 等。根据不同的催化剂采用不同的还原温度，当烟气温度低于催化剂的反应温度时，催化剂的活性低，脱硝效率就低；当烟气温度高于反应温度时，会产生副反应，同时会加速催化剂的老化。该法的 NO_x 脱除率可达 70%。

以 NH_3 作还原剂、V_2O_5-TiO_2-WO_3 体系为催化剂来消除尾气中 NO_x 的工艺已比较成熟，是目前唯一能在氧化气氛下脱除 NO_x 的实用方法。SCR 的化学反应主要是 NH_3 在一定的温度和催化剂的作用下，把烟气中 NO_x 还原为 N_2，同时生成水。催化的作用是降低 NO_x 分解反应的活化能，使其反应温度降低至 150～450℃之间。催化剂的外表面积和微孔特性很大程度上决定了催化剂的反应活性。在没有催化剂的情况下，这些反应只能在很窄的温度范围内（980℃左右）进行。

脱硫脱硝一体化工艺结构紧凑，投资和运行费用低，为了降低烟气净化的费用，从 20 世纪 80 年代开始，国外对联合脱硫脱硝的研究开发很活跃，联合脱硫脱硝的技术至少有 60 种，有的已经实现工业化运行，具有实用价值的方法有活性炭法、NOXSO、SNRB、电子束法等。在烧结尾气脱硫上获得应用的只有活性炭法。

活性炭法是设置两个移动床，一个床以活性炭吸收 SO_2，一个床用活性炭的催化作用，加入 NH_3 使 NO_x 转变为 N_2。在烟气中有氧和水蒸气的条件下，吸附器内进行反应使 SO_2 转变为 H_2SO_4，加入 NH_3 使 NO、NO_2 转变为 N_2 和水。在再生阶段，饱和态的活性炭被送人再生器中加热到 400℃，解吸出浓缩后的 SO_2 气体，每摩尔的再生活性炭可解吸出 2mol 的 SO_2。再生后的活性炭送回反应器中循环，而浓缩后的 SO_2 在用冶金焦炭作为还原剂的反应器中被转化为硫元素。

5.7.5 烧结矿的破碎筛分和冷却设备

（1）剪切式单辊破碎机　剪切式单辊破碎机结构简单，工作可靠，效率高，粒度均匀，粉末少，是目前较好的烧结矿破碎设备。按照烧结机宽度及生产能力大小，选用不同型号的破碎机。破碎齿的排数，根据要求的破碎粒度大小有所不同，齿数过去有多齿的，现在多采用三齿或四齿的。

烧结饼从机尾卸下落到固定的箅板上，受到不断旋转的单辊上的辊齿的剪切力作用，从而使大块的烧结矿获得破碎。

图 5-35 为 ϕ1500mm×2800mm 剪切式单辊破碎机构造图。可以看出，齿辊在箅板的空隙间旋转。烧结矿进入后被齿辊和箅板剪碎至 150mm 以下，由箅板间隙落入下面的溜槽中，然后进入筛分设备。单辊破碎机包括箱体、齿辊组件、保险装置三部分。

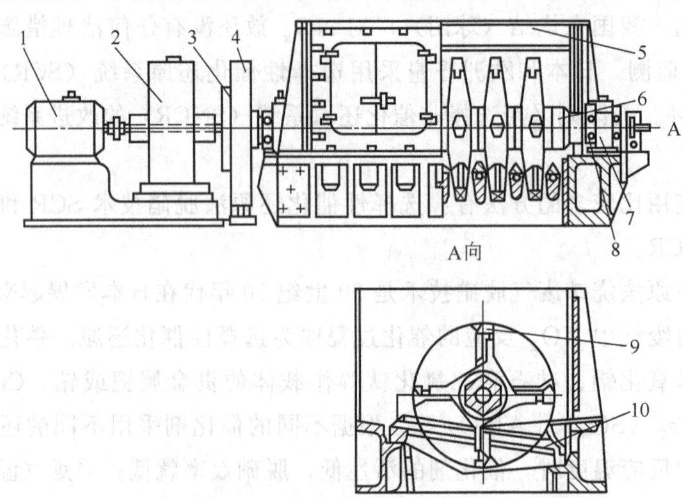

图 5-35　ϕ1500mm×2800mm 剪切式单辊破碎机构造图

1—电动机；2—减速机；3—保险装置；4—开式齿轮；5—箱体；6—齿辊；7—冷却水管；8—轴承座；9—破碎机；10—箅板

（2）热矿振动筛 热矿振动筛是用来筛分经单辊破碎机破碎后的热烧结矿的筛分设备，它由筛箱、振动器、缓冲器、底架等组成，如图5-36所示。

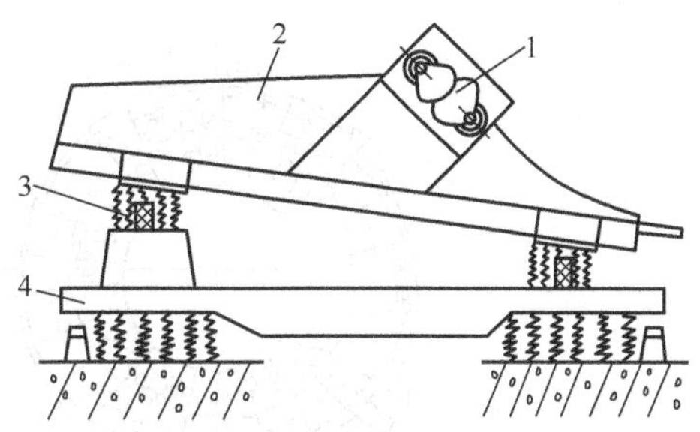

图5-36 热矿振动筛简图

1—偏心块；2—筛筒；3—缓冲器；4—底座

热振筛的最大优点是筛分效率高，可达85%～90%以上，且筛分产品粒度符合工艺要求。这对改善冷却效果和返矿质量均匀有好处，现已用它代替固定筛。

热振筛的主要问题是事故较多，作业率较低，影响烧结生产。因此，国内外新建大型烧结机有取消热振筛的，主要目的是提高烧结机作业率，并可节省建设投资。考虑到热矿筛取消后对冷却作业和烧结料预热方面的影响，应增大冷却能力，延长冷却时间，以及采取其他预热烧结料和改善烧结作业的措施，与无热振筛的工艺相适应。

（3）烧结矿的冷却设备 烧结矿冷却设备种类很多，按大的流程划分，有机上冷却和机外冷却两种。用于机外冷却的设备有鼓风或抽风带式冷却机、鼓风或抽风环式冷却机、盘式冷却机、格式冷却机、塔式冷却机、水平振动冷却机等。

使用效果比较好的有鼓风或抽风带式冷却机、鼓风或抽风环式冷却机以及机上冷却。

① 机上冷却 机上冷却的方法是将烧结机延长，将烧结机的前段作为烧结段，后段作为冷却段，当台车上的混合料在烧结段已烧成为烧结矿后，台车继续前进，进入冷却段，通过抽风将热烧结矿冷却下来，冷却的空气是通过烧结饼的裂缝、孔隙以及冷却过程中因收缩而新产生的裂隙而将烧结矿冷却下来的，一般情况下烧结段与冷却段备有专用风机。

机上冷却可以取消热矿破碎机、热矿振动筛和单独的冷却机等几项重要的设备，减少了环节，减少了事故，提高了作业率，降低了维修费用；由于减少烧结矿破碎、筛分及冷却等几个环节，也就减少了产生灰尘污染环境的来源地，冷却系统的环境得到改善；成品烧结矿粒度均匀，机械强度好，FeO含量低，还原性好，固体燃料节省。但存在耗电量高、需更严格控制烧结终点等不足。

② 环式冷却机 环式冷却机由台车、回转框架、驱动装置、给料及卸料装置、散料收集及运输装置等组成。鼓风式环冷机与抽风式环冷机的区别，在于冷空气是由鼓风机从台车底部鼓入，通过烧结矿层加热后从烟罩排入大气。因此台车需设置风箱和空气分配套，风箱与台车底部需严格密封，而排汽罩除高温段用防止粉尘外逸需采取密封措施外，其余部分可采用屋顶式的排气罩，图5-37是鼓风式环冷机的结构示意图。

环式冷却机是一种环形的冷却设备，它的主体由若干盛放烧结矿的扇形台车组成，台车连接在一个水平配置的环形框架上，形成一个首尾相连的环，环的上方设有排气罩。

③ 带式冷却机 带式冷却机也是由带百叶窗式箅板的台车组成的，台车两端固定在链板上，构成一条封闭链带，由电动机经减速机传动。工作面的台车上都有密封罩，密封罩上设有抽风（或排气）的烟囱，如图5-38所示。

热烧结矿自链带尾端加入台车，台车向前缓慢的移动，借助烟囱中的轴流风机抽风（或自台车下部鼓风）冷却，冷却后的烧结矿从链带头部卸落，用胶带运输机运走。

带式冷却机也是国内外广泛采用的一种烧结矿冷却设备。国外最大带冷机有效冷却面积

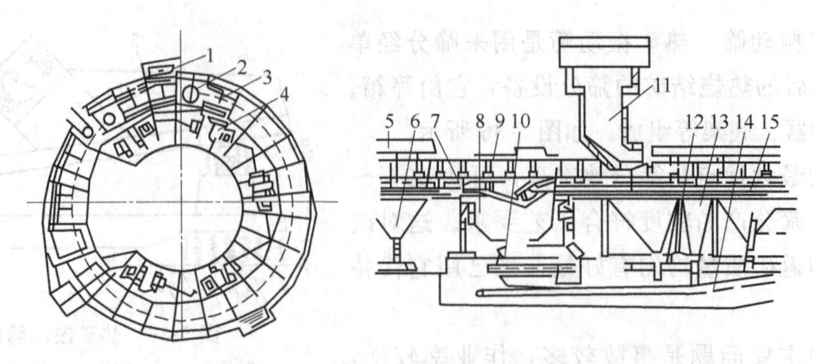

图 5-37　鼓风式环冷机的结构示意图

1—传动装置；2—烟囱；3—回转框架；4—鼓风机；5—排气罩；6—风箱；7—台车；8—卸料槽；9—卸料曲轨；10—板式给矿机；11—给料溜槽；12—环式刮板运输机；13—散料斗；14—皮带运输机；15—双层漏灰阀

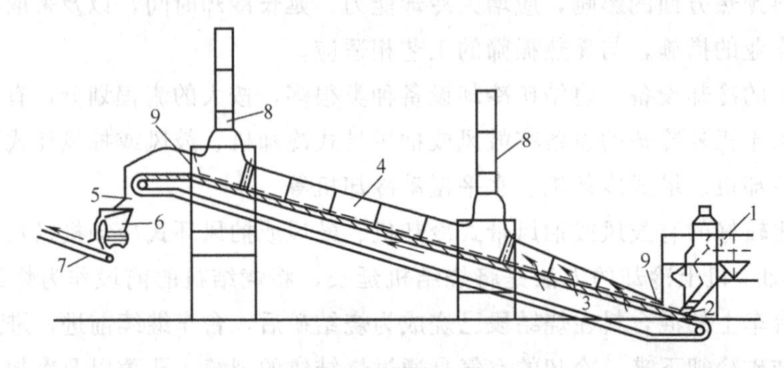

图 5-38　带式冷却机

1—烧结机卸矿端；2—烧结矿给料器；3—带式冷却机；4—冷却机外罩；5—烧结矿卸矿；6—烧结矿筛；7—冷烧结矿输送机；8—通风机；9—手指型闸门

达 780m^2（配 600m^2 烧结机）。国内从 20 世纪 70 年代初开始采用，现已有多种规格的带冷机投入运行。

环式冷却机与带式冷却机两者的共同特点是冷却效果好，在烧结矿层厚度不超过 150mm，并配有热振筛的情况下，由 700～800℃冷却到 150℃以下，只需 25～30min；料层薄（一般为 250～350mm），因而阻力小（不大于 60×9.81Pa），易于密封，抽风冷却过程中不需除尘；烧结矿为静料层，冷却过程中不受机械磨损与碰撞，烧结矿粉碎少，设备运行平稳可靠，事故少，维修量小。但环式冷却机台车面积利用充分，无空载行程，但占地面积宽，不适于两台以上的布置；带冷机有冷却兼运输和提升的优点，可减少冷矿输送胶带，适合于多台布置，但空行程多，需较多的特殊材质。

环冷机和带冷机都有抽风和鼓风冷却两种方式。鼓风冷却具有突出的优越性，主要是通过风机的风系常温状态，含尘很少，冷却单位烧结矿所需用风机风量较少，风机能量消耗较低；风机叶轮不易磨损和变形，寿命较长，能更好地适应大型冷却机和厚料层冷却的需要。

思　考　题

1. 烧结工艺包括哪些生产环节？各环节的主要任务和要求是什么？

2. 当前烧结生产采用的新工艺、新技术主要有哪些？

3. 烧结各环节主要设备有哪些？

6 球团矿生产

6.1 概述

6.1.1 球团生产的意义及存在的问题

随着钢铁工业的发展，铁矿石需求量愈来愈大，而可供直接入炉的富块矿却愈来愈少。全球铁矿资源中，已探明品位大于40%的铁矿石约为8500亿吨。我国铁矿中含铁50%以上的富矿却仅占已探明储量的4%左右，绝大部分为含有害杂质（P、S、Pb、Zn、As）的贫矿。这类矿石须细磨精选后造块才能入炉冶炼。

欧美等国铁矿石的入选比为83%～93%，而我国高达95%以上的铁矿石须进行预先选矿。因此，人造块矿产量及高炉熟料率呈逐年上升趋势。20世纪70年代以来，我国重点钢铁企业的熟料入炉率已达89%，与一些发达国家相当。而直接入炉的天然块矿则逐年减少，仅占入炉含铁原料的7%。总之，铁矿资源的变化，人造块矿的优越性，极大地促使了球团、烧结技术的不断发展。

因球团矿其良好的冶金性能，球团法自20世纪60年代以来得到了很大发展。有专家预测21世纪球团法将与烧结法各占半壁江山，甚至会超过烧结法。球团法和烧结法有其各自的适用范围，它们之间并不存在竞争，而是一种相辅相成的互补关系。其共同目的都是使粉料块矿化。对高炉冶炼而言，球团矿和烧结矿的搭配使用是合理可行的。

球团矿生产的意义与特点主要有如下几点。

(1) 随着铁矿资源的不断开采，富矿短缺，必须不断扩大贫矿资源的利用，而选矿技术的进步可经济地选出高品位细磨铁精矿，其粒度从－200网目（小于0.074mm）进一步减小到－325网目（小于0.044mm）。这种过细精矿用于烧结，透气性不好，影响烧结矿产量和质量的提高，而用球团方法处理却很适宜，因为过细精矿易于成球，粒度愈细，成球性愈好，球团强度愈高。

(2) 球团矿是形状规则的8～16mm的球团矿较烧结矿粒度均匀，微气孔多，还原性好，常温强度高，易于储存，有利于强化高炉生产。

(3) 适于球团法处理的原料已从磁铁矿扩展到赤铁矿、褐铁矿以及各种含铁粉尘，化工硫酸渣等；从产品来看，不仅能制造常规氧化球团，还可以生产还原球团、金属化球团等。

(4) 球团矿主要是依靠矿粉颗粒的高温再结晶固结的，不需要产生液相，热量由焙烧炉内的燃料燃烧提供，混合料中不加燃料。

球团矿的生产可以根据各种矿石资源，采用不同的球团法和各种技术措施，人为地改善入炉原料的各种性质，为高炉冶炼提供粒度均匀、成分稳定、物理化学特性以及冶金性能良好的球团精料，使其最大限度满足冶炼要求，强化冶炼过程。因此，球团生产工艺已成为当今世界钢铁工业中不可或缺的组成部分。

试验表明，球团矿和烧结矿在加热还原时都因体积膨胀而强度降低，产生破碎和粉化。许多试验证实球团矿比烧结矿碎裂严重。球团矿产生热膨胀与球团含有 Fe_2O_3 有关。球团矿膨胀通常分为两步：第一步发生在赤铁矿还原为磁铁矿阶段，膨胀率在 20%以下。一般解释为赤铁矿的六面体结构转变为磁铁矿的立方体结构，氧化铁晶体结构破裂，造成体积膨胀。最大膨胀率出现在还原度为 30%～40%之间，此种膨胀对于高炉操作影响并不很大。对于磁铁矿制成的冷黏结球团，则没有这一步膨胀。第二步发生在浮士体转变为铁时，膨胀十分显著，称之为异常膨胀，体积可增加 100%，严重时达 300%～400%。异常膨胀时铁晶粒自浮士体表面直接向外长出似瘤状物称为晶须（或称“铁须”）。此晶须的生长造成很大拉力，使铁的结构疏松从而产生膨胀，造成球团的高温还原粉化。

此外，脉石成分、球团矿碱度对球团矿还原时膨胀也有一定影响。

当高炉确定使用球团矿时，必须进行高温还原强度和热膨胀试验。如果试验证实确有异常膨胀产生时，必须采取有效措施，使之控制在规定的标准之内，否则这种异常膨胀会给高炉带来透气性恶化、悬料等不利影响。

尽管球团矿的许多指标优于烧结矿，但其热膨胀问题在相当程度上影响了它的冶金性能，因而不得不限定其入炉配比。经高炉试验得出以下结论。

① 球团膨胀率小于 20%时，高炉操作无困难；

② 球团膨胀率为 20%～40%时，球团入炉比不得超过 65%；

③ 球团膨胀率大于 40%时，高炉操作失常。此时，即使球团矿入炉比小于 65%，风量亦须减少。

不少国家的质量标准都将球团矿的膨胀率规定在 20%以内，甚至更低，以确保高炉顺行。

我国球团矿质量标准中规定一级品球团矿膨胀率＜15%，二级品膨胀率＜20%。膨胀率的大小，通常用式（6-1）计算：

$$膨胀率=\frac{V_t-V_0}{V_0}\times 100\% \qquad (6\text{-}1)$$

式中 V_t——球团矿在 900℃还原 60min 后的体积，m^3；

V_0——球团矿还原前的体积，m^3。

为了改善球团矿的高温冶金性能，国内外不少学者致力于研究解决球团热膨胀问题，主要有以下几个方面的措施。

① 适当提高球团的 SiO_2 含量　SiO_2 含量较高的球团有利于形成较多的渣键，可以适当抑制球团膨胀和抵制晶须的成长。有人认为北美球团很少异常膨胀，入炉比可以达到 100%，这与它的含 SiO_2 量达到 4%～6%有关。

② 确定适当的球团碱度　理论研究指出，CaO 在浮士体中分布不均匀是形成晶须的重要原因。解决 CaO 的均匀分布，将涉及球团的碱度问题，试验指出，当用含 SiO_2 1%～10%的铁矿石生产时，碱度为 0.3～0.4 的球团，体积膨胀最大，继续增大碱度至 0.7～0.8 时，膨胀率大大降低。热还原强度最好的球团碱度只有通过试验才能确定。

③ 提高球团焙烧温度　在设备条件允许和料层表面不发生过熔的情况下，适当提高焙烧温度不仅可以提高球团冷态强度，而且可以提高其热还原强度。这是由于高的温度可以增

加渣键的固结，有利于 Ca^{2+} 扩散，达到均匀分布以及改善赤铁矿结晶条件的原因所致。在提高焙烧温度的同时，还应使球团上下层焙烧均匀。目前国内外已把提高焙烧温度发展渣键固结作为改善球团高温冶金性能的重要途径之一。

④ 采用保护性气氛焙烧　即在非氧化性气氛，如氮气、水蒸气或在 4%～6%CO+94%～96%CO_2 气氛内焙烧，使球团矿的固结类型为磁铁矿在结晶和部分相连接，避免了由于 $Fe_2O_3 \rightarrow Fe_3O_4$ 时的晶型转变而产生的膨胀。

⑤ 添加返矿　将返矿磨细加入到球团混合料中，这种球团矿由于返矿带入晶核，在焙烧过程中，易生成更多更细的连接键，一方面提高了球团矿的强度，另一方面分散球团还原过程生产的应力，从而可降低球团矿的膨胀。

⑥ 卤化法处理　将球团浸泡到卤水中，使 $MgCl_2 \cdot 6H_2O$ 或 $CaCl_2$ 填充到球团矿的空隙中并覆盖在赤铁矿颗粒表面，在还原过程中阻碍还原气体与赤铁矿的接触，减慢了赤铁矿晶体转变速度，使膨胀减轻。

另外，适当增大原料粒级下限的比例，降低原料中 Fe_2O_3 含量等也都将收到一定的抑制球团热膨胀的效果。

6.1.2　工艺流程

球团矿生产的工艺流程，如图 6-1 所示。

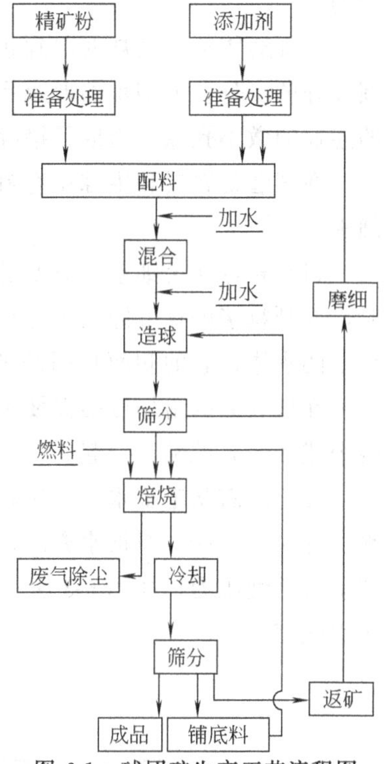

图 6-1　球团矿生产工艺流程图

为稳定球团矿的化学成分及有利于造球，其所用原料应混匀；添加剂（皂土、生石灰、白云石等）要破碎到要求的粒度，精矿粉粒度粗时，要细磨到适合于造球的粒度；矿粉过湿还需经干燥处理。准备及配合好的混合料，要在混合机中加水润湿和混匀，再经造球机滚动成为适宜尺寸的生球，并筛除粉末。合格的生球通过布料器布于焙烧设备上依次进行干燥、预热和高温焙烧固结，然后冷却至 150℃以下，筛除小于 5mm 的粉末，分出 5～10mm 的铺底料（用带式焙烧机焙烧时），得到具有足够常温强度和良好冶金性能的成品球团矿。

6.2　造球理论

细磨物料的成球是细磨物料在造球设备中被水润湿并在机械力及毛细力作用下的连续过程。由于毛细压力、颗粒间摩擦力及分子引力等使生球具有一定的机械强度。各种物料成球性能的好坏不尽相同，它主要与物料表面性质和与水的亲和能力有关。

6.2.1　细磨物料的表面特性及水的形态

用于造球的固体原料均为细磨物料，其分散度和比表面积较大。所谓比表面积是指单位质量或单位体积的固体物料所具有的表面积。矿物从大块破碎至小块，其比表面积逐渐增大，因此也就具有较大的表面能。当表面分子处于不均衡的力场中时，由于表面存在过剩的能量，当它们与周围介质（气体或液体）接触时，颗粒表面即会显示出电荷。由于水分子具有偶极构造，在电场作用下发生极化，被极化的水分子和水化离子与细磨物料之间因静电引力而相互吸引。这样造球矿粉表面形成吸附水膜，它由吸附水和薄膜水组成，称为分子结合水，在外力作用下与颗粒一起变形，这种分子水膜能使颗粒彼此黏结，它是矿粉成球后具有一定机械强度的原因之一。大量研究表明，铁矿粉加水成球是在颗粒间出现毛细水后才开始的。

当细磨物料继续被润湿到超过薄膜水时，物料层中形成毛细水。它是电分子引力作用范围以外的水分。毛细水的形成是由于表面张力作用所致。细粒矿物层中存在着很多大小不一的连通的微小孔隙，组成了错综复杂的通道，当水与这些矿粒接触后，引起毛细现象。

在细磨物料层和生球中存在的毛细水可分为：触点状毛细水、蜂窝状毛细水、饱和毛细水。

(1) 触点状毛细水　它是指仅仅存在于颗粒接触点周围的水。当水分加入细磨矿粒层时，在颗粒接触点上即出现触点状毛细水，见图 6-2，颗粒接触点的周围，形成一个双凹透镜形的水体，它的侧面是凹凸的，具有两种曲率。以 r_1 和 r_2 分别表示凸、凹面的曲率半径。在该表面的附加压强促使水环（接触点）靠近颗粒接触点附近并得到保持，这样就使得两个或几个矿粒黏在一起。

(2) 蜂窝状毛细水　当矿粒层中出现触点状毛细水后，继续增加水分便出现蜂窝状毛细水。此时，一些空隙被水充满，水开始具有连续性，能在毛细管内迁移，并能传递静水压力和呈现毛细压力，如图 6-3 所示。在生球内颗粒间的毛细压力作用下，颗粒彼此黏在一起并产生强度。

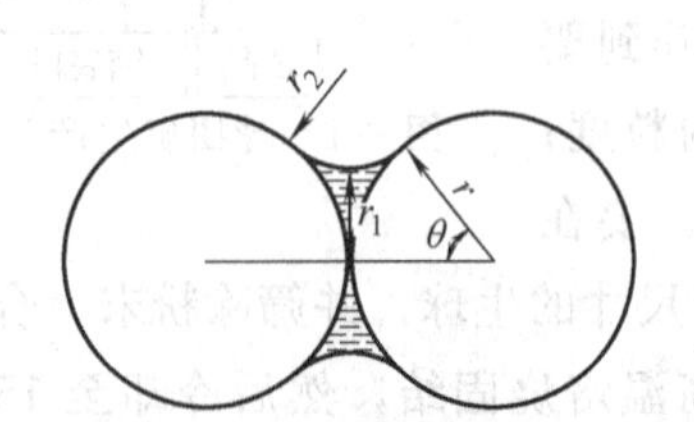

图 6-2　球形颗粒间的触点水连接

r_1—触点水环半径；r_2—弯月面曲率半径；

r—球形颗粒半径；θ—弯月面所对半角

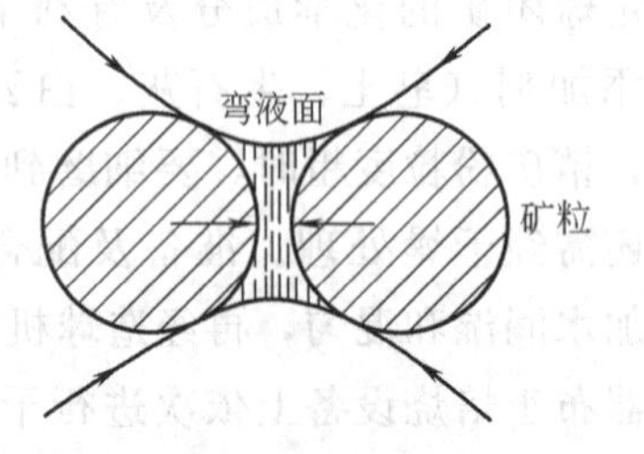

图 6-3　毛细压力示意图

(3) 饱和毛细水　当料层孔隙完全被水充满时，则出现饱和毛细水。即毛细水达到最大含量。

造球时最适宜的水介于触点状和蜂窝状毛细水之间。毛细水能够在毛细压力的作用下和在引起毛细管形状及尺寸改变的外力作用下发生迁移。物料成球速度取决于毛细水的迁移速度，表面亲水性物料的毛细水迁移速度较之表面疏水性物料的毛细水迁移速度快。

在成球过程中，毛细水起主导作用。当物料润湿到毛细水阶段时，成球过程才明显得到发展。

6.2.2　细磨物料的成球过程

细磨物料造球有连续造球和批料造球两种工艺。造球的方法不同成球过程也有差别，大致分为三个阶段，即成核阶段（母球的形成阶段）、球核长大和生球紧密阶段。

（1）成核阶段（母球的形成阶段） 当细磨物料表面达到最大分子结合水后，继续加水润湿，则在颗粒表面上裹上一层水膜，见图 6-4（a）。颗粒物料彼此有许多接触点，由于水膜的表面张力作用，在两颗矿粒之间便形成液体连接桥，使颗粒连接在一起见图 6-4（b）。矿石颗粒在造球机内通过运动，含有两颗或数颗矿粒的各个小水珠相互结合，形成了最初的聚集体见图 6-4（c）。这种聚集体靠液体连接桥使各个颗粒呈网状地连接在一起，此时液体填充率仅 20%左右，但聚集体是疏松的。

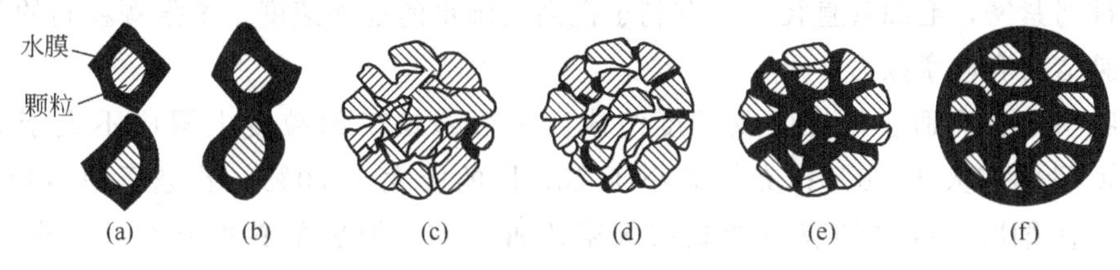

图 6-4 水在成球中的作用

在机械力的作用和增加水分的情况下，聚集体的粒子发生重新排列，部分孔隙被水充填，液体倾向融合，形成连续的水网。这时的聚集体为蜂窝状毛细水所连接见图 6-4（d），当其中孔隙体积变小，形成稳定的球核，又称母球。成核的速度与原料的比表面积和水分有关。球核是由固、液、气三相组成，其强度不高。

（2）球核长大阶段 已经形成的球核，在机械力的作用下，使颗粒彼此靠拢，所有孔隙被水充满，球核内蜂窝状毛细水逐渐过渡到毛细管水，见图 6-4（e）。在球核表面孔隙中形成弯液面，由于毛细力将矿粒连接在一起。

在继续滚动过程中、球核进一步被压密，引起毛细管形状和尺寸的改变从而使过剩的毛细水被挤到球核表面上来而均匀地裹住球核，见图 6-4（f）。这样表面过湿的球核，在滚动过程中就很容易黏上一层润湿程度较低的物料，使核长大。

球核的这种长大过程是多次重复的，一直到球中颗料间的摩擦力比滚动成形时的机械压密作用力大时为止。为使球继续长大，必须往球的表面喷水，使表面充分润湿。球主要以成层方式长大。

（3）生球紧密阶段 生球长大的同时伴随着紧密，这一阶段应该停止润湿，让生球中挤出来的多余水分为未充分润湿的物料层所吸收。球在滚动、搓揉和挤压情况下，内部颗粒发生选择性排列，即以最大接触面排列。颗粒彼此靠紧，使薄膜水相接触，并沿颗粒表面移动，促使几个颗粒共同被薄膜水包围。生球由于具有毛细力、分子引力和颗粒之间的摩擦力而具有一定的机械强度。这些作用力愈大，生球的机械强度就愈高。

在造球过程中，加水润湿至毛细力的形成在成核阶段具有决定意义的作用；球核长大阶段，毛细效应和机械滚动也都起着重要作用；生球紧密阶段主要靠机械滚动作用力。

6.2.3 影响矿粉成球的因素

铁矿粉造球的影响因素有原料性质和造球工艺条件两个方面。

（1）原料性质的影响

① 原料的性质 颗粒表面的亲水性愈强，水与固体颗粒的润湿接触角愈小，矿粒就易于被润湿，薄膜水和毛细水的含量愈高，毛细水作用力愈强，成球性愈好。矿物颗粒的形状决定了生球中物料颗粒接触表面积的大小。接触表面积越大，生球的强度越高。矿物晶体颗

粒呈针状、片状、表面粗糙者，具有较大的接触面积，成球性好；而呈矩形或多角形，且表面光滑者，接触面积小，成球性差。

铁矿粉中褐铁矿的成球性最好，磁铁矿最差，褐铁矿具很强的亲水性，其颗粒呈片状或针状；磁铁矿的亲水性差，颗粒表面光滑，多呈矩形或多角形。

② 原料粒度及粒度组成　粒度小、组成不均匀的物料成球性好，生球长大快，生球强度高。这是因为粒度细小的矿粉比表面积大；粒度组成不均匀，小颗粒嵌入大颗粒间的空隙中，颗粒排列紧密，毛细管直径小。有利于提高毛细水的迁移速度，增强颗粒间的分子黏结力、毛细黏结力和内摩擦力。

各种物料应具有适宜的粒度及粒度组成。一般磁铁矿的粒度上限应不大于 0.2mm，而小于 200 目的应大于 80%；赤铁矿小于 200 目的应大于 70%。若进厂原料粒度较粗，可先进行一次细磨，或添加有效的黏结剂来改善造球。原料的粒度越细，又有合适的粒度组成，则生球中粒子排列越紧密，其形成的毛细管平均直径越小，产生的毛细压就越大，生球强度越高。粒度并非愈细愈好，因为它除增加磨矿电耗、增加成本外，还会造成毛细管过小，其阻力增大，导致毛细水的迁移速度降低，成球速度变慢，造球时间延长。

③ 原料的水分　水分不足会造成母球长大慢，结构不稳定。因为母球在滚动过程中，若内部没有多余的毛细水被挤压出来使表面润湿，就不能很好黏结新料使母球不断长大；同时，在造球初期，母球内颗粒间的空隙因缺少毛细水而被空气占据着，使颗粒接触不紧密，结合力减弱，导致生球强度差。

适宜的造球水分随原料不同而异，应通过试验确定。一般磁铁精矿和赤铁精矿粉的造球水分约 8%～10%，褐铁矿粉的造球水分为 14%～28%。为有利于造球作业，理想的造球料水分应比适宜水分值稍低（圆盘造球机约低 0.5%左右），在造球过程中可补加少量水分，对加速母球的形成和长大均有利，还可控制生球粒度，提高生球强度。

研究表明，在稍低的水分条件下，可以达到较高的抗压强度；而水分较高时，水分饱和度达 100%后，生球出现塑性，此时可达到较大的落下次数。

④ 添加物的影响　在造球物料中配加某些添加物，可以改善物料的成球性。常用的添加物有消石灰、石灰石和皂土等。

消石灰是生产熔剂性球团矿常用的添加剂。它的颗粒细，比表面大，表面带负电荷，可吸附具有偶极构造的水分子，持有水分的能力很强，具有天然的胶结性，因而可改善物料的成球性能。不过，因消石灰体积密度小，配比不能过多，否则使毛细水迁移速度降低，影响成球速度。消石灰的粒度应小于 1mm。

石灰石粉也是亲水性物料，且颗粒表面粗糙，配入造球物料后，可增大粒子间排列的紧密程度及内摩擦阻力，提高生球强度。另外，石灰石不像消石灰那样会显著降低物料的堆积密度。所以在生产熔剂性球团矿时，与消石灰配合使用对造球更为有利。石灰石必须细磨，一般小于 200 目的应大于 80%。

皂土（膨润土）是造球物料最有效的添加剂。它属于含水的铝硅酸盐物质，理论化学式为 $Al_2(Si_4O_{10})(OH)_2$，其吸水性很强，吸水后体积大大膨胀，具有很高的分散性，比表面积很大，亲水性很强，在水中泡胀最多能吸收 600%～700%的水分，具有很强的胶体性质。

配入少量（一般为0.6%～1.0%）皂土于造球精矿中，可显著改善其成球性，提高生球强度；提高生球干燥时的爆裂温度，加速生球的干燥速度，缩短干燥时间。

皂土含 SiO_2 高达60%以上，故不能添加过多。否则会降低球团矿品位，增加高炉冶炼的渣量。配加的皂土应细磨。粒度要求小于200目的达99%以上。

(2) 造球工艺条件的影响

造球工艺条件包括造球机的工艺参数和造球操作两个方面。

① 造球机工艺参数的影响　造球设备主要有圆盘造球机和圆筒造球机，我国和西欧国家球团矿常用的是圆盘造球机，如图6-5所示。圆盘造球机的工艺参数主要包括倾角、转速和边高等。三者相互制约，必须配合得当，才能使造球机高产、优质。

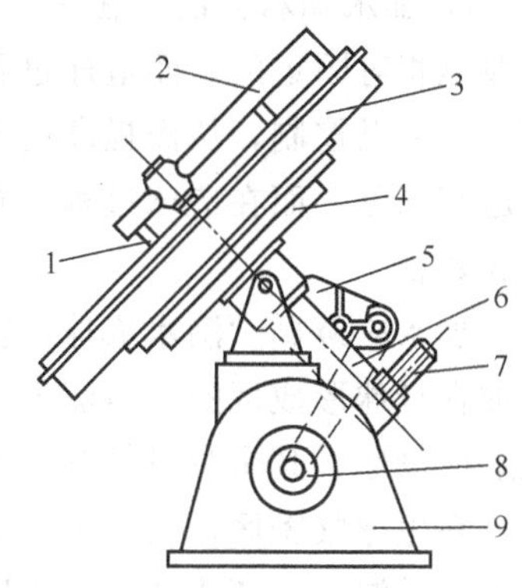

图6-5　圆盘造球机示意图

1—刮刀架；2—刮刀；3—圆盘；4—伞齿轮；5—减速机；6—中心轴；7—调倾角螺杆；8—电动机；9—底座

圆盘造球机倾角 α 一般为45°～50°，它与造球机的转速有关，转速一般可用圆周速度（简称周速）表示。倾角较大，为使物料能被带到规定的高度，则要求较高的周速；若周速一定，则倾角的适宜值就一定。当小于适宜倾角时，物料的滚动性能变坏，盘内料会全被甩到盘边，造成盘心“空料”，因而滚动成型条件恶化；当大于适宜倾角时，盘内料带不到母球形成区，造成圆盘有效工作面积缩小。在一定的范围内适当增大倾角，可提高生球的滚动速度和向下滚落的动能，对生球的紧密是有利的。

圆盘造球机的直径和倾角一定时，周速只能在一定范围内变动。若周速过小，产生的离心力也小，物料不能被带到圆盘的顶点，会造成母球形成区间“空料”，同时母球下滚时，由于滚动路径较短和积蓄的能量较小，因而压密作用减小，生球强度降低；若周速过大，离心力也大，盘内物料就会被甩到盘边，造成盘心“空料”，使物料与母球不能按粒度分开，甚至导致母球滚动成型过程停止。如用刮板强迫物料下降，则会产生急速而狭窄的料流，严重恶化滚动成型的特性。所以，只有周速适宜，才能使物料沿球盘最大工作面强烈而有规则的滚动，并按粒度分开。圆盘造球机的适宜周速随物料特性和圆盘倾角而异，一般在1.0～2.0m/s之间。若物料与盘底的摩擦系数大，则周速可选低一些；反之周速则应偏高。

圆盘造球机的边高与其直径和造球料的性质有关，可按圆盘直径的0.1～0.12倍考虑。若物料粒度粗，黏性大，盘边可高一些；而粒度细，黏性小，盘边就应低一些。边高影响造球机的容积填充率。边高愈大，倾角愈小，则容积填充率愈大；在给料量一定的条件下，填充率愈大，物料在造球盘中停留的时间愈长，有利于提高生球的强度。一般容积填充率为10%～20%。

② 底料状态和刮板位置　在滚动成球过程中，造球圆盘底面常黏有一层造球料，称为底料。生球在底料上不断滚动使底料就变得紧密和潮湿，容易黏结新的原料，降低母球长大速度，并使底料逐渐增厚，加大造球机负荷，尤其在原料粒度细、水分高时更为严重。当底料增加到一定厚度时，会大块脱落，影响造球机正常工作。

为使底料保持疏松和一定的厚度，在离盘一定距离上安置刮板。刮板的合理配置，可控

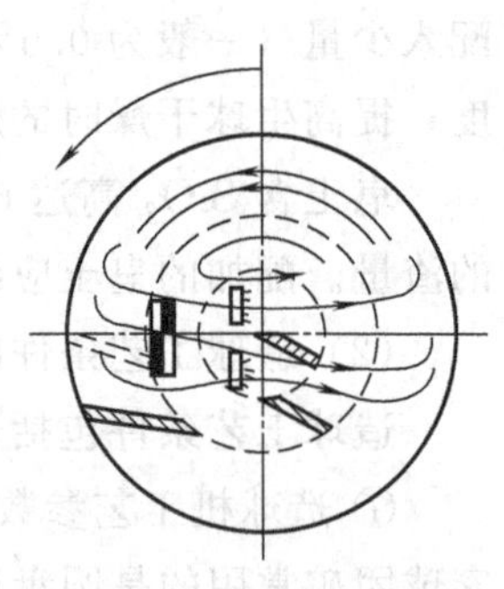

图 6-6 圆盘刮板配置

制造球料在圆盘造球机上的运动路径，有助于提高成球速度和生球强度。要求刮板能刮到整个盘面和周边，保证造球机不堆积料，但刮板所划圆环不要重复，以减少刮板对造球机的阻力和磨损；刮板应有利于最大限度地增加圆盘的有效工作面，不能干扰母球的运动轨迹，故在母球长大区一般不设刮板。当母球的形成速度大大超过母球的长大速度时，可在母球长大区设一辅助刮板，把较大的母球刮到长大区，促使其加速长大，如图 6-6 所示。

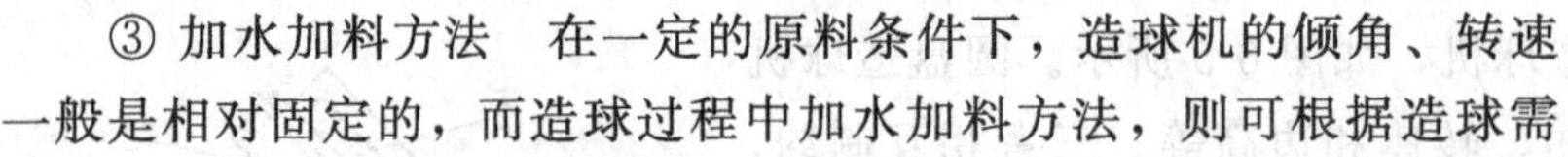

③ 加水加料方法　在一定的原料条件下，造球机的倾角、转速一般是相对固定的，而造球过程中加水加料方法，则可根据造球需要灵活加以控制，从而提高造球机的生产率和生球质量。造球的物料的水分最好略低于生球的适宜水分，而在造球过程中补充少量的水，这有利于控制生球粒度，加速母球的形成、长大和紧密。

加水应遵循“滴水成球，雾水长大，无水紧密”的操作原则，即将大部分的补充水成滴状加在母球形成区的物料流上，这时在水滴的周围，由于毛细力和机械力的作用，散料能很快形成母球；其余少量的补充水则以喷雾状加在母球长大区的母球表面上，促使母球迅速长大。在生球紧密区，长大了的生球在滚动和受搓压的过程中，毛细水从内部被挤出，会使生球表面过湿，应禁止加水，以防生球黏结和强度降低。

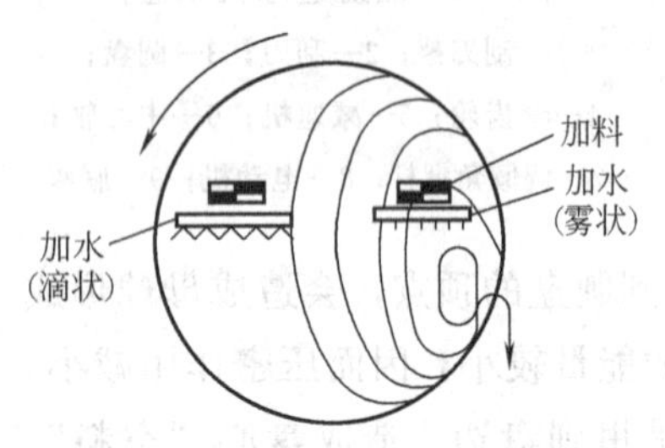

图 6-7 加料加水方法示意图

加料方法也应遵循“球核形成区少加，球核长大区多加，生球紧密区禁料”的原则。因为球核长大所需要的物料多于球核形成所需的物料。在造球机转动过程中，一部分未成球的散料会被带到紧密区，吸收生球表面的多余水分。为了最大限度地利用圆盘造球机的面积，物料和水最好能从圆盘两边同时加入，或以“面布料”的方式，将松散的物料布到整个盘面上，有利于母球的形成和长大。加料和加水方法如图 6-7 所示。

对于铁精矿成球性能的定量评价，至今还没有统一的测定方法，国内使用较为广泛的是前苏联学者 B. M 维邱金提出的静态成球指数 K 值法，此外还有迪克逊（K. G. Dixon）法。

静态成球指数 K 可用式（6-2）经验公式计算：

$$K=\frac{W_{分}}{W_{总}-W_{分}} \tag{6-2}$$

式中 $W_{分}$——原料最大分子水含量，%；

$W_{毛}$——原料最大毛细水含量，%。

静态成球指数能较好地说明固相与液相间的相互作用，以及细物料的聚集过程，表明细磨物料在自然状态下的滴水成球性能。利用成球系数 K 将物料成球的难易程度区分为：

$K<0.2$	无成球性
$K=0.2\sim0.35$	弱成球性
$K=0.35\sim0.60$	中等成球性
$K=0.60\sim0.80$	良好成球性
$K>0.80$	优秀成球性

静态成球指数 K 综合地反映了细磨物料的天然性质，比如比表面积、表面亲水性、表面形貌等。由于在实际造球体系中存在多种作用力的综合结果，不仅包括物料与溶液的综合作用力，还有造球过程中的机械力，在某些情况下，静态成球性优良的物料实际成球性能并不好。

与 K 值相比，迪克逊法是根据物料在造球设备中的成球粒度来评价成球性的。在一定程度上反映了物料粒度、亲水性和成球动力学等方面的综合影响。

迪克逊法的主要内容为：根据造球设备的大小，取 5～10kg 试料，先润湿到比适宜造球水分低 1%～2%的水分值，经混匀后，一次加入造球设备中，转动造球设备的同时，再补加 1%～2%的水到适宜。按规定造球 20～25min 后，取出已造好的球，用 10mm 或 6mm 的筛子分级，以大于 10mm 或 6mm 的出量百分数表示成球性指数 K_0。

$$K_0=\frac{m}{m_0}\times 100\% \tag{6-3}$$

式中 m——大于 10mm 或 6mm 的生球质量，kg；

m_0——所有生球总质量，kg。

6.3 生球的干燥和焙烧固结

生球干燥是为了使球团能够安全承受预热阶段的温度应力。生球一般含有较多水分，这些水分一方面可导致生球塑性变形；另一方面由于受生球“破裂温度”（一般 400～450℃）的影响，而使其在预热阶段（预热温度高于 900℃）产生裂纹或“爆裂”。破裂温度是球团结构遭到破坏的温度。球团破裂原因有两种情况，即干燥初期的低温表面裂纹和干燥末期的高温爆裂。球团在进入预热和焙烧阶段之前必须预先进行干燥。

干燥中出现部分球团的爆裂会使球层透气性变坏，给预热、焙烧带来困难，最终导致设备生产率下降，成品球团矿质量不均，废品率上升等；球团表面所产生的裂纹亦会使焙烧后的球团矿强度降低。因此，必须建立适宜的干燥制度，以获得优质球团。

目前普遍采用的焙烧固结球团，整个焙烧固结过程包括生球干燥、高温焙烧固结和冷却三个阶段，其中焙烧固结阶段又分为预热、焙烧和均热三部分，其温度和各阶段的主要变化情况近似地表示于图 6-8。

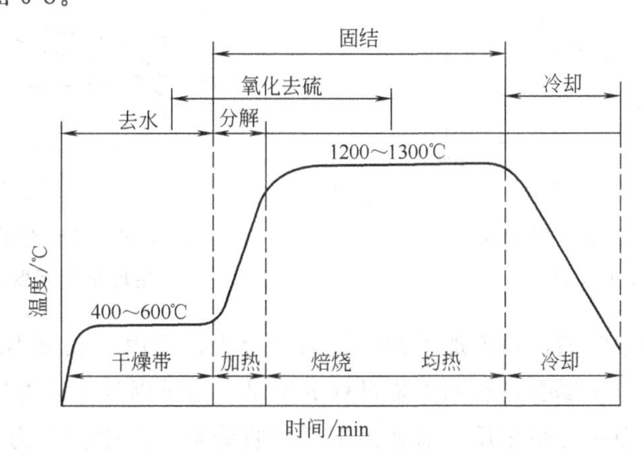

图 6-8 球团焙烧阶段及主要变化示意图

6.3.1 生球的干燥

生球的干燥发生在焙烧过程的开始阶段，它对焙烧过程有直接影响。

(1) 干燥的意义和机理 生球中含有较多的水分，在预热和焙烧之前干燥，可提高设备生产率，改善球团矿的焙烧质量。因为未经干燥的生球往往具有一定的可塑性，在料层中受到挤压时，易产生塑性变形和裂纹，特别是高温下水分剧烈蒸发，导致生球的爆裂，将严重恶化料层透气性，从而降低焙烧速度，使焙烧不均匀。干燥的生球能承受预热阶段的温度应力，避免在高温下发生破裂。对于磁铁精矿或高硫矿粉球团，预先干燥可避免大量水分在预热段蒸发而阻碍 Fe_3O_4 和硫化物的氧化作用，有利于改善球团矿的还原性，提高固结强度，降低热量消耗和球团矿含硫量。

当热气流（干燥介质）通过生球层时，透过生球表面的边界层将热量传给生球，由于生球表面的水蒸气压大于热气流中的水汽分压，生球表面的水分便大量蒸发，穿过边界层而进入气流而带走。生球表面水分蒸发的结果，造成生球内部与表面的湿度差，球内的水分不断向球表扩散迁移，又在表面蒸发被气流带走，生球逐步得到干燥。

随着干燥过程的进行，毛细水减少，毛细管收缩，毛细力增加，颗粒间的黏结力增强，从而使生球的抗压强度逐渐提高。水分进一步蒸发，毛细水消失，毛细黏结力随之消失，生球强度理应降低。但由于收缩使颗粒靠拢，增加了颗粒之间的分子作用力和摩擦阻力，生球的强度反而提高，图 6-9 是现场取样测试结果。

干燥后生球的强度与造球原料的性质和粒度组成有关。对于细精矿并含有胶体颗粒的生球，由于胶体颗粒分散度大，填充在颗粒之间，形成直径小而分布均匀的毛细管，干燥后，体积收缩，颗粒间接触紧密，内摩擦力增加，生球可达很高的抗压强度。但未加黏结剂的铁精矿或粗粒度矿粉制成的生球，干燥后由于失去毛细黏结力，强度则降低。图 6-10 表示出添加不同皂土造球时，生球干燥强度的变化情况。需要指出的是，生球干燥后虽然抗压强度提高，但由于失去了在颗粒间起缓冲作用的毛细水，生球落下强度有所降低。

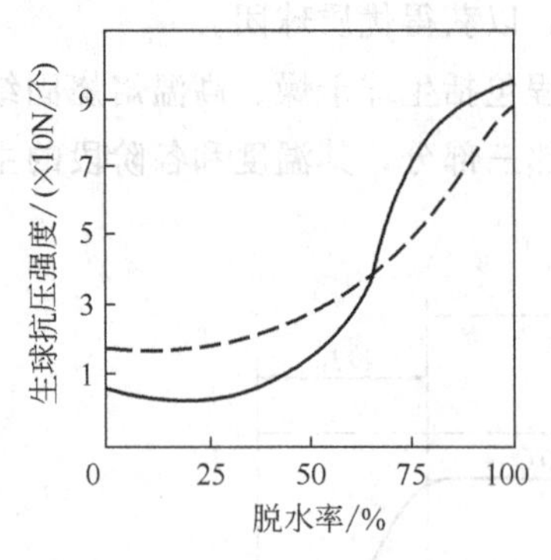

图 6-9 干燥过程中生球抗压强度的变化

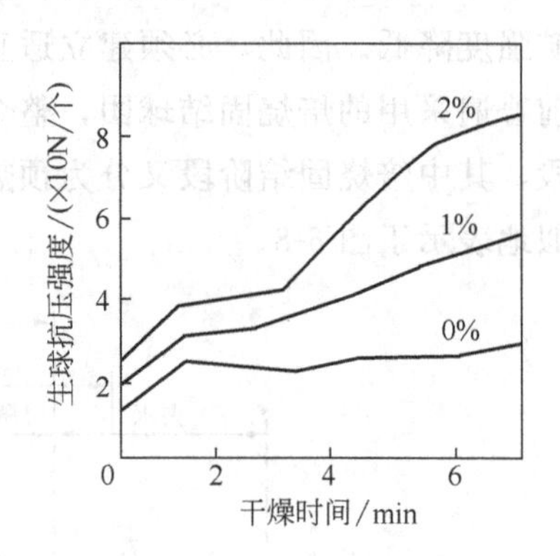

图 6-10 皂土对干燥过程中生球抗压强度的影响

生球在干燥过程中收缩，虽增加了粒子间的结合力，但由于收缩不均匀，产生内应力，则可能导致生球开裂以至爆裂，影响焙烧过程的质量。这是因为生球外层干燥较快，湿度较高，收缩量就较大，而中心则相反。前者大于平均收缩量，产生拉应力，并在受拉 45°方向产生剪切应力；后者小于平均收缩量，受压应力。若生球表层所受的拉应力或剪应力超过其抗拉、抗剪的极限强度时，生球便开裂。为避免或减弱这种影响，必须采取合理的干燥制度。

干燥过程的最后阶段，一方面由于水分的不断减少，使生球内部与表层的湿度差减小，水分从内部向表层的扩散速度小于表层水分汽化的速度，因而表层温度升高，热量向内部传递，水分的汽化面也向内推进；另一方面，生球内部只剩下薄膜水和吸附水，它们与颗粒的结合力非常之强，只能变成水蒸气才能脱离粒子表面向外逸出。如果此时干燥介质温度很高，使球内水分剧烈汽化又来不及排出（蒸汽向外扩散的速度小于内部水分汽化的速度），必然导致球内水蒸气积累，水蒸气压力升高，一旦此压力超过表层的强度极限，生球爆裂，产生粉末，又严重恶化球层的透气性。

(2) 影响生球干燥的因素　生球干燥必须以不发生破裂为前提条件。其干燥速度和干燥所需的时间，取决于下列因素：干燥介质的温度与流速、生球的物质组成与初始湿度、生球尺寸和球层的高度等。

① 干燥介质的温度　较高的介质温度有利于加速生球的干燥，但介质最高温度却受到生球破裂温度的限制。生球在流动的干燥介质中的破裂温度比在不动的干燥介质中要低。在流动介质中，生球表面的蒸气压力与介质中水蒸气分压之差较不动介质大，从而加速了水分的蒸发，致使生球表层汽化速度与内部水分扩散的速度相差更大，造成在较低温度下生球的破裂。

干燥介质温度愈高，干燥时间则愈短。因为在生球干燥时，热量只能来自干燥介质，所以单位时间内蒸发的水分与传给的热量成正比。介质中相对湿度愈低，则生球表面的水蒸气就愈易扩散到介质中，特别在不动介质中干燥时，介质相对湿度低，干燥效果明显。但干燥介质的最高温度应低于干球的破裂温度。

② 干燥介质的流速　干燥介质的流速大，干燥的时间短。流速大时，可以保证球表面的蒸气压与介质中水蒸气分压有一定差值，有利于球表面的水分蒸发。通常流速大时，可以适当降低干燥温度，否则将导致生球破裂。对于热稳定性差的生球，干燥时往往采用低温、大风量的干燥制度。

③ 生球的初始湿度与物质组成　生球的初始湿度越大，所需要的干燥时间也越长，对于同种原料的生球，随着初始湿度的增高，生球的破裂温度降低，即限制了在较高介质湿度和较高流速中干燥的可能性，从而减慢了干燥速度。原因是球内外湿度相差大引起不均匀收缩严重，而使球团产生裂纹。干燥产生的裂纹可导致焙烧球团矿的强度降低67%～80%。

④ 球层高度　生球干燥时，下层生球水汽冷凝的程度取决于球层高度，球层愈高，水汽冷凝愈严重，从而降低了下层生球的破裂温度。例如，当球层高度为100mm，干燥介质流速为0.75m/s，温度为350～400℃时，生球不开裂。但球层高度为300mm，干燥介质流速为0.75m/s，而介质温度仅升高至250℃时，生球即开始破裂。因此，采取薄层干燥可依靠提高介质的温度和流速来加速干燥。

⑤ 生球尺寸　生球尺寸大时由于水分从内部向外扩散的路程远，对干燥不利。另外由于生球的预热性差，球径越大时，则热导湿性现象越严重，生球干燥速度下降。

(3) 提高生球破裂温度的途径　生球的干燥约占1/4的焙烧机面积，使焙烧设备的生产率大幅降低。采用通常的提高干燥温度和提高干燥介质流速的方法来强化干燥过程，又受到生球热稳定性的限制。提高生球的热稳定性，从而提高生球破裂温度、强化干燥过程的主要措施如下。

① 逐步提高干燥介质的温度和气流速度　生球先在低于破裂温度以下进行干燥，随着水分不断减少，生球的破裂温度相应提高。因而应在干燥过程中逐步提高干燥介质的温度与流速，以加速干燥过程。

② 采用鼓风和抽风相结合干燥　在带式焙烧机或链箅机上抽风干燥时，下层球往往由于水汽的冷凝产生过湿层，使球破裂，甚至球层塌陷，可采用鼓风和抽风相结合的方法，先鼓风干燥，使下层的球蒸发一部分水分，另外下层的球已经被加热到超过露点，然后再向下抽风，就可以避免水分的冷凝。

③ 薄层干燥　减少蒸气在球层下部冷凝的程度，使最下层的球在水汽冷凝时，球的强度能承受上层球的压力和介质穿过球层的压力。

④ 在造球原料中加入添加剂　采用添加剂膨润土后，爆裂温度得以提高，炉内粉末量减少，料柱透气性好，气流分布均匀。

膨润土能提高生球破裂温度，主要与它的结构特点有关。膨润土的层状结构，能吸附大量的水而膨胀。从热差分析结果可知，蒙脱石在差热曲线中反应出有三个吸热效应和一个放热效应。第一吸热效应在100～130℃之间，呈现一很强的低温吸热谷，属于排出外表的分子结合水和层间水，吸热谷的形式与层间可交换阳离子有关，若可交换阳离子当量数量是一价离子多于二价离子，则差热曲线呈单谷，若二价离子超过一价离子则呈复谷（在200～250℃之间附加一小谷）。在550～750℃左右出现第二吸热谷，它标志结构水的排出和晶体结构的破坏，即膨润土物理性能的丧失。在900～1000℃又出现第三个吸热谷，紧接着一个放热峰，第三个吸热谷出现，表示蒙脱石结构完全破坏。放热峰表示为一种新的矿物（如尖晶石）的形成。

6.3.2　球团矿的焙烧固结机理

滚动成型所得的生球，其颗粒之间的接触程度有所增加。但生球仍需通过焙烧，即通过低于混合物料熔点的温度下进行高温固结，使生球收缩而致密化，从而使生球具有良好的冶金性能（如强度、还原性、膨胀指数和软化特性等），以此满足高炉冶炼的要求。

球团的焙烧过程中有受热而产生的物理过程，如水分蒸发、矿物软化及冷却等，也有化学过程，如水化物、碳酸盐、硫化物和氧化物的分解及氧化和成矿作用等。它们与球团的热物理性质（比热容、导热性、导湿性）、加热介质特性（温度、流量、气氛）、热交换强度和控制的升温速度等有关。其变化与物料的化学组成和矿物组成有关，但现象基本一致。

(1) 球团预热　生球干燥后、焙烧前属预热阶段。预热阶段的温度范围为300～1000℃。在预热过程，各种不同的反应是平行进行或者是依次连续进行的，如磁铁矿转变为赤铁矿、结晶水蒸发、水合物和碳酸盐的分解及硫化物的煅烧等。这类反应对成品球的质量和产量都有重要的影响。因此，在预热阶段内，预热速度应同化合物的分解和氧化协调一致。

就磁铁矿而言，氧化对于球团矿的机械强度和还原性能具有决定性的影响。

① 磁铁矿球团的氧化机理　焙烧磁铁矿球团通常在氧化气氛中进行，并力求使磁铁矿

达到最大程度的氧化。氧化是从球表面开始的，最初表面氧化生成赤铁矿晶粒，而后形成双层结构，即赤铁矿的外壳和磁铁矿核，氧穿透球的表层向内扩散，使内部进行氧化。氧化速率是随温度增加而增加的。在时间相同的情况下，随温度升高，氧化度增加，如图6-11。为了保持球壳有适当的透气性，必须严格控制升温速度。升温速度过快，在球团未完全氧化之前就发生再结晶，球壳变得致密，使核心氧化速率下降。温度高于900℃时，磁铁矿发生再结晶或形成液相，导致氧化速率进一步下降。因此必须选择球团完全氧化的最佳温度和升温速度。

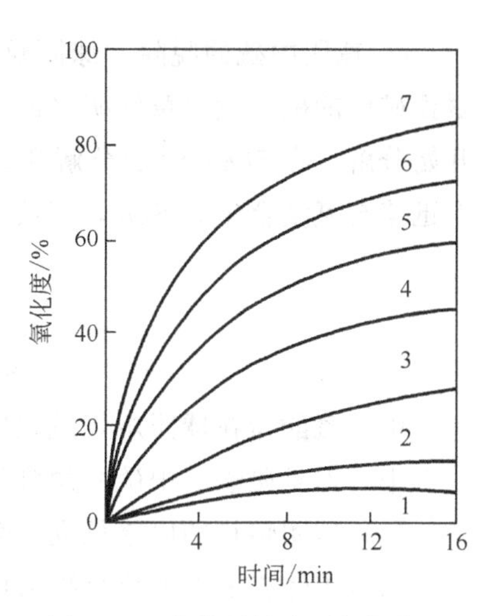

图 6-11 非熔剂性球团氧化特性

1—300℃；2—400℃；3—500℃；4—600℃；5—700℃；6—800℃；7—900℃

磁铁矿的氧化从200℃开始，至1000℃左右结束，经过一系列的变化而最后完全氧化成α-Fe_2O_3。根据已有的认识，这一氧化反应过程分为两个连续的阶段进行。

第一阶段：

$$4Fe_3O_4+O_2 \xrightarrow{>200^\circ C} 6\gamma\text{-}Fe_2O_3$$

在这一阶段，化学过程占优势，不发生晶型转变（$4Fe_3O_4$ 和 γ-Fe_2O_3 都属立方晶系），只是由 $4Fe_3O_4$ 生成了 γ-Fe_2O_3，即生成有磁性的赤铁矿。但是，γ-Fe_2O_3 不是稳定相。

第二阶段：

$$\gamma\text{-}Fe_2O_3 \xrightarrow{>400^\circ C} \alpha\text{-}Fe_2O_3$$

由于 γ-Fe_2O_3 不是稳定相，在较高的温度下，晶体会重新排列，而且氧离子可能穿过表层直接扩散，进行氧化的第二阶段。这个阶段晶型转变占优势，从立方晶系转变为斜方晶系，γ-Fe_2O_3 氧化成 α-Fe_2O_3，磁性也随之消失。但是此阶段的温度范围和第一阶段的产物，随磁铁矿的类型不同而异。

② 磁铁矿氧化对球团强度的影响　磁铁矿球团在预热阶段氧化时重量增加，氧化过程于1000℃左右结束，此时达到恒重状态。在氧化过程中，球团抗压强度持续增大。在1100℃时，单球抗压强度约达1100N。但在同样条件下，赤铁矿球团重量却无变化，单球抗压强度仅为200N。原因在于磁铁矿球团在空气中焙烧时，在较低温度下，矿石颗粒和晶体的棱边和表面就已生成赤铁矿初晶，这些新生的晶体活性较大，它们在相互接触的颗粒之间扩散，形成初期桥键，促进球团强度提高。

焙烧的球团有时出现同心裂纹，这是导致球团强度下降的一个主要原因。同心裂纹产生在氧化的外壳和未氧化的磁铁矿之间。这是因为氧化发生在已氧化的外壳和未氧化的磁铁矿之间，并沿着同心圆向核心推进。当温度过高时，外壳致密，氧难以扩散进去，内部磁铁矿再结晶，渣相熔融收缩离开外壳，使两种不同的物质间形成同心裂纹。

磁铁矿氧化属放热反应，值约为260kJ/mol。这一补充热源应当在预热和焙烧过程中加以考虑和利用。由于产生氧化热，使球核的温度高于表面，如果氧化速率过快，将使球核过烧，甚至熔化。

③ 球团中硫的脱除 球团焙烧过程是在强氧化气氛中进行的，对硫的脱除非常有利。磁铁矿中的硫一般以黄铁矿（FeS_2）、磁黄铁矿（FeS）形式存在。在 FeS_2 在 200～300℃即开始分解，在 688℃时的分解压达 0.098MPa（1atm）。分解出来的单质硫在球团焙烧条件下迅速与氧结合生成 SO_2，其反应如下：

$$FeS_2 \longrightarrow FeS + S$$

$$S + O_2 \longrightarrow SO_2$$

$$4FeS + 7O_2 \longrightarrow 2Fe_2O_3 + 4SO_2$$

由于硫酸盐在球团焙烧过程中不可能分解，所以，硫酸盐形式存在的硫一般都保留在球团矿中。但是磁铁矿中硫酸盐含量甚微。因此焙烧过程中，一般可以脱除 90％以上的硫。

（2）球团焙烧的固结机理 普遍认为球团是在高温下通过单元系颗粒的固相扩散，或多元系通过固体扩散形成化合物或固溶体来固结。这些过程通常发生在低于其熔化温度的情况下，没有或很少产生液相（一般不超过 5％～10％），就使球团矿固结起来，并具有足够的强度。如果生成的液相较多，反而使球团矿的质量降低。

固相固结是球团内的矿粒在低于其熔点的温度下的互相黏结，并使颗粒之间连接强度增大。在生球内颗粒之间的接触点上很难达到引力作用范围。但在高温下，晶格内的质点（离子、原子）在获得一定能量时，可以克服晶格中质点的引力，而在晶格内部进行扩散。一旦温度高到质点的扩散不仅限于晶格内，而且可以扩散到晶格的表面，并进而扩散到与之相邻的晶格内时，颗粒之间便产生黏结。

固态下固结反应的原动力是系统自由能的降低。依据热力学平衡的趋向，具有较大界面能的微细颗粒落在较粗的颗粒上，同时表面能减小。在有充足的反应时间、足够的温度以及界面能继续减小的条件下，这些颗粒便聚结，进一步成为晶粒的聚集体。生球中的精矿具有极高的分散性，这种高度分散的晶体粉末具有严重的缺陷，并有极大的表面自由能，因而处于不稳定状态，具有很强的降低其能量的趋势，当达到某一温度后，便呈现出强烈的扩散位移作用，其结果是使结晶缺陷逐渐地得到校正，微小的晶体粉末也将聚集成较大的晶体颗粒，从而变成活性较低的、较为稳定的晶体。

液相固结就是焙烧过程中产生的液相填充在颗粒之间，冷却时凝固把固体颗粒黏结起来。球团矿固结主要靠固相黏结，通过固体质点扩散反应形成连接桥（或称连接颈），化合物或固溶体把颗粒黏结起来。但因球团原料中不可避免地要带进少量 SiO_2，或由于球团矿质量要求在球团中需添加某些添加物，在球团焙烧过程中形成部分液相，这部分液相对球团固结起着辅助作用。不过它的液相量比例很少，一般不超过 5％～7％，否则球团矿在焙烧过程中会互相黏结，影响料层透气性，导致球团矿质量降低。

（3）铁矿球团固结的形式 球团矿的固结方式随原料条件和焙烧制度不同而异。铁矿球团固结的形式可分为磁铁矿、赤铁矿和熔剂性球团矿三种类型。

① 磁铁矿球团固结形式

a. Fe_2O_3 微晶键连接 磁铁矿球团在氧化气氛中焙烧。氧化过程在 200～300℃时开始，并随温度升高氧化加速。氧化首先在磁铁矿颗粒表面和裂缝中进行。当温度达 800℃时，颗粒表面基本上已氧化成 Fe_2O_3。在晶格转变时，新生的赤铁矿晶格中，原子具有很大的活性，不仅能在晶体内发生扩散，并且毗邻的氧化物晶体也发生扩散迁移，在颗粒之间产生连接桥（即连接颈）。这种连接称为微晶键连接［见图 6-12（a）］，所谓微晶键连接，是指赤铁矿晶体保持了原有细小晶粒。

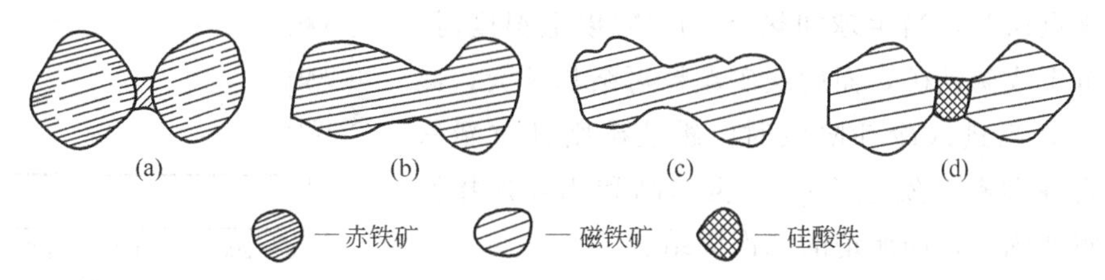

图 6-12 磁铁矿生球焙烧时颗粒间所发生的各种连接形式

颗粒之间产生的微晶键使球团强度比生球和干球有所提高，但仍较弱。

b. Fe_2O_3 再结晶连接　Fe_2O_3 再结晶连接是铁精矿氧化球团固相固结的主要形式。是第一种固结形式的发展。当磁铁矿球团在氧化气氛中焙烧时，氧化过程由球的表面沿同心球面向内推进，氧化预热温度达 1000℃时，约 95%的磁铁矿氧化成新生的 Fe_2O_3，并形成微晶键。在最佳焙烧制度下，一方面残存的磁铁矿继续氧化，另一方面赤铁矿晶粒扩散增强，并产生再结晶和聚晶长大，颗粒之间的孔隙变圆，孔隙率下降，球体积收缩，球内各颗粒连接成一个致密的整体，因而使球的强度大大提高［见图 6-12（b）］。

c. Fe_3O_4 再结晶固结　在焙烧磁铁矿球团时，若为中性气氛或氧化不完全，内部磁铁矿在 900℃既开始发生再结晶，使球内各颗粒连接［见图 6-12（c）］。Fe_3O_4 再结晶的速度比 Fe_2O_3 再结晶的速度慢。因而反映出，随温度升高以 Fe_3O_4 再结晶固结的球团，其强度比 Fe_2O_3 再结晶固结的低。

d. 渣键连接　磁铁矿生球中含有一定数量 SiO_2 时，若焙烧在还原气氛或中性气氛中进行，或 Fe_3O_4 氧化不完全，那么在焙烧温度 1000℃时即能形成 $2FeO \cdot SiO_2$，其反应式如下：

$$2Fe_3O_4 + 3SiO_2 + 2CO \longrightarrow 3Fe_2SiO_4 + 2CO_2$$

$$Fe_2SiO_4 \longrightarrow 2FeO \cdot SiO_2$$

$2FeO \cdot SiO_2$ 熔点低，且极易与 FeO 及 SiO_2 再生成熔化温度更低的低熔体。因此，在冷却过程中，因液相的凝固而使球团固结［见图 6-12（d）］。

此外，如果焙烧温度高于 1350℃，即使在氧化气氛中焙烧，Fe_2O_3 也将发生部分分解，形成 Fe_3O_4，同样会与 SiO_2 作用产生 $2FeO \cdot SiO_2$。$2FeO \cdot SiO_2$ 在冷却过程中很难结晶，常成玻璃质，性脆，强度低，且高炉冶炼中难以还原，因此渣键连接不是一种良好的固结形式。

② 赤铁矿球团固结形式　赤铁矿粉矿和精矿越来越多地被用于球团生产之中。其主要固结形式如下。

a. 较纯赤铁矿精矿球团的高温再结晶固结形式　该类赤铁矿精矿球团的固结机理，有人认为是一种简单的高温再结晶过程。用含 Fe_2O_3 99.70%的赤铁矿球团进行试验，在氧化气氛中焙烧时发现，赤铁矿颗粒在 1300℃时才结晶，且过程进行缓慢，在 1300～1400℃温度范围内，颗粒迅速长大。焙烧 30min，赤铁矿晶粒尺寸由 20μm 增至 400μm。因此得出较纯的赤铁矿球团的固结机理是一种简单的高温再结晶过程（见图 6-13）。

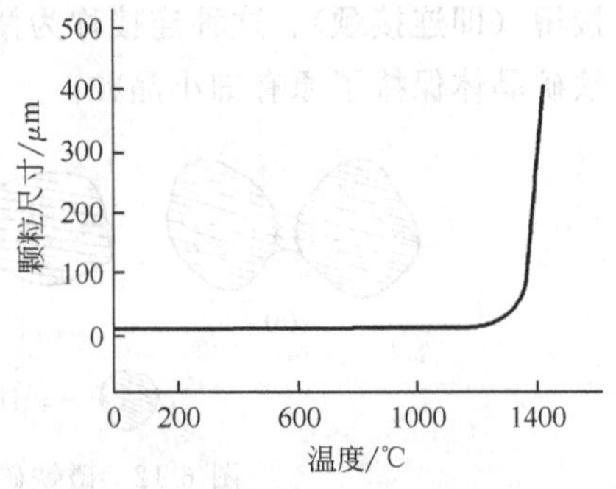

图 6-13 焙烧温度对赤铁矿颗粒尺寸的影响

b. 较纯赤铁矿精矿球团的双重固结形式　对较纯赤铁矿精矿球团固结形式的另外一种观点是双重固结形式。这种观点认为，当生球加热至1300℃以上温度时，赤铁矿分解生成磁铁矿，而后铁矿颗粒再结晶长大，此为一次固结。当进入冷却阶段时，磁铁矿则被重新氧化，球团内各颗粒会发生 Fe_2O_3 再结晶和相互连接而受到一次附加固结，即所谓的二次固结。

c. 较高脉石含量的赤铁矿精矿球团的再结晶渣相固结形式　这类赤铁矿精矿球团的固结形式被认为不是简单的高温再结晶过程。研究发现，当温度1100℃时，开始出现 Fe_2O_3 再结晶。1200℃时赤铁矿结晶明显得到发展，即产生高温再结晶固结。这种 Fe_2O_3 再结晶一直发展到1260℃以上的高温区。当焙烧温度大于1350℃时，Fe_2O_3 部分又被分解成 Fe_3O_4，Fe_3O_4 与 SiO_2 生成铁橄榄石 $FeO \cdot SiO_2$，并形成渣相固结。

在还原气氛中焙烧赤铁矿生球时，由于赤铁矿颗粒被还原成磁铁矿和FeO，因此900℃以上时，即产生 Fe_3O_4 再结晶而使生球固结，当生球中含一定量的 SiO_2 时，在高于1000℃的温度下将出现 Fe_2SiO_4 的液相产物，使生球得到固结。但这种焙烧制度下所得到的球团还原性差且强度低。

生产赤铁矿球团时往往加入石灰石等添加物，生球在氧化气氛焙烧时主要依靠形成 $CaO \cdot Fe_2O_3$ 或 $CaO \cdot SiO_2$ 而使生球固结。温度达到1000～1200℃时此类化合物的生成已经完成。继续加热生球，最初使铁酸钙的熔化（1216℃），然后是二铁酸钙的熔化（1230℃），最后是硅酸钙的熔化（约1540℃）。这些液相润湿赤铁矿颗粒并固结球团。

③ 熔剂性球团固结形式　在造球原料中添加一部分含CaO熔剂，其目的在于提高球团矿的强度。焙烧时CaO与 Fe_2O_3 反应，生成各种铁酸钙，铁酸钙可显著加快晶体长大。在1300℃以后，晶体长大更加明显，原因是铁酸钙的熔融加速了单个结晶离子的扩散，使晶体长大速度加快。

生产中熔剂的添加量有增加的趋势，其目的不单纯是为了提高球团矿强度，更重要的是为了改善球团矿的冶金性能。熔剂性球团矿在高炉中还原时，还原度高。但含CaO的熔剂性球团，在焙烧时往往难以控制，因为生成的铁酸钙化合物熔点低，极易生成液相。当精矿含 SiO_2 较高时，生产熔剂性球团矿则必须添加较多的CaO。对于焙烧磁铁矿球团，液相的数量不仅与CaO的添加量有关，还与磁铁矿的氧化程度有关，如果氧化不完全，则有可能形成 $CaO\text{-}FeO\text{-}SiO_2$ 体系的固溶体。$CaO \cdot FeO \cdot SiO_2$ 与 $2FeO \cdot SiO_2$ 的熔化温度比较接近。在铁橄榄石中，在一定范围内增加CaO的含量，使得熔化温度有所降低，它的最低熔化温度为1117℃（见图4-26）。

含CaO熔剂性球团矿在高炉冶炼时，虽然还原度高，但其熔化和软化温度低，在球团核心部分产生一种低熔点的液态富FeO渣。当这些液态渣把球团矿的孔隙充满后，又通过这些孔隙渗到表面，在表面形成一层密实的金属外壳，阻碍气体向内部渗透。

要改善熔剂性球团矿的冶金性能须提高浮士体和液相渣的熔点。研究表明，含MgO熔剂性球团矿有较高的还原度、较高的软化和熔融温度。

目前熔剂性球团矿生产中，往往添加含 MgO 的物质，如白云石、蛇纹石和橄榄石等。MgO 熔剂性球团矿，其矿物组成为赤铁矿（部分磁铁矿）、铁酸钙、铁酸镁和渣相，各相存在的数量随碱度、MgO 含量及焙烧温度而变化。

含 MgO 生球焙烧时，MgO 大多数赋存于铁相中，少量赋存于渣相。因此，形成镁铁矿（$MgO \cdot Fe_2O_3$）和尖晶石固溶体［$(Mg, Fe)O \cdot Fe_2O_3$］在碱度和焙烧温度很高时，MgO 易进入渣相，生成钙镁橄榄石，因而阻碍难还原的铁橄榄石和钙铁橄榄石的形成。同时球团焙烧时软化温度提高。

（4）影响球团焙烧过程的因素　影响球团焙烧过程的因素较多，主要有焙烧温度、加热速度、高温焙烧时间、焙烧气氛、燃料性质、硫含量、冷却方法、生球尺寸、孔隙率等。

① 焙烧温度　球团的焙烧制度应保证在焙烧装置最大生产率和最适宜的气（液）体燃料耗量的前提下达到尽可能高的氧化、固结和脱硫。

焙烧温度对球团焙烧过程影响较大。若温度偏低则各种物理化学反应进行缓慢，以致难以达到焙烧固结效果。随温度逐渐升高，焙烧固结的效果亦逐渐显著。

在球团焙烧过程中，强度的变化更能反映出本质的变化。图 6-14 给出在氧化气氛中焙烧时，焙烧温度对各种球团矿强度的影响。磁铁矿球团在氧化过程中抗压强度持续增大，但最大抗压强度低。赤铁矿球团由于含有微量 FeO，低温时强度也有上升的倾向。对纯赤铁矿球团来说，镜赤铁矿球团由于 Fe_2O_3 有力的扩散固结，其强度较高。低品位赤铁矿球团强度较低。

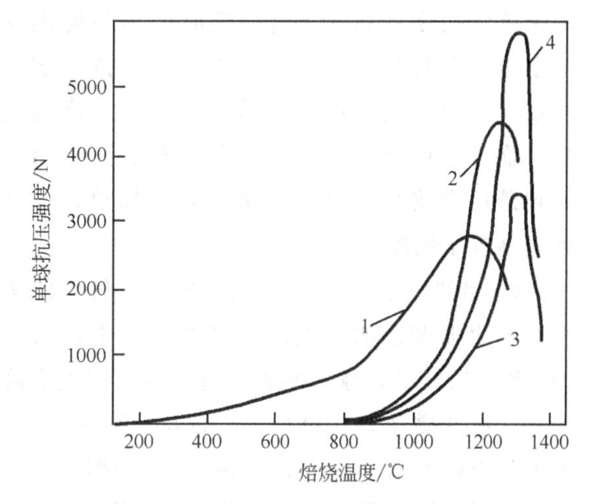

图 6-14　焙烧温度对球团矿抗压强度的影响

1—磁铁矿；2—磁铁矿为主；
3—低品位赤铁矿；4—高品位镜赤铁矿

对于熔剂性磁铁矿球团，由于石灰石在预热阶段的分解，球团的气孔增加，故较难达到所需要的强度。但只要适当地选择焙烧温度，就能达到最大强度。在球团焙烧过程中，选择适宜的焙烧温度通常应兼顾下述两个方面。

a. 为提高质量和产量，应尽可能选择较高温度。在较高温度下能够提高球团矿的强度，缩短焙烧时间，增加设备的生产能力。但若超过最适宜值，则会使球团抗压强度迅速下降，严重时有可能造成球团熔融黏结。

b. 为提高设备使用寿命、降低燃料与电力消耗，应尽可能选择较低的焙烧温度。高温焙烧设备的投资与能耗巨大，所以尽可能降低焙烧温度。但焙烧的最低温度应足以在生球的各颗粒之间形成牢固的连接桥为限度。

② 加热速度　球团焙烧时的加热速度一般为 57～120℃/min。它对球团的氧化、结构、常温强度和还原后的强度均能产生重大影响。球团加热过快将导致以下不良后果。

a. 升温过快会使氧化反应难以进行或氧化不完全　快速加热时，生球中磁铁矿颗粒来不及全部氧化就达到软化或产生液相。在温度大于 1000℃时，若精矿中 SiO_2 含量偏高，未氧

化的 Fe_3O_4 和 FeO 会与 $2FeO \cdot SiO_2$ 产生共熔混合物，引起球核熔化，使磁铁矿被液相所润湿，隔绝了与氧的接触，使球团内部的氧化作用减弱或者停止。此类球团矿往往为层状结构。

b. 升温过快会使球团产生差异膨胀　由于球团导热性较差，升温过快会使球团各层温度梯度增大，从而产生差异膨胀并引起裂纹。

快速加热形成的层状结构球团，在受热冲击和断裂热应力而产生的粗大或微小裂缝，往往以最高焙烧温度长时间保温（24～27min），也不能将其消除。因此加热速度过快，球团强度变差。

③ 高温焙烧时间　图 6-15 为赤铁矿球团各种温度水平下焙烧时间与抗压强度关系结果图。

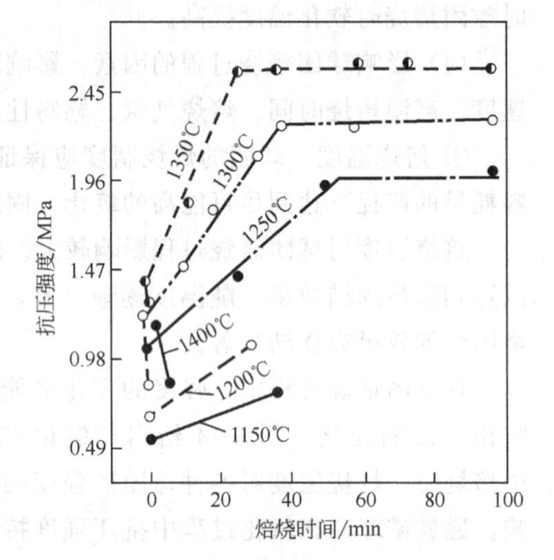

图 6-15　焙烧时间对赤铁矿球团抗压强度的影响

当温度小于 1350℃时，随着焙烧时间的延长，球团抗压强度升高，超过一定时间后强度则保持一定值，说明存在一个使抗压强度保持一定水平的临界时间。通常在临界温度以内，焙烧温度越高，临界时间越短，抗压强度亦越大。然而若达不到最适宜焙烧温度，即使长时间加热，也达不到最高抗压强度。

④ 焙烧气氛　对于磁铁矿球团，气氛的氧化性对球团强度影响很大。当焙烧气氛中的氧含量为 3%～12%时，球团形成双重结构，强度有降低趋势。有些磁铁矿（如 Fe 64.84%，FeO 8.92%，SiO_2 3.6%）球团，氧含量为 12%时，其强度具有极大值。分析 FeO 后可知，球团内不残留未氧化的核，这可被认为是强度在氧含量较高时的降低是由于孔隙率增高的缘故。此外，天然磁铁矿球团在大于 1100～1200℃的氮气中焙烧时，其强度较之在氧化气氛中高，而人造磁铁矿球团在氮气中焙烧时则相反，其强度较低。

对于赤铁矿球团，不同焙烧气氛对球团强度影响不大。

对于褐铁矿球团，在氮气、水蒸气、二氧化碳气氛中焙烧均能获得较高强度。随着氧含量的加大，球团强度反而降低，气孔率也随氧含量增大而增大，从而影响球团强度。

随着气氛中氧含量的增高，球团气孔率有增大倾向。

⑤ 燃料性质　作为球团焙烧燃料有重油、煤气和煤粉（无烟煤或贫煤甚至焦粉）。不同的燃料种类，对焙烧过程具有不同的影响。

使用液体或气体燃料时，由于加热速度、焙烧温度、废气速度和废气中氧含量等易于调节，焙烧可以控制在氧化气氛中进行。因此，与固体燃料相比，可得到最好焙烧效果。

当重油和煤气的使用上受到制约时，可采用部分或全部固体燃料，如磨碎的无烟煤或贫煤及焦粉。焦粉作为固体燃料，除了着火温度比煤粉高之外，燃烧时同样会妨碍磁铁矿颗粒的氧化，甚至停止。若焦粉周围氧含量不足时，其燃烧反应将十分缓慢，单位时间内释放的热量较低，以致在较多焦粉用量时仍不能达到所需温度。如果抽风速度过大，焦粉燃烧快，球团迅速熔化黏结或者焦粉被废气带走。同时，热量的散失亦很大，球团表面急剧冷却，影响球团强度。

固体燃料尽管价廉易得，但对焙烧过程危害严重。通常情况下，对于大型球团厂，改用固体燃料进行氧化焙烧，无论从理论和实践上都是不可取的。对于中小型球团厂，由于对球团矿质量要求相对较低，在不得不采用固体燃料时，也需要采取相应的补救措施。如加强细磨，降低固燃粒度；加强混匀，尽量避免固体燃料集中燃烧等。

⑥ 硫含量　铁精矿中一般都含有一定的硫，但是含硫太高对球团焙烧是不利的，主要是影响磁铁精矿球团的氧化。因为氧对硫的亲和力比氧对铁的亲和力强，硫首先被氧化。同时所形成的二氧化硫从球团内部往外逸出阻碍了球团内部磁铁矿的氧化，球团矿易形成层状结构，降低球团矿的强度。原料中含少量硫，对球团矿强度影响不大，硫氧化放出大量热，在竖炉生产中还可以减少竖炉横截面上的温差。但精矿中含硫量太高，在竖炉上部大量硫化物氧化放热，导致竖炉上部及烘干床上的温度过高，大量生球在干燥过程中爆裂，使炉内透气性恶化，热风穿透能力差，磁铁矿就氧化不好，形成大量低熔点物质结炉。近年来由于我国钢铁工业的迅速发展，球团原料严重不足，因此有的竖炉使用高硫矿作球团原料，导致生产不正常，球团矿的产量和质量都受到严重的影响。铁精矿中的硫低于 0.3%，对球团矿质量影响不大，但需注意环境保护。

⑦ 冷却　炽热的球团矿必然造成劳动条件恶劣、运输和储存困难以及设备的先期烧损等，高炉冶炼也希望采用冷球团矿，故必须将其冷却。同时，球团矿冷却能有效地利用废气热能、节省燃料。

冷却速度是决定球团强度的重要因素。球团的冷却速度与球的直径有关，研究证明与球团直径 $d^{-1.4}$ 成正比。因此，直径愈小冷却愈快。

从图 6-16（a）可见：随着冷却速度增加，球团矿的破坏应力随之增加，引起焙烧过程中所形成的黏结键破坏，使球团矿强度下降；球团矿总孔隙率随冷却速度的增加而增加。

球团矿的强度还与球团冷却的最终温度和冷却介质有关。随球团冷却的最终温度降低，

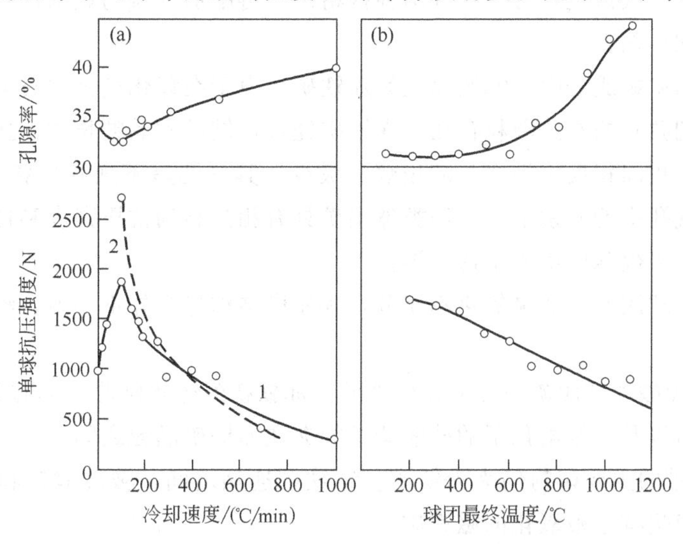

图 6-16　冷却速度（a）和最终冷却温度（b）对焙烧球团强度的影响

1—实验室试验；2—工业试验

强度升高，在空气中冷却比在水中冷却的强度好，见图 6-16（b）。为了获得高强度的球团，应以 100℃/min 的速度冷却到尽可能低的温度，进一步的冷却应该在自然条件下进行，严禁用水或用蒸气冷却。

⑧ 生球尺寸　球团焙烧时，生球的氧化和固结速度与生球的尺寸有关。赤铁矿生球焙烧的全部热量均需外部提供，因生球的导热性较差，故生球尺寸不宜过大。尤其是在带式焙烧机上焙烧时，生球的尺寸显得更为重要，由于生球导热性小，若在较大的风速下进行焙烧，将导致大部分热量随抽过的废气带走而损失掉。其次，生球尺寸愈大，氧气愈难进入球团内部，致使球团的氧化和固结进行得愈慢愈不完全。研究结果表明：球团的氧化和还原时间与球团直径的平方成正比。带式机焙烧时，生球尺寸一般不应大于 16mm，下限一般不小于 8～9mm。生球尺寸的减小，无论对造球还是焙烧都是有利的。

⑨ 孔隙率　孔隙率大小是球团常温性能指标之一。球团矿的强度因焙烧结的类型而异，若固结型式相同，则首先取决于固相与孔隙的分布（即孔隙率、平均孔隙尺寸、孔隙的分布情况、矿粒结晶尺寸等），其次取决于固相本身强度。因此，孔隙的大小及分布特性与球团的强度有密切关系。随着孔隙率的减小和晶粒半径的缩小，球团强度提高。通常，采用提高焙烧温度的办法以减小孔隙率，采用降低原料粒度的办法减小晶粒尺寸。

孔隙率不能无限制减少，应力求减少粗孔隙的体积并使孔隙沿球团半径更均匀地分布。熔剂性球团较之非熔剂性球团的强度低，是由于熔剂球团渣键本身的强度较小，且混合料粒度不均匀造成结构不均匀的缘故所致。采用细磨的石灰石可消除这一现象。采用各组分一起细磨的方法则有助于球团中孔隙率的均匀分布。

6.4　球团矿的矿物组成与显微结构

球团矿的矿物组成比较简单，因为生产球团矿的含铁原料品位高、杂质少，而且混合料的组分比较简单，一般只包含有一种或两种铁精矿，再配加少量的黏结剂。只有生产熔剂性球团矿时，才配加熔剂。

酸性球团矿的矿物成分中，95%以上为赤铁矿。由于在氧化气氛中石英与赤铁矿不参与反应，一般可看到独立的石英颗粒存在，赤铁矿经过再结晶和晶粒长大连接。由于球团矿的固结以赤铁矿单一相固相反应为主，液相数量极少，其气孔呈不规则形状，多为连通气孔，全气孔率与开口气孔率的差别不大。该类球团矿具有相当高的抗压强度和良好的中低温还原性。目前国内外大多数球团矿属于这一类。

磁铁精矿生产球团矿，如果氧化不充分，其显微结构将内外不一致，沿半径方向可分三个区域。

① 球团表层和酸性球团矿一样氧化较充分。赤铁矿经过再结晶和晶粒长大后连接成片，少量未熔化的脉石以及少量熔化了的硅酸盐矿物夹在赤铁矿晶粒之间。

② 中间过渡带的主要矿物仍为赤铁矿。赤铁矿连晶之间，被硅酸铁和玻璃质硅酸盐充填，在这个区域里仍有未被氧化的磁铁矿。

③ 中心磁铁矿带，未被氧化的磁铁矿在高温下重新结晶，并被硅酸铁和玻璃质硅酸盐液相黏结，气孔多为圆形大气孔。具有这样显微结构的球团矿，一般抗压强度低，因为中心

液相较多，冷凝时体积收缩，形成同心裂纹，使球团矿具有双层结构，即以赤铁矿为主的多孔外壳，以及以磁铁矿和硅酸盐液相为主的坚实核心，中间被裂缝隔开。因此用磁铁矿生产球团矿时，必须使它充分氧化。

对于自熔性球团矿，正常情况下，主要矿物是赤铁矿。铁酸钙的数量随碱度不同而异。此外还有少量硅酸钙。含 MgO 较高的球团矿中，还有铁酸镁，由于 FeO 可置换 MgO，实际上为镁铁矿，可以写成（Mg·Fe)O·Fe_2O_3。

自熔性球团矿当焙烧温度较低，在此温度下停留时间较短时，它的显微结构为赤铁矿连晶，以及局部由固体扩散而生成的铁酸钙。当焙烧温度较高且在高温下停留时间较长时，则形成赤铁矿和铁酸钙的交织结构。因为铁酸钙在焙烧温度下可以形成液相，故气孔呈圆形。

实验证明，当有硅酸盐同时存在的情况下，铁酸盐只能在较低温度下才能稳定。1200℃时，铁酸盐在相应的硅酸盐中固溶，超过 1250℃，铁酸盐发生下列反应：

$$CaO \cdot Fe_2O_3 + SiO_2 \longrightarrow CaSiO_4 + Fe_2O_3$$

Fe_2O_3 再结晶析出，铁酸盐消失，球团矿中出现了玻璃质硅酸盐。

自熔性球团矿与酸性球团矿相比，其矿物组成较复杂。除赤铁矿为主外，还有铁酸钙、硅酸钙、钙铁橄榄石等。焙烧过程中产生的液相量较多，故气孔呈圆形大气孔，其平均抗压强度较酸性球团矿低。

可以看出，影响球团矿矿物组成和显微结构的因素有二：一为原料的种类和组成；二为焙烧工艺条件，主要是焙烧温度、气氛以及在高温下保持的时间。球团矿的矿物组成和矿物结构，对其冶金性能影响极大。

6.5 球团工艺过程

球团造块工艺与烧结生产工艺相比，有下述特点。

① 对原料要求严格，都是细磨精矿且品种较单一。水分应低于适宜造球水分，SiO_2 不能太高；

② 由于生球结构较紧密，且含水分较高，在突然遇高温时会产生破裂甚至爆裂，因此高温焙烧前必须设置干燥和预热工序；

③ 球团形状一致，粒度均匀，料层透气性好，因此采用带式焙烧机或链箅机一回转窑生产球团矿时，一般可使用低负压风机；

④ 大多数球团料中不含固体燃料，焙烧球团矿所需要的热量由液体或气体燃料燃烧后的热废气通过料层供热，热废气在球团料层中循环使用，热利用率较高。

6.5.1 原料准备

球团原料的粒度和粒度组成、适宜的水分及均匀的化学成分是原料准备阶段的三个重要参数。

球团原料最佳粒度范围一般用比表面积表示。比表面积为 1500～1900cm^2/g 的精矿，成球性能良好。使用富矿粉的球团厂一般设有磨矿工艺，所采用的磨矿设备为圆筒磨矿机，多以钢球作介质。磨矿方法一般采用湿磨。

原料最佳水分与造球物料的物理性质（包括粒度、亲水性、密度、颗粒孔隙率等)、造球机生产率及成球条件等有关。一般磁铁矿和赤铁矿适宜水分范围为7.5%～10.5%。黄铁矿烧渣和焙烧磁选精矿，由于颗粒有孔隙结构，其水分可达12%～15%，褐铁矿适宜水分高达17%。造球前的原料水分应低于适宜的生球水分。

我国大多数在选矿厂完成精矿脱水。精矿脱水设备主要有圆筒式或圆盘式真空过滤机。目前用于精矿脱水的设备以圆盘式真空过滤机最为广泛。影响精矿脱水的主要因素有精矿粒度、矿浆黏度、矿浆浓度以及过滤机真空度、过滤介质、过滤时间等。为了使精矿有效地脱除水分，可采取相应的强化措施，如矿浆预热、使用助滤剂、提高真空度、提高矿浆浓度以及选用合适的过滤介质等。

脱水后的精矿含水一般仍高于适宜的造球水分，还需进一步干燥。现在大多数都采用圆筒干燥机干燥精矿。圆筒干燥机脱水效果好，但对易成球物料，在干燥过程中易成母球或结块，对造球过程将产生不良影响。

原料化学成分要求均匀。国外对含铁原料的中和极为重视，许多球团厂专门设置有现代化的中和设备。矿石中和方法有带卸料小车的固定皮带机和电铲法及堆料机和取料机法。堆料机和取料机法中和效果和经济效果较好。

6.5.2 配料、混合和造球

球团所用原料种类较少，故配料、混合工艺较简单。精矿和熔剂大多数采用圆盘给料机给料和控制下料量，并由皮带秤（或电子皮带秤）按预定配料比称量。黏结剂的配入量则由精矿皮带秤发出信号，调控黏结剂配料设备的转速进行控制。膨润土配料设备以螺旋给料机为宜，它的优点是封闭性好、生产能力可调。本钢16m^{2}竖炉即采用封闭型圆盘给料机（ϕ480mm）和螺旋输送机，通过手动调整圆盘给料机速度来改变给料量，给料效果较好。

我国球团配合料过去大多数采用类似于烧结厂混合机的一段圆筒混合机混合。

国外广泛采用皮带轮式混合机混合。这种混合机设有4～6个工作轮，第一工作轮为粉碎轮，用来捣碎混合料中大的团块，有三至五个工作轮起混合作用。在工作轮两端夹板之间配置有六个人字形叶片，叶片长度稍窄于皮带机宽度。混合机安装在皮带运输机之上，叶片与皮带之间的间隙为5mm，全部工作轮都在罩壳内。轮子转速为400～750r/min。图6-17为Pekay型二段四轮式混合机。

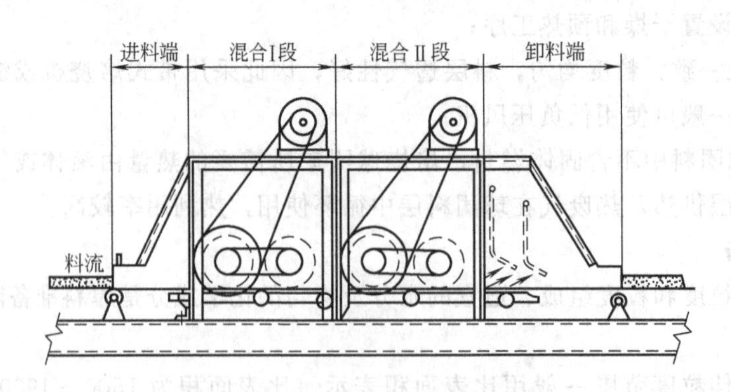

图 6-17 Pekay型二段四轮式混合机

生产非自熔性球团矿时，采用一段混合流程是可行的；而生产自熔性球团矿时，则必须采用二段或三段混合流程，第一段用轮式混合机，第二段用圆筒混合机，第三段再采用轮式混合机。第三段的轮式混合机可以捣碎第二段混合机中形成的母球。

配合料经混合后进入造球工序。目前国内外广泛采用圆盘造球机和圆筒造球机。据不完全统计，国外造球设备中，使用圆筒造球机的约占66.7%，使用圆盘造球机的约占29%，使用圆锥造球机的则仅为4.3%。当前我国球团厂仍主要采用圆盘造球机。表6-1示出了三种圆盘造球机的性能。

表 6-1 三种圆盘造球机性能

圆盘直径/m	5.5	7.0	7.5
单台产量/(t/h)	30～40	80～90	130
圆盘边高/mm	800	800	650
圆盘转速/(r/min)	6～9	3.6～6.5	4～7
电动机功率/kW	95	120	75/100
圆盘倾角调节范围/(°)	45～55	45～60	45～55
总重(包括电机)/t	39.84	57.20	56.00

6.5.3 竖炉法

竖炉是铁矿球团焙烧的最早设备。该法具有结构简单、材质无特殊要求、投资少、热效率高、操作维修方便等优点。自美国投产世界上首座竖炉以来，至20世纪60年代初竖炉产球团矿就已占当时全世界球团矿总量的70%。由于竖炉单炉能力较小，对原料适应性较差，故不能满足现代高炉对熟料的要求，在应用和发展上受到一定限制。但是竖炉法对于原料合适、规模较小的球团厂仍具有一定的优势。据不完全统计，国外竖炉球团矿最高年产量可达2700万吨，最大竖炉断面积为 $(2.5\times6.5)m^2$（约 $16m^2$）。该竖炉各个工艺分段以及各段内球团停留时间和主要温度分布状况见图6-18。

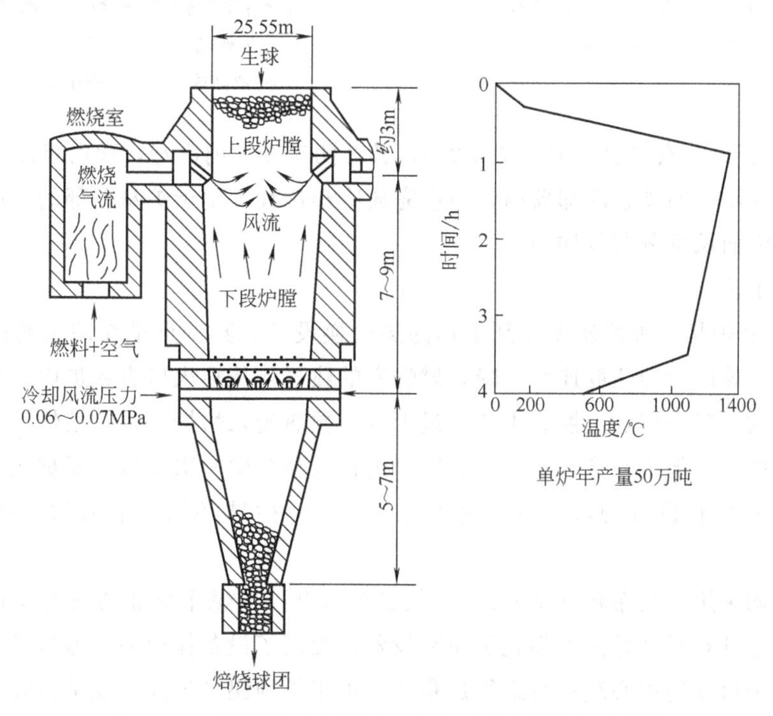

图 6-18 球团竖炉主要尺寸、气流系统与焙烧温度曲线

我国竖炉法球团通过不断改革、不断完善工艺和设备以及改进操作方法，已形成自己独有的技术特点，技术指标达到或超过国外同类竖炉水平。我国竖炉的特点有：炉内设有导风墙、干燥床；采用低真空度风机；低热值的高炉煤气及较低焙烧温度操作。

(1) 竖炉类型　按竖炉球团矿冷却风方式不同，竖炉又可分为高炉身竖炉、中等炉身竖炉和矮炉身竖炉。目前世界上采用的竖炉炉型主要是高炉身竖炉和中炉身竖炉两种类型。

① 高炉身竖炉，无外部冷却器（图 6-19）　这种竖炉的排矿温度可控制在 100℃以下，提高了热利用效率。但其结构较为复杂，且单位产量的投资和动力消耗有所增加。

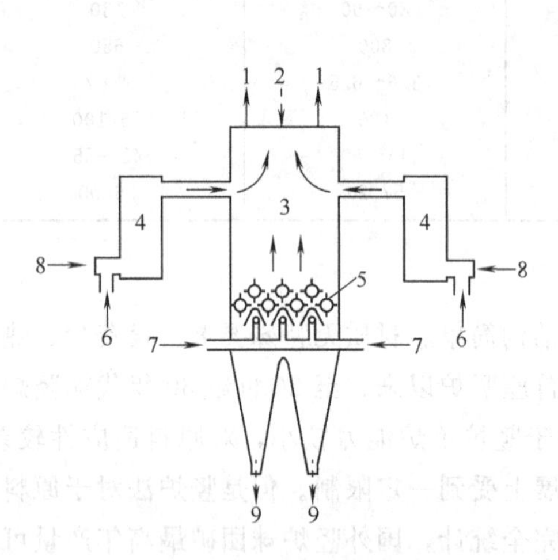

图 6-19　高炉身竖炉

1—废气；2—球；3—竖炉；4—燃烧室；5—破碎辊；6—助燃风；7—冷却风；8—燃料；9—成品球团

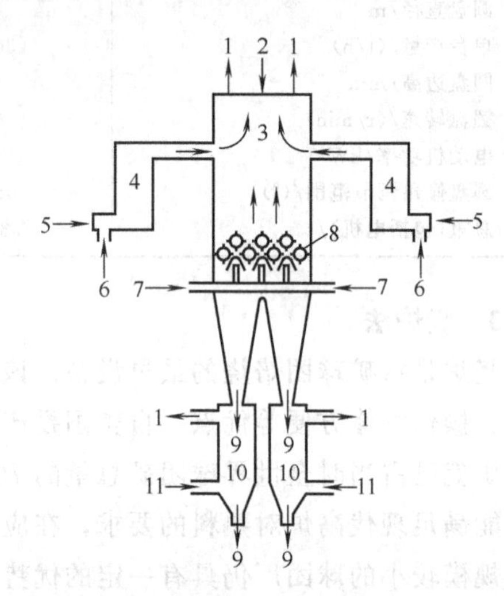

图 6-20　带有外部冷却器的中等高度炉身的竖炉

1—废气；2—球；3—竖炉；4—燃烧室；5—燃料；6—助燃风；7—一次冷却风；8—破碎辊；9—成品球团；10—冷却器；11—次冷风

② 中炉身竖炉　该类型竖炉（图 6-20），其球团矿在炉内冷却，而后将冷却到一定程度的球团矿再引入小型的单独冷却器内，最后完成冷却过程。由于炉身下部的高度缩短，减少了料柱阻力，因而风量分布较均匀。

(2) 竖炉工艺

① 布料　竖炉是一种按逆流原则工作的热交换设备。其特点是在炉顶通过布料设备将生球装入炉内，球以均匀速度连续下降，燃烧室的热气体从喷火口进入炉内。热气体自下而上与自上而下的生球进行热交换。生球经过干燥、预热进入焙烧区，在焙烧区进行高温固结反应，然后在炉子下部进行冷却和排料，整个过程在竖炉中一次完成。竖炉正常操作最重要的条件是炉料应具有良好的透气性。为保证这一点，生球必须松散而均匀地被布到料柱表上。

我国竖炉均采用直线布料（图 6-21）。架设在屋脊形干燥床顶部的布料车行走线路与布料线路平行。这种布料装置大大简化了布料设备，提高了设备作业率，缩短了布料时间。但布料车在沿着炉口纵向中心线平行运行过程中，由于炉顶温度过高，皮带易烧损，因而要求加强炉顶排风能力，降低炉顶温度，改善炉顶操作条件。

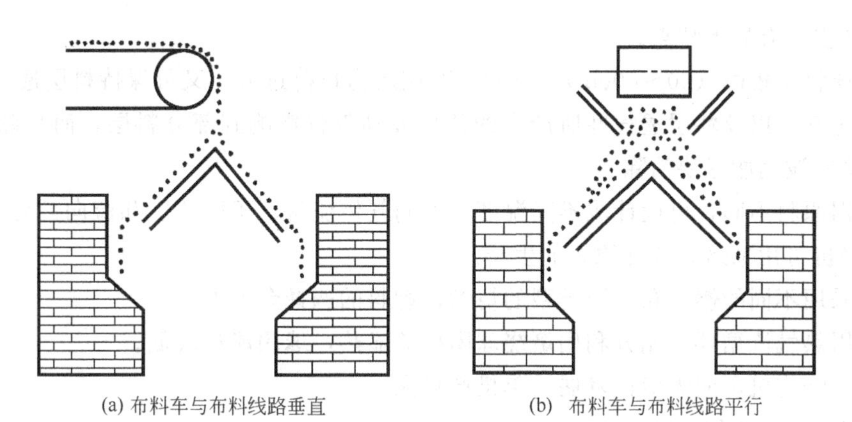

图 6-21 济钢球团竖炉直线布料示意图

② 干燥和预热 国外竖炉生球主要依靠自上而下与预热带上升的热废气发生热交换进行干燥，无专门干燥设备。生球下降到离料柱表面 120～150mm 深处时，相当于经过了 4～6min 的停留时间，其时大部分生球被干燥，并开始预热，磁铁矿进入氧化阶段。当炉料下移到约 500mm 时，便达到最佳焙烧温度即 1350℃左右。

竖炉采用干燥床干燥生球，提高了干球质量，防止了湿球入炉产生变形和彼此黏结的现象，改善了炉内料层的透气性，为炉料顺行创造了条件。此外采用干燥床后，相应地扩大了干燥面积，实现了薄层干燥，可使热气体均匀穿透生球料层。由于热交换条件的改善，其炉口温度从 550～750℃降低到 200℃以下，提高了热利用率，减轻了布料机皮带的烧损。另外，采用干燥床还可将干燥工艺段与预热工艺段明显分开，有利于稳定竖炉操作。

③ 焙烧 生球经过干燥预热后下降到竖炉焙烧段，国外竖炉球团最佳焙烧温度保持在 1300～1350℃。我国竖炉球团焙烧温度较低，一般燃烧室温度为 1150℃左右。一方面是我国磁铁矿精矿品位较低、SiO_2 较高，温度过高时则会产生黏结，破坏炉况顺行；另一方面我国竖炉均采用低热值的高炉煤气为燃料。

竖炉断面上温度分布的均匀性是获得高质量球团矿的先决条件，而温度分布均匀与否则直接受气流分布状况的影响。由于料柱对气流的阻力作用，使燃烧气流从炉墙向料柱中心的穿透深度受到限制。因而局部抑制了热量的传递，影响到竖炉断面上温度的均匀分布。燃烧室热气体通过火道口进入竖炉内的流速，应尽可能保证竖炉断面温度分布的均匀性。气流速度愈大，对球层穿透能力就愈强，炉子断面温度也愈均匀。当气流速度过小时，对球层的穿透能力减弱，此时炉子中心焙烧温度过低，球团难以达到理想的固结状态。一般燃烧气体流速应为 3.7～4.0m/s。

④ 冷却 竖炉炉膛大部分用来对焙烧球团矿的冷却。竖炉下部由一组摆动着的齿辊隔开，齿辊支承整个料柱，并破碎焙烧带可能黏结的大块，使料柱保持疏松状态。冷却风由齿辊标高处鼓入竖炉内。冷却风的压力和流量应能使之均衡地向上穿过整个料柱，并能使球团矿得到最佳冷却。排出炉外的球团矿温度可通过调节冷却风量达到控制。

6.5.4 带式焙烧机

带式焙烧机是一种历史早、灵活性大、使用范围广的细粒造块设备，用于球团矿生产始于 20 世纪 50 年代，后在全球范围内迅速发展。目前带式焙烧机法越来越显示出它举足轻重的地位。其主要有如下特点。

① 生球料层较薄（20～40cm），可避免料层压力负荷过大，又可保持料层透气性均匀。

② 工艺气流以及料层透气性所产生的任何波动仅仅影响到部分料层，而且随着台车水平移动，这些波动能尽快消除。

③ 根据原料不同，可设计成不同温度、不同气体流量、不同速度和流向的各个工艺段。故带式焙烧机可用来焙烧各种原料的生球。

④ 可采用不同的燃料和不同类型的烧嘴，燃料的选择余地大。

⑤ 采用热气流循环，充分利用焙饶球团矿的显热，球团能耗较低。

⑥ 带式焙烧机可向大型化发展，单机产量大。

带式焙烧机工艺如下。

(1) Mckee 型带式焙烧机法　该球团焙烧工艺是在普通带式烧结机的抽风烧结原理基础之上发展起来的一种球团生产工艺。该机有效面积约为 91m^2。当生球表面滚上一层煤粉时，由一台带式输送机和一台振动筛组成的布料装置进行生球布料。其焙烧工艺（见图 6-22）与抽风烧结工艺基本相似，所不同的只是烧结机采用的是普通点火器，而带式焙烧机采用的则为较长的点火炉罩，焙烧机台车铺有边料和底料以防止过热。但即使台车的栏板和篦条采用特种合金材质，而最初产生的过热仍然会对设备带来极大危害。所以为了避免过大的热应力，这种带式焙烧机只限于处理磁铁矿，原因是焙烧磁铁矿球团所需温度要比焙烧赤铁矿球团所需的温度低。

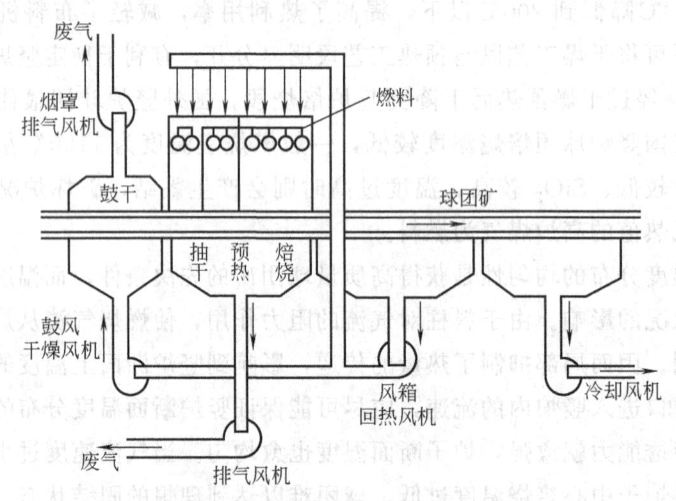

图 6-22　原始的 Mckee 式带式焙烧机

为了改善操作工艺参数，人们对此做了以下一系列的改进工作。

① 采用辊式布料器与辊筛，使料层具有较好透气性。

② 将抽风冷却改为鼓风冷却。

③ 所用燃料改为燃油或气体，不再使用固体燃料煤。这样明显地提高了球团矿质量，降低了燃料消耗。耗热量约为 70GJ/t 球团。

④ 增大焙烧机有效面积，由 91m^2 增大到 175m^2。

改进后的 Mckee 型带式焙烧工艺见图 6-23。

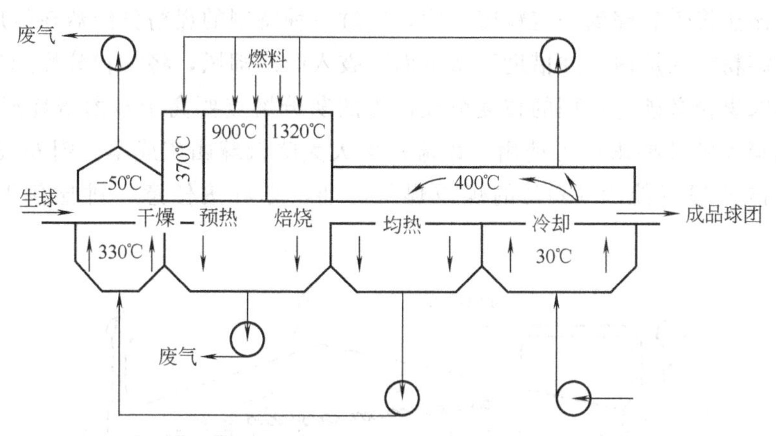

图 6-23 Mckee 型带式焙烧机工艺系统示意图

(2) Lurjie-Delef 型带式焙烧机法 Lurjie-Delef 带式焙烧机工艺首先由德国 Lurjie 创立。该工艺具有下列特点。

① 采用圆盘造球机制备生球。

② 采用辊式筛分布料机，对生球起筛分和布料作用，并降低生球落差，节省膨润土用量。

③ 采用铺边料和铺底料的方法，以防止栏板、篦条、台车底架梁过热。

④ 生球采用鼓、抽风干燥工艺，先由下向而上向生球料层鼓入热风，然后再抽风干燥，使下部生球先脱去部分水分并使料层温度升高，避免下层生球产生过湿，削弱球的结构。

⑤ 为了积极回收高温球团矿的显热，采用鼓风冷却，台车和底料首先得到冷却，冷风经台车和底料预热后再穿过高温球团料层，避免球团矿冷却速度过快，使球团矿质量得到改善。

Lurjie-Delef 带式焙烧机法最突出的特点是能适应各种不同类型矿石生产球团矿。如同带式烧结机生产烧结矿一样，可根据不同的矿石种类采用不同的气流循环方式和换热方式(见图 6-24)。

20 世纪 80 年代 Lurjie 公司又设计出一种以煤代油的新型带式焙烧机，即所谓的 Lurjie

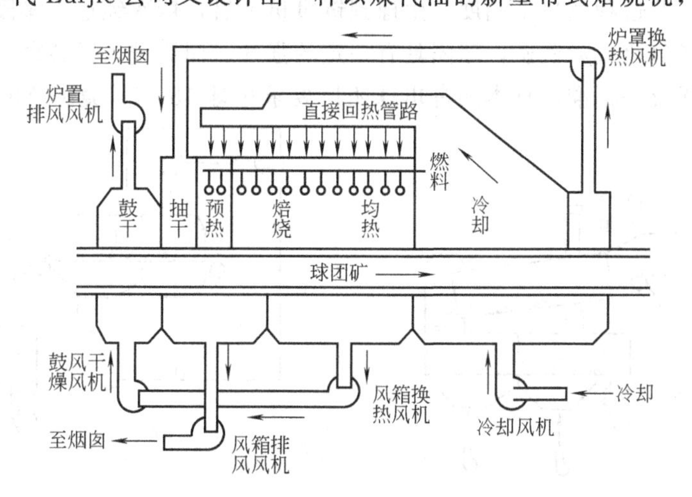

图 6-24 Lurjie-Delef 带式焙烧机气流循环流程之一

多级燃烧法。该法将煤破碎到一定粒度范围，通过一种特制的煤粉分配器在鼓风冷却段两侧用低压空气将煤粉喷入炉内，并借助于从下而上鼓入的冷却风，将煤粉分配到各段中燃烧。

该工艺要求煤粉必须有合理的粒度组成，煤的灰分熔点要高于球团焙烧温度，对烟煤、无烟煤、褐烟等无特殊要求均可使用。该流程可大大降低球团矿成本。图 6-25 为 Lurjie 最新设计流程，该流程可使用 100％的煤或煤气、油，亦可按任意一种比例混合使用三种燃料。

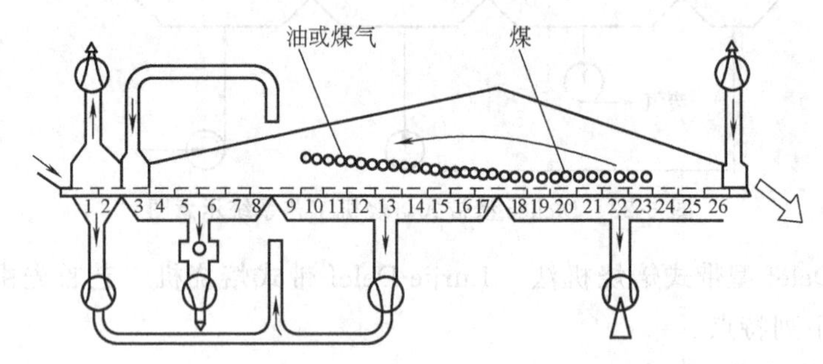

图 6-25　全部燃煤或煤气或油的球团焙烧炉

6.5.5　链算机-回转窑法

链算机-回转窑球团工艺一经问世就得到了世界各国钢铁企业的重视，并获得迅速发展。目前链算机-回转窑法球团矿生产能力已占世界球团矿总生产能力的 35％以上。

链算机-回转窑是一种联合机组，包括链算机、回转窑、冷却机及其附属设备。这种球团工艺的特点是干燥预热、焙烧和冷却过程分别在三台不同的设备上进行。生球首先于链算机上干燥、脱水、预热，而后进入回转窑内焙烧，最后在冷却机上完成冷却。

(1) 链算机-回转窑工艺类型　生球的热敏感性是选择链算机工艺类型的主要依据。一般赤铁矿精矿和磁铁矿精矿热敏感性不高，常采用二室二段式（见图 6-26）。但为了强化干燥过程，亦可采用一段鼓风干燥、一段抽风干燥和预热，即二室三段式（见图 6-27）。当处理热稳定性差的含水土状赤铁矿生球时，为了提供大量热风以适应低温大风干燥，需要另设热风发生炉，将不足的空气加热，送进低温干燥段，这种情况均采用三室三段式（见图 6-28）。

(2) 链算机工艺过程及热工制度　生球到链算机上后，依次经过干燥段和预热段，脱除各种水分。磁铁矿氧化成赤铁矿，球团具有一定的强度，而后进入回转窑。关于预热球团矿的强度，目前尚无统一标准。日本加古川球团厂要求单球 150N。美国 Alice-Hamas 公司最

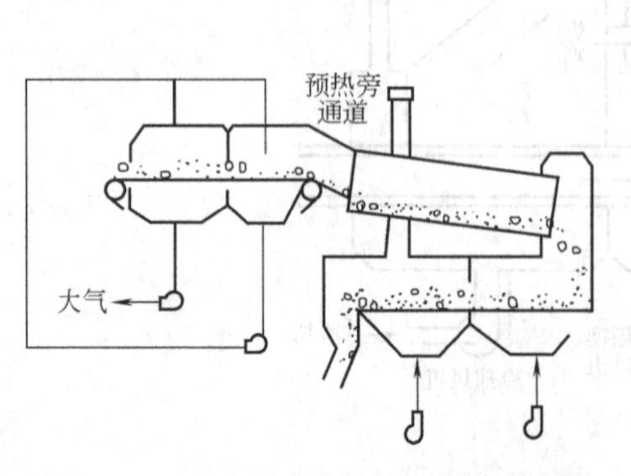

图 6-26　二室二段式链算机-回转窑示意图

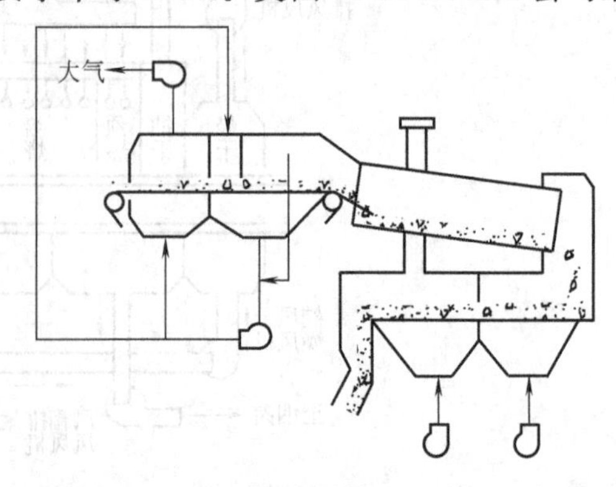

图 6-27　二室三段式链算机-回转窑示意图

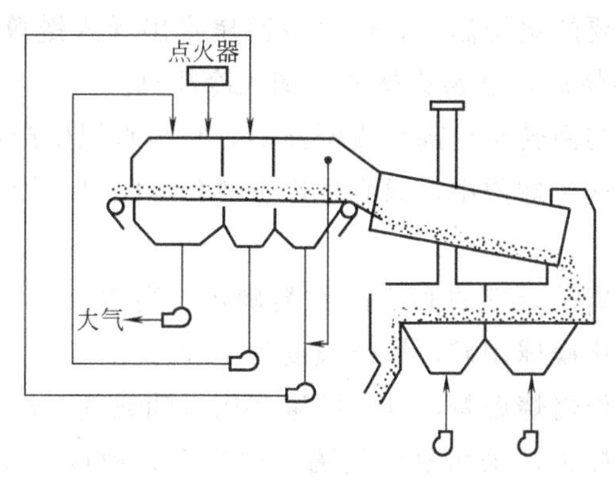

图 6-28 三室三段式链算机-回转窑示意图

初要求单球 90～120N，经生产实践证明 30～40N 亦可满足要求。为此，该公司改抗压检测为转鼓试验检测。

窑尾排出的废气温度可达 1000～1100℃，通过预热抽风机抽过球层，对球团进行加热。若温度低于规定值，可用补助热源作补充加热。温度过高或出事故时，可用预热段烟囱调节。由预热段抽出的风流经除尘后，与环冷机低温段的风流混合（当设置有回流换热系统时），温度调至 250～400℃，送往抽风或鼓风干燥段用以干燥生球，废气经干燥风机排入大气。

链算机的热工制度根据被处理矿石种类不同面不同。表 6-2 为不同矿物敏感性及相应的干燥温度。

表 6-2 不同矿物敏感性和干燥温度

矿石种类	热敏感性	干燥温度/℃
非洲磁铁矿	很高	150～250
土状赤铁矿	高	150～250
镜铁矿	中等	250～350
赤、磁铁精矿及原生铁矿石	一般不太敏感	350～450

(3) 链算机的主要工艺参数　链算机处理的矿物不同，其利用系数也不尽相同。链算机利用系数一般范围为：赤铁矿、褐铁矿 25～30t/(m^2·d)，磁铁矿 40～60t/(m^2·d)。链算机的有效宽度与回转窑内径之比为 0.7～0.8。链算机的有效长度可根据物料在链算机上停留时间的长短和机速来决定。表 6-3 为日本加古川一号链算机各段参数。

表 6-3 加古川链算机各段参数

段别	风箱数/个	长度/m	物料停留时间/min	温度/℃	利用系数/[t/(m^2·d)]
干燥	8	24.4	6.1	200	35.9
脱水	5	15.25	3.8	350	
预热	7	21.35	5.34	1050	

(4) 焙烧　生球经干燥和预热后，由链算机尾部的铲料板铲下，通过溜槽进入回转窑，物料随回转窑沿周边翻滚的同时，沿轴向移动。窑头设有燃烧器（烧嘴），由它燃烧燃料供

给热量，以保持窑内所需要的焙烧温度。烟气由窑尾排出导入链箅机。球团在翻滚过程中，经1250～1350℃的高温焙烧后，从窑头择料口卸入冷却机。

目前生产铁矿石球团的回转窑全部为直圆筒形，它与水泥生产和有色金属生产用的回转窑相比，属短窑范畴。在铁矿球团中，只有生产金属化球团时，因需要较长的还原时间，故要求窑体相对长些。

回转窑的热工制度根据矿石性质和产品种类确定，窑内温度一般为1300～1350℃。日本加古川产品为自熔性氧化镁球团矿，焙烧温度为1250℃。

北美国家多用天然气作焙烧燃料，其他国家多用重油或气、油混合体。烧煤易引起窑内结圈，但如果选择适宜的煤种，采用复合烧嘴，控制煤粉粒度（小于200目占80%）及火焰形状，控制给煤量等即可防止窑内结圈。

(5) 冷却　1200℃左右的球团从回转窑卸到冷却机上进行冷却，最终温度需降至100℃左右。目前各国链箅机-回转窑球团厂，除比利时的Kelabeke厂采用带式冷却机外，其余均采用环式冷却机鼓风冷却。日本神户钢铁公司神户球团厂和加古川球团厂除用环式鼓风冷却外，还增加了一台简易带式抽风冷却机。

环冷机分为高温冷却段（第一冷却段）和低温冷却段（第二冷却段），中间用隔墙分开。料层厚度500～762mm。冷却时间一般为26～30min。每吨球团矿的冷却风量一般在2000m^3以上。

高温冷却段出来的热风温度达1000～1100℃，作为二次燃烧空气返窑内利用。过去低温段热风，各厂均作废气排至大气，近年来新建的球团厂采用回流换热系统回收低温段热风供给链箅机干燥段使用。

6.5.6　主要球团焙烧法比较

球团生产中采用较广的三种球团焙烧方法即竖炉球团法、带式焙烧机法、链箅机-回转窑法。三种方法比较见表6-4。

表6-4　三种焙烧法比较

工艺名称	优、缺点	生产能力	基建投资	管理费用	耗电量	球团矿质量
竖炉球团法	优点：结构简单，维护检修方便，无须特殊材料，炉内热效率高 缺点：均匀加热困难，单炉生产能力受限制，当焙烧放热效率低的球团时，产量较低。仅限于处理磁铁矿精矿球团或赤、磁铁矿混合精矿球团	最大单炉产量：2000t/d，适用于中、小型企业	低	低	高	一般
带式焙烧机法	优点：操作简单、控制方便，处理事故及时，焙烧周期比竖炉短，可处理各种矿石 缺点：球团矿上下层质量不均，台车易烧损，需要高温耐热合金材料，需铺底、边料，流程较复杂	单机生产能力大，最大单机产量：6000～6500t/d，适于大型生产	中	高	中	良好
链箅机-回转窑法	优点：设备简单，可生产质量均匀的普通球团矿，亦能生产熔剂性球团矿，可处理各种铁矿石，无须耐热合金材料 缺点：操作不当时，回转窑“结圈”	单机生产能力大，最大单机产量：6500～12000t/d，适于大型生产	高	中	低	好

6.6 其他球团法

球团方法分类中，除高温氧化焙烧球团法即竖炉焙烧、带式机焙烧、链箅机-回转窑焙烧和环式焙烧机焙烧之外，其他所有方法均属特殊球团法。主要有金属化球团法、水硬性球团法、碳酸化固结球团法等。

6.6.1 金属化球团矿

金属化球团矿（或称预还原球团矿）的生产已得到较大发展。该法在球团矿生产中表现出了强大的生命力。金属化球团矿的应用，是炼铁和炼钢生产中的一项重要技术革新。

将生球或经氧化焙烧后的球团矿，在还原装置中用还原剂（固体和气体）进行预还原，除去铁矿石中铁氧化物的含氧量，从而可得到有一部分或绝大部分氧化铁转变为金属铁的球团矿。这种金属化球团矿，若用于高炉或电炉炼钢，可以大大降低焦比和提高生产能力。冶炼效果表明，当炉料中的金属铁每增加10%时，焦比可以降低5%～6%，生产率提高5%～9%。一般用于炼铁的原料，多为金属化程度较低（20%～50%）和酸性脉石较高的球团矿。若作为电炉炼钢的原料，金属化程度一般较高（70%～90%），且酸性脉石要求愈少愈好。

该金属化球团与废钢相比，前者含杂质较少（如某些有色金属），成分稳定，在生产中易操作管理，能生产各种合适成分的优质钢。国外曾用电炉对金属化球团炼钢效果进行过研究，认为采用这种原料时，冶炼周期缩短一半左右，产量可提高45%，而耐火材料、电极和氧气的消耗均能相应降低。

球团矿的金属化程度或称金属化率，以已还原出来的金属铁量对球团矿内全铁量之比的百分数来表示，即

$$\text{球团矿金属化率}=\frac{w(\mathrm{Fe})}{w(\mathrm{TFe})}\times 100\%$$

式中 $w(\mathrm{Fe})$——已还原出的金属铁量；

$w(\mathrm{TFe})$——球团矿内的全铁量。

金属化程度的高低直接与还原剂的种类和数量、矿物的反应性能和粒度、球团矿的物理化学性能（直径和孔隙度），以及还原焙烧制度（温度、时间和气氛）等有关。

金属化球团矿是由氧化球团矿在还原剂作用下，使氧化铁还原成金属铁。氧化铁还原按照 $Fe_2O_3 \rightarrow Fe_3O_4 \rightarrow FeO \rightarrow Fe$（570℃以上）或 $Fe_2O_3 \rightarrow Fe_3O_4 \rightarrow Fe$（570℃以下）逐级进行。如图6-29所示，中心是未还原的最高价氧化铁，最外层则是金属铁。

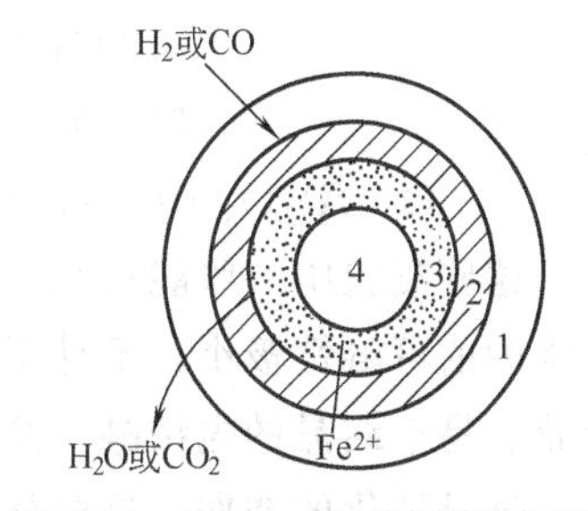

图6-29 Fe_2O_3还原过程示意图

1—Fe；2—Fe_xO；3—Fe_3O_4；4—Fe_2O_3

随着还原反应向球团中心推移，外层的金属铁层及次层低价氧化铁层的厚度不断增加，而内层的较高价氧化铁层则依次缩小。但是当球团较小时及气体还原剂能自由穿透整个球团，或者球团内配有固体还原剂时，还原仅具有逐段性，而没有明显的呈带性。

对于气体还原剂，氧化铁的还原有两种机理起决定性

作用。

① 在固体与气体间的相界上产生相界反应；

② 在固体反应剂相界上及其内部由于金属铁向较高含氧量区域扩散而产生固相反应。

当还原速率较快时，外表形成一层多孔的金属铁，还原气体可以在固相层内扩散，在界面上，浮士体被还原为金属铁，其反应式如下：

$$Fe_xO+CO(H_2)\longrightarrow xFe+CO_2(H_2O)$$

铁离子向被还原的铁氧化物内扩散，使较高级铁氧化物转变为较低级的铁氧化物，其反应式如下：

$$Fe_3O_4+Fe^{2+}+2e\longrightarrow 4Fe_xO$$

$$4Fe_2O_3+Fe^{2+}+2e\longrightarrow 3Fe_3O_4$$

当外表面形成一层比较致密的金属铁层时，还原气体无法进入到球团矿内部，只能发生由球团表面除去氧的反应。而氧化铁的还原则是通过 Fe^{2+}（Fe^{3+}）和 O^{2-} 在固相产物层晶格内的扩散进行的，反应速度受这些离子扩散的影响。

当还原剂为固体燃料时，在不与铁矿物混合制成球团矿，而以单独的方式喷射入还原设备的高温区内（回转窑），则煤粉燃料将受高温作用而氧化成煤气，此时的还原过程基本上与上述相同。若将固体还原剂经细磨后，混匀到球团内部，呈均匀分布，还原过程则是氧化铁与碳直接发生反应，其反应式如下：

$$3Fe_2O_3+C\longrightarrow 2Fe_3O_4+CO$$

$$Fe_3O_4+C\longrightarrow 3FeO+CO$$

$$FeO+C\longrightarrow Fe+CO$$

$$Fe_3O_4+4C\longrightarrow 3Fe+4CO$$

6.6.2 水硬性球团矿

硅酸盐水泥（或无石膏的水泥熟料）、矿渣水泥、火山灰、硅藻土和蛋白石等水硬性材料均可作为球团矿固结的黏结剂而得到水硬性球团矿。该方法不经高温焙烧固结，故又称为冷固球团。该法基建投资少，设备简单、建设快，易于管理和维修。但不能除去硫、砷等有害杂质，不宜处理高硫、砷矿石。

(1) 水硬性球团固结机理　水泥黏结剂属于结晶硬化和胶体硬化反应，其中各组分在水溶液中与水作用生成凝胶。

$$3CaO\cdot SiO_2+mH_2O\longrightarrow xCaO\cdot SiO_2\cdot nH_2O+(3-x)Ca(OH)_2$$

$$2CaO\cdot SiO_2+H_2O\longrightarrow 2CaO\cdot SiO_2\cdot H_2O$$

$$3CaO\cdot Al_2O_3+6H_2O\longrightarrow 3CaO\cdot Al_2O_3\cdot 6H_2O$$

$$4CaO\cdot Al_2O_3\cdot Fe_2O_3+7H_2O\longrightarrow 3CaO\cdot Al_2O_3\cdot 6H_2O+CaO\cdot Fe_2O_3\cdot H_2O$$

这些凝胶中一些能在水中溶解并再结晶，如氢氧化钙凝胶和水化铝酸钙凝胶。而另一些在水中的可溶性极小，不易于再结晶，长时期内保持胶体状态，如水化硅酸钙和水化铁酸钙凝胶。易于结晶的先结晶，并以它们的晶体贯穿于含水硅酸钙和含水铁酸钙以及矿粒的空隙中，这是硬化的初期。这时整个凝胶还是松而不紧密的，相互的黏结能力较弱。只有经过较长的时间，水化反应逐渐向颗粒内部扩散，凝胶的水分减少，粒子互相接近，球团矿才具有一定的强度。

(2) 影响水硬性球团矿固结的因素

① 成球原料的性质 矿石的粒度对水硬性球团矿的强度影响很大，粒度愈细，表面活性愈大，附着力愈强，结构也愈紧密，球团矿的强度也较高。

附加在矿石原料中的碳素和熔剂，对固结影响不大，故可生产综合性球团矿，但对热强度影响较大。碳素的添加一般不超过物料总量的30%；熔剂中石灰石不参加固结反应，可根据碱度的要求添加。消石灰或生石灰，因参与固结的化学反应，其添加量根据试验决定。

成球物料的含湿量或成球时添加的水量，一方面决定球团的空隙容积，湿度愈大，空隙容积愈高；另一方面影响水泥的水化程度，湿度愈大，水化条件愈好。但是由于水泥在球团中的高度分散性，它处在各个润湿的精矿表面，吸湿条件良好，过多的水分不仅水化不需要，而且将增大空隙量，降低球团矿强度，所以造球物料的湿度要适宜。

② 黏结剂用量 球团矿的强度随着黏结剂用量的增加而增加。但是球团矿中金属的含量却随着黏结剂用量的增加而减少，此外黏结剂增加使得生产成本增加。

③ 温度的影响 提高温度可以提高黏结剂中某些成分的溶解度和液相中该成分的浓度。已溶解的成分在较高的温度下流动性增加，从而通过新生成胶体和结晶连生体而进行扩散的过程加快。同时，还使已溶成分之间有效相互碰撞次数增多，因此反应速率加快。0℃时球团固结作用几乎停止，40℃时比20℃时高1～2倍。

④ 速硬剂的作用 水泥黏结剂在水化反应和水解反应之后，继续进行一系列的物理化学变化，新成分的加入，给反应速率以很大影响。例如，添加少量的可溶性氯盐（0.5%～1.0%），水硬性球团矿的硬化过程加快。凡加快球团矿硬化的物质叫速硬剂。速硬剂的作用机理至今仍不十分清楚，但是，它在很大程度上影响水解反应和水化反应。

水硬性球团矿的物理化学性能列于表6-5。

表6-5 水硬性球团矿的物理化学性能

化学性质		物理功能	
水泥加入量/%	10	平均直径/mm	15
w(TFe)/%	60.1	矿物密度/(g/cm^3)	4.3
w(FeO)/%	25.5	孔隙率/%	27
$w(SiO_2)$/%	4.6	堆密度/(t/m^3)	2
$w(Al_2O_3)$/%	0.8	单球抗压强度/N	
w(CaO)/%	7.4	直径:10～12.5mm	86±16
w(MgO)/%	1.0	12.5～12.7mm	104±37
w(P)/%	0.037	转鼓指数(ASTM法)	
w(S)/%	0.025	(>6.4mm)/%	94.6
$w(CaO)/w(SiO_2)$	1.60		
水分/%		筛分指标(<5mm)/%	
出厂	7	厂内	0.75
入炉前	6	干后	2.2

6.6.3 碳酸化固结球团矿

(1) 基本原理 碳酸化固结方法不同于高温下的焙烧方法，其基本原理是将球团矿放在CO_2的气流中，使球团矿中的石灰碳酸化而固结。球团矿中石灰的碳酸化，包括下列两个过程。

① 物理水分的蒸发，$Ca(OH)_2$ 从饱和溶液中逐渐结晶出来；

② $Ca(OH)_2$ 从 CO_2 的气体介质中（如石灰窑废气、高炉煤气的燃烧产物等）吸收 CO_2，进行碳酸化反应，生成 $CaCO_3$，其反应如下：

$$Ca(OH)_2 + CO_2 + nH_2O \longrightarrow CaCO_3 + (n+1)H_2O$$

实验证明，碳酸化反应，只是在有水存在的情况下方能进行，当用干燥的 CO_2 作用于干燥的 $Ca(OH)_2$ 时，并不能碳酸盐化。

碳酸化反应在空气中进行得十分缓慢，因为空气中 CO_2 的含量较低（约为 0.03%），而且当球团表面生成一层 $CaCO_3$ 薄膜后，CO_2 不容易进到里面，因而使碳酸化过程大大减慢，所以通常碳酸化固结均在含 CO_2 浓度较高的气氛中进行。为了加速碳酸化过程的反应，需要加入某些化学催化剂。

精矿与消石灰混合料造成的生球，由于水分的逐步蒸发，水的表面张力产生的毛细管压力，使粒子紧密而得到附加的强度。同时，由于水的蒸发使得溶液过饱和，促进 $Ca(OH)_2$ 的结晶，使球团获得初步强度。$Ca(OH)_2$ 从空气中吸收 CO_2 生成 $CaCO_3$，此时，固相体积增大，使硬化石灰进一步紧密和坚固。这一反应过程按以下步骤进行：首先是气体介质中的 CO_2 扩散到球团表层气液界面上，与溶解在液相（水）中的 $Ca(OH)_2$ 作用形成致密的 $CaCO_3$ 薄膜，随后在水分和 CO_2 存在条件下球团表层生成的 $CaCO_3$ 薄膜被溶解，生成溶解度较大的碳酸氢钙，其反应如下：

$$CaCO_3 + CO_2 + H_2O \rightleftharpoons Ca(HCO_3)_2$$

$Ca(HCO_3)_2$ 的生成具有重要意义，溶解于水中的 $Ca(HCO_3)_2$ 向球团内部扩散渗透，并与内部 $Ca(OH)_2$ 反应生成新的 $CaCO_3$ 沉淀。其反应为：

$$Ca(HCO_3)_2 + Ca(OH)_2 \rightleftharpoons 2CaCO_3 + 2H_2O$$

因为碳酸化球团矿的固结过程正是高炉中碳酸盐分解的逆过程，所以使用这种球团矿在高炉低于 800℃ 的温度区域，主要是依靠球团矿中碳酸钙所形成的坚实骨架和被还原的低价铁氧化物的网状结晶结构所保持。800～900℃之间，固相反应的发生与发展，物料开始黏结，海绵铁的逐渐生成也起着相当大的作用。到 900℃以上的区域，球团矿逐渐软化，并开始烧结和形成初渣，加上已生成的大量海绵铁的作用，仍能保持球团矿具有一定的热强度。

(2) 影响碳酸化固结过程的因素

① 球团中 $Ca(OH)_2$ 含量和介质中 CO_2 的浓度　碳酸化反应速率与参加反应的和溶解于水分中的 $Ca(OH)_2$ 的浓度成正比。但当 $Ca(OH)_2$ 的含量超过适宜的数量时，由于表层的碳酸钙膜更加致密，增大了阻碍 CO_2 向内部扩散的作用，因而球团总的碳酸化率和强度反而降低，同时，球团矿的堆密度也下降。当含量过少，也不能得到足够强度的球团矿。最理想的应该是在适宜含量的条件下，采用粒度较细的消石灰，并使其均匀分布。许多试验工作表明，球团矿中 $Ca(OH)_2$ 的含量以 15%～20%为宜。

气体介质中 CO_2 的浓度，根据质量作用定律，CO_2 浓度越高，碳酸化反应的速率愈快。空气中 CO_2 的浓度为 0.03%左右，高炉热风炉废气中 CO_2 的浓度为 15%左右，石灰窑废气中 CO_2 的浓度可达 25%～30%。

② 生球的湿度　碳酸化过程是 CO_2 与溶液中的 $Ca(OH)_2$ 在气液界面上进行的，如果没有水分存在，$Ca(OH)_2$ 就不能溶解，也没有气液界面，则反应无法进行。因此，生球中

一定水分含量是碳酸化反应不可少的条件之一。

生球中适宜的残存水含量与气体的温度有关。一般是废气温度低时，残水量应低；废气湿度高时，残水量也应低。若残水含量太高，则因水的分子量比 CO_2 小，在相同温度和压力下，水的扩散速度大于 CO_2，结果减少 CO_2，向球中心的扩散。同时，水也易在球内的孔隙间形成水膜，堵塞 CO_2 向球中心渗透，影响碳酸化在球内部进行。一般认为残水量以4%～7%为宜。

③ 碳酸化介质的温度、湿度和流量　碳酸化过程是一个放热过程，过高的温度不仅不利于化学反应的进行，而且使球团难于保持反应所必需的适宜残水量。但过低的温度也是不利的，因为伴随反应的进行，生成一定量的水分，有可能使生球水分超过适宜值。研究表明，适宜的废气温度介于50～70℃之间。

气体的流速（流量）应该保证气体介质中 CO_2 有足够的浓度和流量，否则扩散能力就会减少，干燥蒸发的水分不能迅速被排除，使碳酸固结的时间成倍地延长。

④ 生球的质量　密度较小的生球气孔率较大，CO_2 容易向球内扩散，有利于碳酸化的进行。但结构疏松的生球，虽然碳酸化程度高，仍难形成碳酸钙的牢固骨架，球团矿的强度差。

生球的尺寸会明显影响碳酸化的时间，球团的尺寸要适宜，粒度应力求均匀。

思考题

1.在圆盘造球机中，生球是怎样形成、长大和紧密的？

2.球团矿的焙烧分哪几个阶段？其干燥和焙烧的目的是什么？

3.磁铁矿与赤铁矿球团在焙烧中有哪几种固结形式？为什么磁铁矿球团比赤铁矿球团容易焙烧？

4.常用的球团焙烧设备有哪几种？各有何优缺点？

5.比较球团与烧结两种造块方法的特点。

6.何谓金属化球团矿？发展金属化球团矿有何意义？

7 成品矿质量检验及高炉炉料结构

7.1 常规检验

（1）常规化学成分　常规化学成分包括：TFe、FeO、SiO_2、CaO、MgO、Al_2O_3、S、P等。通常用化学分析法进行分析，但由于该法速度慢，误差大，于20世纪80年代起，鞍钢（使用荷兰产的PW-1606型多通道自动X射线光谱仪）、宝钢等企业采用国外进口的X射线荧光分析仪分析，除了FeO与Ig外，其余成分皆可在5min之内得出准确结果。同一试样经10次压样化验的TFe的标准偏差，荧光法仅0.0629，而化学分析法为0.174；SiO_2的标准偏差分别为0.0258与0.1976。

攀钢、包钢、酒钢等企业使用特殊矿冶炼，需要分析TiO_2、V_2O_5、F、BaO等成分。有些矿石根据需要应分析Mn、Cu、Ni、Cr、Co、Sb、Bi、Sn、Mo等成分。对于新使用的原料必须进行有害元素的分析，以便在配矿、造块、高炉冶炼、炼钢等各工艺环节采取相应措施。这些项目包括Pb、As、Zn、K_2O、Na_2O等。微量元素的分析一般采用色谱分析法。

（2）粒度组成　通常使用标准方孔板筛进行筛分，常用的筛的大小有5mm、10mm、16mm、25mm和40mm几种，个别的有用3mm和50mm筛进行筛分。炼铁原料在烧结厂出厂前与高炉入炉前进行筛分。筛分后，还需计算出平均粒度。

（3）物理性能　炼铁原料物理性能主要有：真密度、视密度、堆积密度、微气孔率、开口气孔率、全气孔率、气孔表面积与自然堆角等。视密度的测定一般采用石蜡法。微气孔率一般用显微镜测定。气孔表面积有用压汞法、液态氮吸附法或化学吸附法测定的。

（4）特殊检验　主要特殊检验有以下。

① 矿相鉴定可用于鉴定铁氧化物的形态、结晶的完整程度、结晶颗粒的大小；脉石或黏结相的种类与性质、储存状态；各种矿物的数量检测。还可鉴定还原产物的性质。

② 对某种矿石需用物理和化学方法进行物相分析，如用磁性吸附法配合测定金属铁、磁铁矿；用化学法测定游离CaO，用还原法测定酸性烧结矿中难还原的$2FeO \cdot SiO_2$；用加热法测定结晶水含量；还可进行硫的形态分析，判定是硫酸盐还是硫化物；也可用重液分离法分离不同密度的矿物。

③ 用电子探针或扫描电子显微镜进行矿物鉴定或微区分析。

7.2 冶金性能检测

根据高炉冶炼要求，需对入炉铁矿石的冶金性能进行检测，如常温强度检测有转鼓指数、抗磨指数、落下指数、抗压强度、储存强度等；高温冶金性能包括天然块矿的热爆裂性能、低温还原粉化率、中温（900℃左右）还原度、高温（1250℃左右）还原度、在还原度

40%（或60%）时的还原速率、还原膨胀率、还原后的抗压强度、还原软熔性能（软化开始、软化终了、熔融滴落开始及熔化终了温度、软化区间及熔化区间温度、软熔时的矿层差压等）。焦炭也需要做一些检验，比如常温强度、焦炭的反应性与反应后强度等指标。

7.2.1 生球质量的检验

(1) 生球的粒度组成　生球的粒度组成用筛分方法测定。方孔筛尺寸为25mm×25mm、16mm×16mm、10mm×10mm、6.3mm×6.3mm。筛底的有效面积有400mm×600mm和500mm×800mm两种，可采用人工筛分和机械筛分。筛分后，用大于25.0mm、25.0～16.0mm、16.0～10.0mm、10.0～6.3mm和小于6.3mm各粒级的质量百分数表示。

从提高球团的焙烧质量和生产能力考虑，要求生球的粒度组成为，10～16mm粒级的含量不少于85%；大于16mm粒级和小于6.3mm粒级的含量均不超过5%，球团的平均直径以不大于12.5mm为宜。

(2) 生球的抗压强度　生球的抗压强度系指其在焙烧设备上所能承受料层负荷作用的强度，以生球在受压条件下开始龟裂变形时所对应的压力大小表示。可采用如图7-1所示的装置测定。

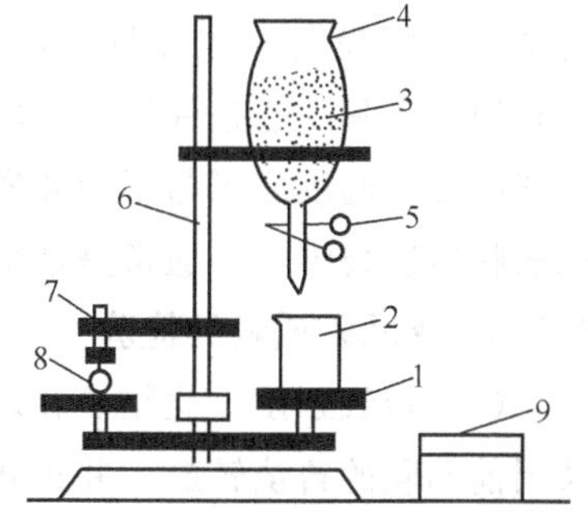

图7-1　生球抗压强度的测定装置
1—天平；2—烧杯；3—铸铁屑；4—容器；5—夹头；6—支架；7—压头；8—试样；9—砝码

取直径为11.8～13.2mm的生球10个，逐个置于天平盘的一边，另一边放置一个烧杯，通过调节夹头，让容器中的铁屑不断流于烧杯中，使生球与压头接触，承受压力。至生球开始破裂时中止加负荷，此后称量烧杯和铁屑的总质量，即为该生球的抗压强度。其抗压强度指标，以被测定球的算术平均值表示。

(3) 落下强度　生球的落下强度系指其由造球系统运送到焙烧系统过程中所能经受跌落破坏的强度。测定方法：取直径为11.8～13.2mm（或10～16mm）的生球10个，将单个球自0.5m的高度自由落到10mm厚的钢板上，反复进行，直至生球破裂时为止的落下次数，即作为落下强度指标。为具有代表性，应取10个生球落下次数的算术平均值，单位为次/个球。

由于生球的抗压强度和落下强度分别与生球直径的平方成正比和反比，因此，作为两种强度试验的生球，都应取同等大小的直径，并接近生球的平均直径。

(4) 生球的破裂温度　在焙烧过程中生球从冷、湿状态被加热到焙烧温度的过程是很快的。生球在干燥时便会受到两种强烈的应力作用，即水分强烈蒸发和快速加热所产生的应力，从而使生球产生破裂式剥落，结果影响了球团的质量。检验生球破裂温度的方法依据干燥介质的状态可分为动态介质和静态介质。动态介质更符合于工业生产的实际，因而应用较普遍。具体方法是将生球（大约10个）装在图7-2所示的容器里，然后以1.8m/s的速度（工业条件时的气流速度）向容器内球团层吹热风5min。试验一般从450℃开始，根据试验中生球的情况，可以用增高或降低介质温度（±25℃）的方法进行试验。干燥气体温度可用向热气体中掺进冷空气的方法进行调节。破裂温度用试验球团有10%出现裂纹时的温度来表示。此种方法要求对每个温度条件都必须重复作几次，然后确定出破裂温度值。一般认为，具有良好焙烧性能的球团的破裂温度不应低于375℃。

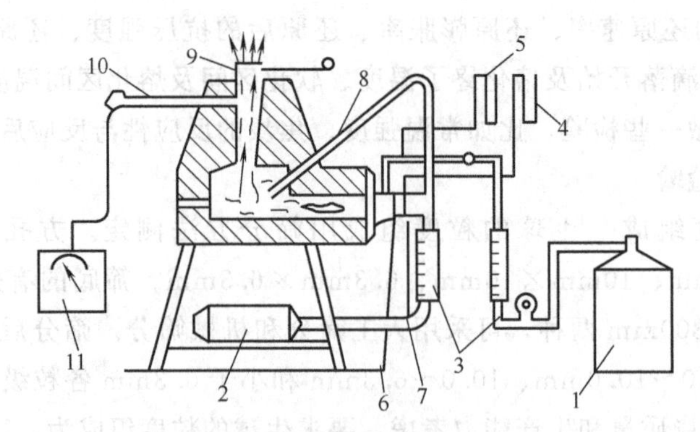

图 7-2　生球破裂温度试验装置

1—丙烷；2—通风机；3—流量计；4—空气压力计；5—丙烷压力计；6—烧嘴；
7—一次空气烧嘴；8—二次空气烧嘴；9—试样；10—高温计；11—温度测量仪

此外，另一种方法是把生球装入一个完全仪表化的烧结锅内（移动式烧结锅），其球层高度随焙烧设备不同而异，带式焙烧机为 300～500mm，链篦机-回转窑为 150～200mm。接着模拟实际工艺条件进行试验。观察确定在何种温度和风速下球团开始出现碎裂或剥落。生球的破裂温度除了与干燥介质状态有关外，还与原料的组成及理化性质有关。为了提高生球的临界破裂温度，通常是增加膨润土用量。

7.2.2　成品矿质量的检验

（1）转鼓强度　烧结矿和球团矿的转鼓强度反映其常温机械性质。我国从 1953 年开始，采用前苏联的鲁滨转鼓，并正式颁布 YB 421—77 标准，有部分厂矿一直沿用至今。1987 年 9 月参照 ISO 国际标准制定并发布 GB 8209—87《烧结和球团矿——转鼓强度的测定》，自 1988 年 10 月 1 日起实施，至今已有大部分厂矿采用。此外，宝钢 1 号、2 号烧结机从开工之日起，采用日本工业标准 JISM 8712—77 的检验方法。

国外的转鼓检验方法有美国的 ASTM、德国的米库姆、前苏联的 ГостТ 15137—77、日本的 JISM 8712—77 和国际标准化组织的 ISO 3271—1975 等。

GB 8209—87 与国际标准 ISO 3271—1975 的检验设备和方法完全相同，用以鉴定铁矿石在常温下抗冲击和抗摩擦的能力，并用转鼓指数和抗磨指数两个指标表示，分别为大于 6.32mm 和小于 0.52mm 粒级占试样总量的百分数。

转鼓强度用转鼓试验测定。转鼓用 5mm 厚的钢板焊接而成，转鼓内径 ϕ1000mm，内宽 500mm，内有两个对称布置的提升板，用 50mm×50mm×5mm，长 500mm 的等边角钢焊接在转鼓壁上，如图 7-3 所示。

转鼓由功率不小于 1.5kW·h 的电动机带动，规定转速为（25±1）r/min，共转 8min。

测定方法：取烧结矿（或球团矿）试样 15kg，以 40.0～25.0mm、25.0～16.0mm、16.0～10.0mm 三级按筛分比例配制而成，装入转鼓，进行试验。试样在转动过程中受到冲击和摩擦作用，粒度发生变化。转鼓停止后，卸出试样用孔宽为 6.32mm 和 0.52mm 的方孔筛筛分，对各粒级质量进行称量，并按下式计算转鼓指数（T）和抗磨指数（A）：

$$T=\frac{m_1}{m_0}\times 100\% \tag{7-1}$$

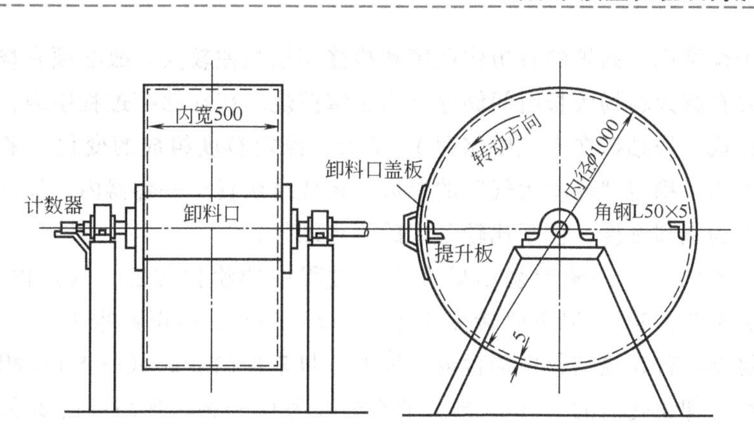

图 7-3 转鼓试验机基本尺寸

$$A=\frac{m_0-(m_1+m_2)}{m_0}\times 100\% \tag{7-2}$$

式中 m_0——入鼓试样质量，15kg；

m_1——转鼓后，大于 6.3mm 粒级部分的质量，kg；

m_2——转鼓后，6.3～0.5mm 粒级部分的质量，kg。

T 和 A 均取两位小数值。

烧结矿的技术条件：根据新标准与原标准（YB 421—77）的对比测定所确定的关系换算，一级品和合格品的 T 值分别为≥65.5%和≥62.5%。A 值应小于 6%。

（2）落下指数 1949 年鞍钢就使用落下指数来评价方团矿的强度，直至 1958 年将方团矿炉改为球团矿炉后，该方法才废止。该法系将方团矿从 2m 高处自然降落至铸铁板上，共 4 次，然后用 10mm 筛子筛分，用 10mm 或（－10mm）部分的百分数作为落下指数。

日本工业标准（JISM）中有落下强度的检验标准；用＋10mm 烧结矿于 2m 高落下 4 次，用粒度为＋10mm 的部分的百分数表示。1998 年日本千叶、水岛、君津等厂仍采用落下指数来表示烧结矿的强度；而加古川、神户、船町等厂则对烧结矿的转鼓和落下指数都进行测定。1998 年 1～3 月加古川等厂平均落下指数为 88.9%，平均转鼓指数为 70.2%。

（3）抗压强度 球团矿的抗压强度反映其承受压力的能力。一般采用压力机测定。国际标准化组织的检验方法（ISO 4700）规定，压力机的荷重能力不小于 10kN，压下速度为 10～20m/min。每次试验取规定直径 ϕ10～12.5mm（一般为 12.5mm）的球团矿至少 60 个，在压力试验机上测定每个球的抗压强度，即破裂前的最大值，试验结果以 60 个球的平均值“N/个球”和标准偏差表示。

目前，我国已按照 ISO 4700 组织制定球团矿的抗压强度质量标准，大于 1000m^3 的高炉，应不小于 2000N/个球；小于 1000m^3 的高炉，应不小于 1500N/个球。

有的厂还用低强度球的百分数作为强度的附加指标，如用小于 800N/个的球团矿个数占被测定球团矿总数的百分数表示。

对于方团矿、天然矿或烧结矿则加工成正方形、再测定抗压强度、用“N/cm^2”表示。

当在显微镜下鉴定矿物时，还可测定某一矿物的瞬时抗压强度和显微硬度，用“MPa”表示。

（4）储存强度 普通酸性球团矿其储存和运输性能都是较好的，而高碱度或自熔性烧结矿则较差。由于烧结机与高炉的日历作业率和检修周期相差较大，故必须有烧结矿的缓冲矿槽，有时甚至要在露天料场较长时间储存。为了掌握烧结矿在储存过程中因自然风化而引起的碎裂情况，将成品烧结矿在大气中储存1～7天，测定粒度组成的变化，来衡量烧结矿的储存性能。日本为了稳定“环境大气”的参数，将烧结矿置于一容器内，控制该容器内的温度为恒温，湿度为饱和湿度，便于比较各次的测定结果。

生产热烧结矿的工厂还测定烧结矿在冷却过程中的粉化程度，这是由于高温下的β-$2CaO \cdot SiO_2$在冷却至525℃以下时转变为γ-$2CaO \cdot SiO_2$。体积膨胀10%，而引起的烧结矿粉化。很多烧结厂曾在烧结料中加含磷、硼的原料来抑制β-$2CaO \cdot SiO_2$相变，取得了较好的结果。一般冷却粉化后的－5mm部分的百分数为0～3%，最高可达20%以上。

(5) 热爆裂性能　该性能仅对天然矿而言。由于块矿致密程度、矿物组成和结晶水含量等不同，在入炉受热后引起不同程度的爆炸，而产生粉末。我国尚无测定标准，一般模拟高炉内的升温速度将块矿从常温加热至700℃，以测定爆裂后小于5mm部分的百分数来表示。

日本工业标准（JIS）测定澳大利亚哈默斯利块矿的热爆裂指数为－5mm部分占5.5%。

(6) 铁矿石还原性的测定　铁矿石的还原性反映铁矿物中的氧被气体还原剂夺取的难易程度，以还原度和还原速率（即每分钟的还原度）表示。按我国制订的标准，其测定的基本原理是：将一定粒度范围（10.0～12.5mm）的铁矿石试样置于固定床中，用由CO和N_2组成的混合气体，在900℃下等温还原，每隔一定时间称量试样质量，以三价铁状态为基准，计算还原3h后的还原度和原子比O/Fe等于0.9时的还原速率。其方法如下。

① 试验条件　按标准规定，试验条件如下。

还原气体成分：CO 30%±0.5%，$N_2$70%±0.5%；其杂质含量不得超过：$H_2$0.2%，$CO_2$0.2%，O_2 0.1%，H_2O 0.2%；在整个试验期间，还原气体的标态流量保持（15±1）L/min；还原温度900℃［保持在（900±10)℃之间］。

② 试验设备及流程　该标准规定的试验设备和要求如下。

a. CO还原气体发生、配制、净化、分析和调节装置　可使用瓶装高纯CO配制还原气体，也可在试验室发生CO配制还原气体，通过净化、分析和调节达到规定的还原气体成分和纯度要求。

b. 还原管　由耐热不起皮的金属板（如GH44镍基合金板）焊接而成，能耐900℃以上的高温。为了放置试样，在还原管中装有多孔板，还原管的结构和尺寸如图7-4所示。

c. 还原炉　要求还原炉具有足够的加热能力，全部试样和进入还原层的还原气体在整个试验期间能保持在900±10℃之间。还原管和还原炉的配置如图7-5所示。

此外，还有称量准确至1g的称量装置及16.0mm、12.5mm和10.0mm的方孔筛。

d. 试验流程　若采用焦炭在高温下通过瓶装CO_2发生CO，一边发生CO，一边配制CO-N_2混合气体的制气方案，其还原系统流程如图7-6所示。

③ 试验程序　称取500g、粒级为10.0～12.5mm经过干燥的矿石试样，放到还原管中铺平；封闭还原管顶部，将惰性气体按标态流量15L/min通入还原管中，接着将还原管放入还原炉内，并将其悬挂在称量装置的中心（此时炉内温度不得高于200℃）；按不大于10℃/min的升温速度加热，在900℃时恒温30min，使试样的质量m_1达到恒量。再以标态流量为15L/min的还原气体代替惰性气体，持续3h。在开始的15min内，至少每3min记

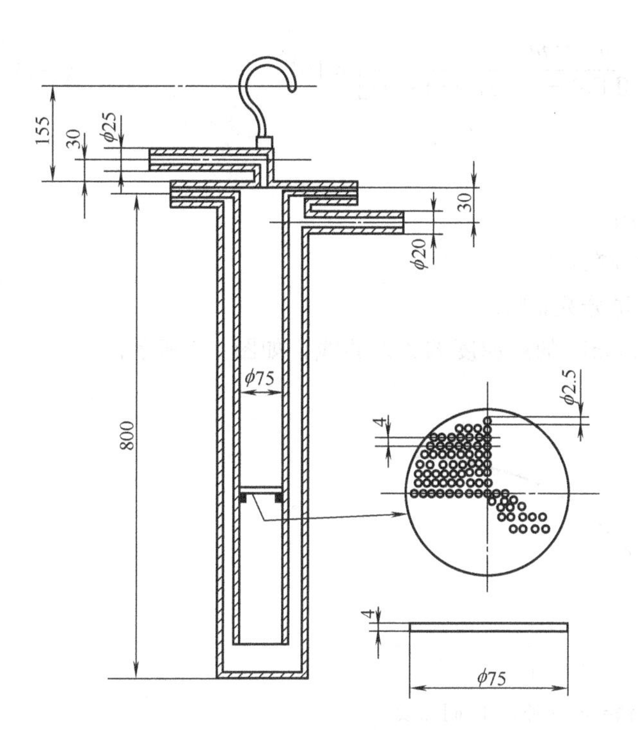

图 7-4 还原管示意图

多孔板：孔径 2.5mm；孔距 4mm；孔数 241；

总孔面积：1180mm²；板厚 4mm

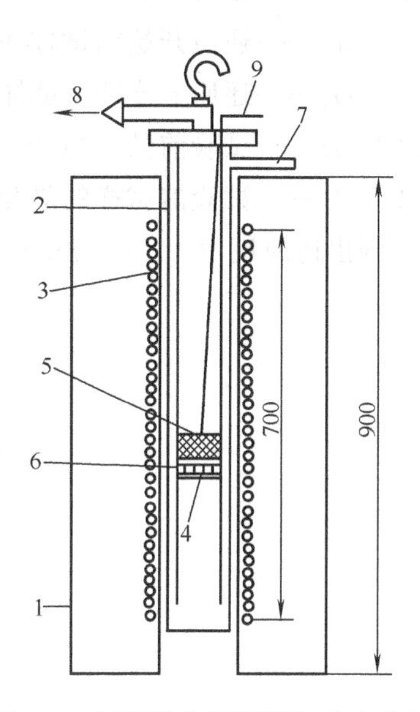

图 7-5 还原管和还原炉配置示意图

1—还原炉；2—还原管；3—电热元件；

4—多孔板；5—试样；6—高铝球；

7—煤气入口；8—煤气出口；9—热电偶

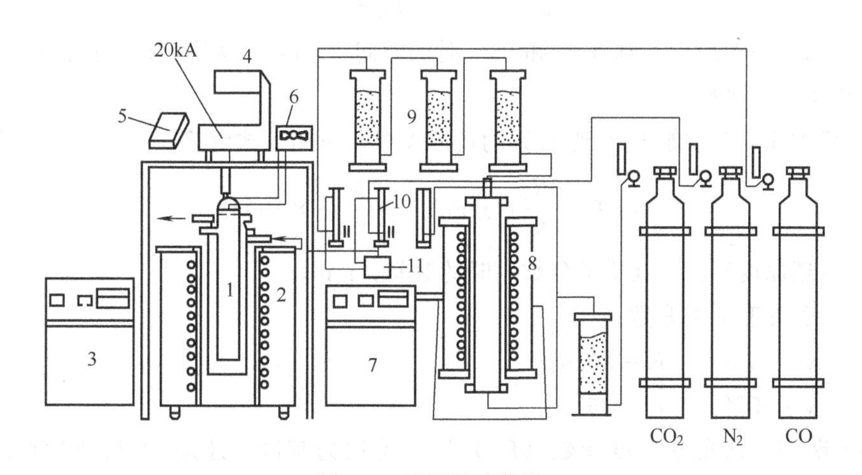

图 7-6 还原试验装置

1—反应管；2—还原炉；3,7—温控仪；4—电子天平；5—记录仪；

6—数显温度计；8—转化炉；9—清洗塔；10—流量计；11—混气罐

录一次试样质量，以后每 10min 记录一次。

④ 试验结果　试验结果以还原度和还原速率指数表示。

a. 还原度的计算　铁矿石还原一定时间后所达到的脱氧程度表示还原度，以 R_t 表示，计算公式如下：

$$R_t=\frac{m_1-m_t}{m_0[0.43w(\text{TFe})-0.112w(\text{FeO})]}\times 10^4 \tag{7-3}$$

式中　m_0——试样质量，500g；

m_1——还原开始前试样质量，g；

m_t——还原 t 分钟后试样质量，g；

w(TFe)——试验前试样中全铁的质量分数，%；

w(FeO)——试验前试样的氧化亚铁质量分数，%。

画出还原度 R_t，%(m/m) 与时间 t/min 的还原度的关系曲线，如图 7-7 所示。

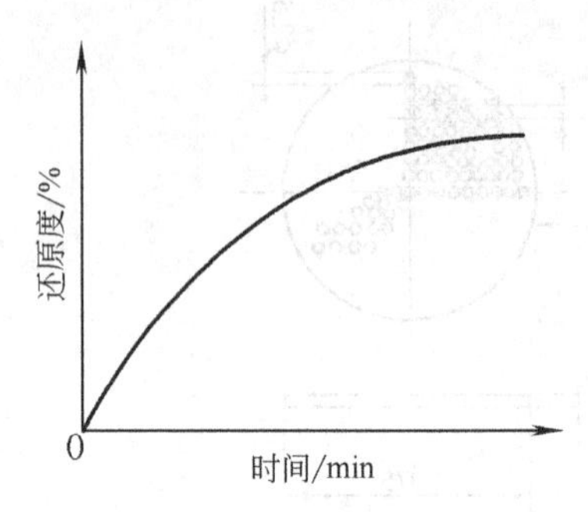

图 7-7　铁矿石还原度-时间曲线

b. 还原速率指数的计算　还原速率指数是指以三价铁为基准，当原子比 O/Fe 为 0.9 时的还原速率，以 RVI 表示，单位为质量百分数每分钟。

$$RVI=\frac{dR_t}{dt}(\text{O/Fe})=\frac{33.6}{t_{60}-t_{30}}\times 100\% \tag{7-4}$$

式中　t_{30}，t_{60}——还原度达到 30%和 60%时的时间（min），从还原曲线读出；

33.6——常数。

在某种情况下，当试验达不到 60%的还原度时，可用下式计算：

$$RVI=\frac{dR_t}{dt}(\text{O/Fe})=\frac{K}{t_y-t_{30}}\times 100\% \tag{7-5}$$

式中　t_y——还原度达到 y（质量分数）时的时间，min；

K——取决于 y 的常数；

$y=50\%$　　$K=20.0$；

$y=55\%$　　$K=26.5$。

试验结果，以 3h 的还原度指数（RI）(以三价铁为基准，还原 3h 后所达到的还原度）作为考核用指标，而以还原速率指数（RVI）作为参考指标。

（7）低温还原粉化性能的测定　铁矿石的低温还原粉化性能是指铁矿石在 400～600℃的温度下还原时，产生粉化的程度。测定方法有静态法和动态法两种。静态法的测定结果，有良好的线性相关关系，且设备简单，转鼓工作条件好，密封问题易解决，操作较方便，试验费用较低，结果较稳定，并可与还原性能测定使用同一装置。

我国测定铁矿石低温还原粉化性能即采用静态法。将一定粒度（10.0～12.5mm）的试样置于固定床中，在 500℃下，用 CO、CO_2 和 N_2 组成的还原气体进行静态还原。还原 1h

后，将试样冷却至100℃以下，在室温下用小转鼓转300r，然后用孔宽为6.3mm、3.15mm和500μm的方孔筛筛分。用还原粉化指数表示铁矿石的粉化程度。

试验条件如下。还原气体成分为：CO和CO_2各为20%±0.5%，$N_2$60%±0.5%；还原气体的纯度为：H_2和H_2O均不超过0.2%，O_2不超过0.1%；试验温度为(500±10)℃；还原气体标态流量仍为（15±1）L/min。

除增加一转鼓和6.3mm、3.15mm、500μm三种规格的方孔筛外，其他与还原性测定的相同，只是对还原管和还原炉的温度要求较低，为500℃以上。

转鼓是一内径为130mm、内长200mm的钢质容器。器壁厚度不小于5mm鼓内壁有两块沿轴向对称配置的钢质提料板，其长度为200mm，宽20mm，厚2mm。

转鼓的一端封闭，另敝端用密封盖密封，以保证灰尘不外泄，可以打开（见图7-8）。

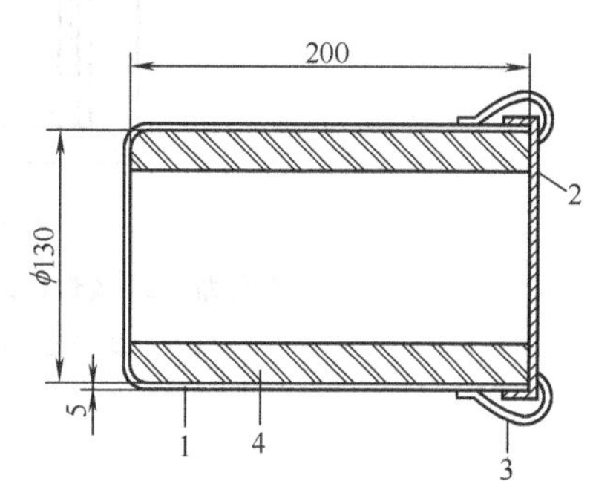

图7-8 转鼓

1—转鼓圆筒；2—密封盖；3—固定卡子；4—提料板（200mm×20mm×2mm）

还原试验程序也与还原性测定基本相同。

转鼓试验的方法是：将还原和冷却后的试样从还原管中倒出，测定其质量m_{D0}，再放入转鼓，固定密封盖，以30r/min的转速转10min，从鼓中取出试样，测定其质量，用6.3mm、3.15mm和500μm的筛子筛分，并测定各筛上物的质量。

试验结果，用还原粉化指数（*RDI*）表示还原和转鼓试验后的粉化程度。分别用转鼓后筛上得到的大于6.3mm、大于3.15mm和小于500μm的物料质量与还原后和转鼓前试样总质量之比的百分数表示，其指标为$RDI_{+6.3}$、$RDI_{+3.15}$、$RDI_{-0.5}$。

$$RDI_{+6.3}=\frac{m_{D_1}}{m_{D_0}}\times100\% \tag{7-6}$$

$$RDI_{+3.15}=\frac{m_{D_1}+m_{D_2}}{m_{D_0}}\times100\% \tag{7-7}$$

$$RDI_{-0.5}=\frac{m_{D_0}-(m_{D_1}+m_{D_2}+m_{D_3})}{m_{D_0}}\times100\% \tag{7-8}$$

式中 m_{D_0}——还原后、转鼓前试样质量，g；

m_{D_1}——+6.3mm的试样质量，g；

m_{D_2}——+3.15mm的试样质量，g；

m_{D_3}——+500μm的试样质量，g。

试验结果以$RDI_{+3.15}$为考核指标，$RDI_{+6.3}$和$RDI_{-0.5}$作参考指标。

(8) 铁矿球团还原膨胀性能的测定 铁矿球团的还原膨胀性能以其相对自由还原膨胀指数（简称还原膨胀指数）表示。所谓还原膨胀指数，是指球团矿在等温还原过程中自由膨胀，还原前后体积增长的相对值，用体积百分数表示。

我国的测定标准规定：试验条件、制气及还原设备等与铁矿石还原性测定标准完全一样。

试验装置如图7-9所示。图中10为装试样的容器，它亦用耐热不起皮的金属制成，能耐900℃以上的高温，可装粒度为10.0～12.5mm的球团18个，见图7-10。

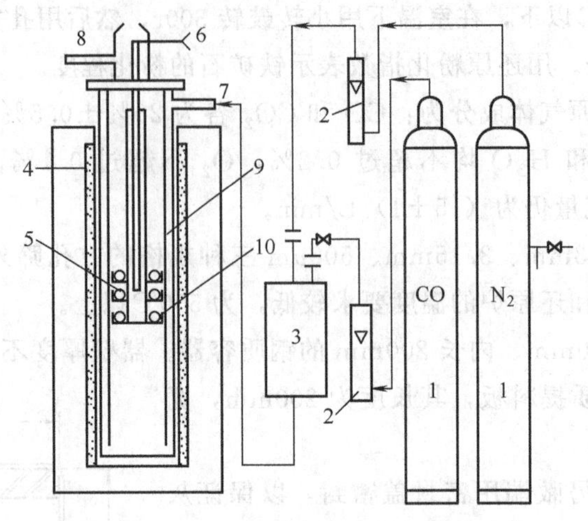

图 7-9　还原膨胀试验装置示意图

1—气体瓶；2—流量计；3—混合器；4—还原炉；5—球团矿试样；6—热电偶；7—煤气进口；8—煤气出口；9—还原管；10—试样容器

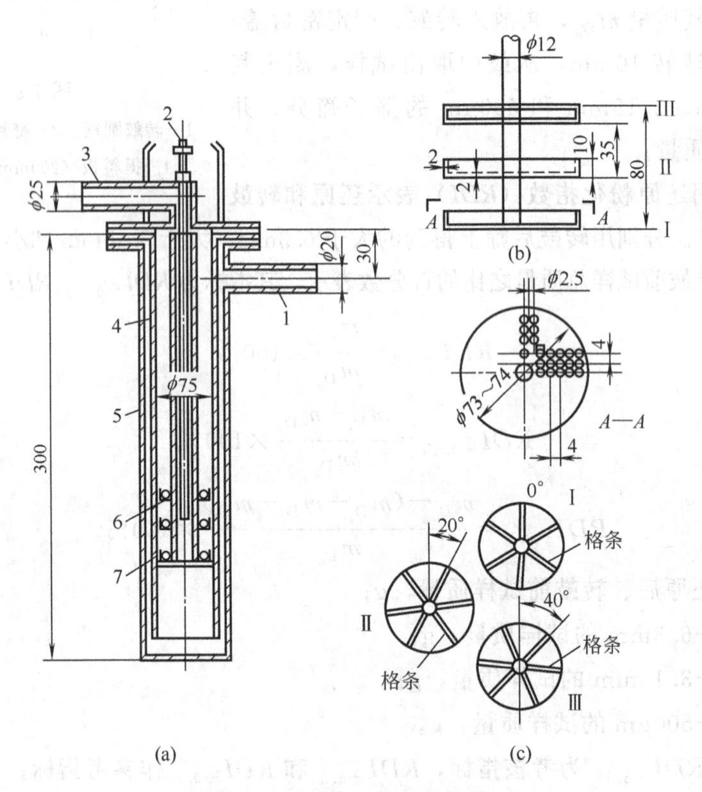

图 7-10　试样容器和还原管

(a) 还原管：1—煤气进口；2—热电偶；3—煤气出口；4—内管；5—外管；6—试样容器；7—球团矿试样

(b) 试样容器：孔径 ϕ2.5mm；孔距 4mm；板厚 2～4mm；边高 8mm

(c) 三层容器中格条布置

从 ϕ10.0～12.5mm、重 1kg 的球团矿试样中随机取出 18 个无裂纹的球作试样，测定其总体积并烘干。然后在容器 10 中的每一层放 6 个球团矿，再将容器放入还原管内，关闭还原管顶部。将惰性气体按标态流量 5L/min 通入还原管，接着将还原管放入电炉中（炉内温度不高于 200℃）。然后以不大于 10℃/min 的升温速度加热。当试样温度接近 900℃时，增大惰性气体的标态流量到 15L/min。在 900℃下恒温 30min，使温度恒定在（900±10）℃之间。然后以等流量的还原气体（成分要求与还原性测定标准相同）代替惰性气体，连续还原 1h。切断还原气，向还原管内通入标态流量为 5L/min 的惰性气体，而后将还原管连同试样一起提出炉外冷却至 100℃以下。再把试样从还原管中取出，测定其总体积。

还原膨胀指数（RSI）按下式计算（精确到小数点后一位数）：

$$RSI=\frac{V_1-V_0}{V_0}\times 100\% \tag{7-9}$$

式中 V_0——还原前试样的体积，ml；

V_1——还原后试样的体积，ml。

上述关于铁矿石还原性、低温还原粉化性和还原膨胀性的测定，每一次试验至少要进行两次。两次测定结果的差值应在规定的范围内，才允许按平均值报出结果，否则，应重新测定。因为单一试验无法考察其结果是否存在着大的误差或过失，难于保证检验信息的可靠性。

（9）铁矿石高温软化与熔滴性能的测定　该性能的测定项目基本包括铁矿石在荷重还原条件下的软化开始温度和终了温度，滴落开始温度和终了温度，以及气流阻力等。目前测定方法尚未统一。图 7-11 是我国研制的铁矿石荷重软化及熔滴性能连续试验装置流程。其主体部分包括还原气发生炉和熔滴炉，铁矿石熔融滴落试验装置如图 7-12 所示。它具有在近似高炉条件下测定矿石软化、熔化、收缩、气体阻力、熔融滴落特性的功能。

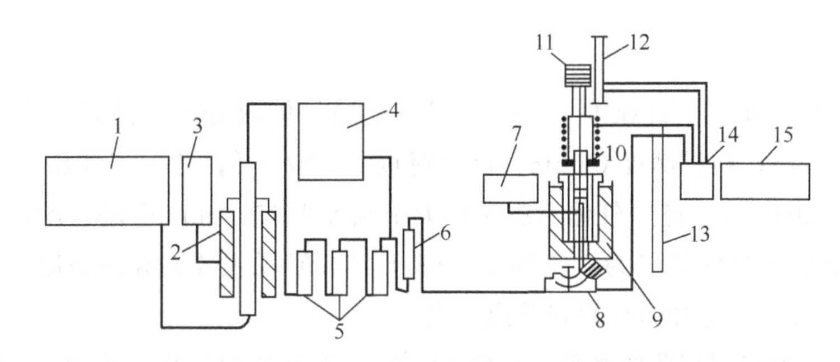

图 7-11　熔滴试验装置流程

1—空气压缩机；2—煤气发生炉；3—控温仪；4—CO、CO_2、H_2 红外线分析仪；5—洗气瓶；6—流量计；7—控温仪（程序控制）；8—集样箱；9—熔滴炉；10—上部密封；11—荷重；12—电阻位移计；13—压差计；14—电测放大器；15—x-y 函数记录仪

该装置具有下述特点。

① 发热元件采用 Si-Mo 棒或 SiO-C 棒，其最高温度可达 1500～1600℃；

② 具有按拟定程序加热的自动控制系统；

③ 测量温度、料层收缩率及还原气体通过料层的阻力均自动记录；

④ 还原气成分通过红外线气体分析仪连续自动分析，可进行还原度计算；

⑤ 设有石墨坩埚，将熔化物收集起来，冷却后进行化学分析，确定初渣、初铁的

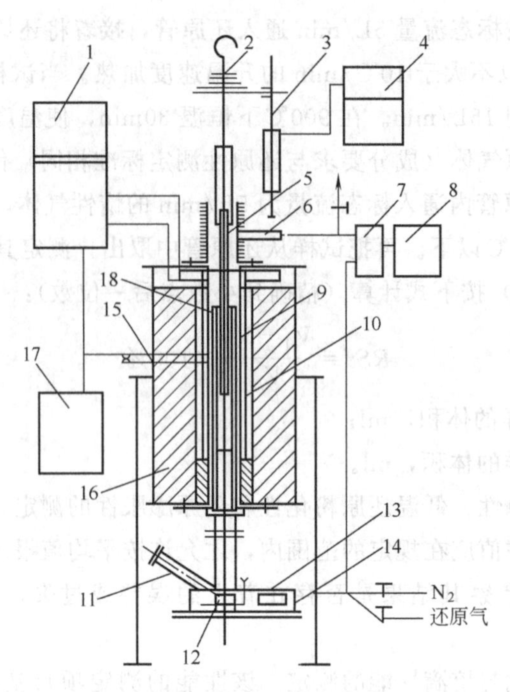

图 7-12　铁矿石熔融滴落试验装置

1—WZK-200A 可控硅和 XCT-391 程序控制温度仪配 1∶4 变压器（0～96V）；2—荷重（$1kg/cm^2$）；3—位移传感器；4—RO-2 型讯号源和 XWC-101 长图记录仪；5—室磨压杆；6—废气出口；7—DBC-311 差压变送器；8—XWC-101 记录仪；9—试样；10—石墨坩埚；11—观察孔；12—接样石墨坩埚；13—取样口；14—N_2 气或还原气入口；15—热电偶；16—二硅化钼炉；17—电子电位差温度记录仪；18—石墨压头

成分。

试验基本参数选择：矿石粒度、试样质量、还原气体成分与上述还原性测定的标准一样；坩埚内径 75mm；料层高度 60mm；试样荷重 $4.9N/cm^2$；还原气体压力维持在 5884～7845Pa 或 7845～9807Pa；还原气体标态流量大于或等于 15L/min 升温速度；200～900℃段为 10℃/min，1200～1500℃段为 5℃/min，900～1200℃段主要是高温还原，可根据还原度指标 80％～90％来确定此段的时间和升温速度。

试验指标：一般将料层收缩率为 4％和 40％时的温度作为软化开始和软化终了温度，还原气体压力急剧上升的拐点为熔化开始温度，料层收缩 100％为熔化终了温度。也可将软化终了和熔化开始温度合为一个。

测定要点：除按上述粒度和质量要求准备好试样外，另称取 50g、10～15mm 的焦炭颗粒。分层装入石墨坩埚内：焦粒装在料层底部和顶部，矿粒装于焦炭层之间。焦炭除起直接还原和渗碳作用外，底层焦炭还起气体热交换、调整试样高度和保持渣、铁滴落的作用。装毕料后，将坩埚放入熔滴炉内，装好石墨压头、压下杆和荷重，再通电升温和还原气体还原。过程中的有关测定参数和还原气体成分都自动记录和分析显示出来，从而完成铁矿石软化性、熔滴性及透气阻力的测定任务。试验结束后，通 N_2 冷却。

我国尚无统一的标准，现将应用较多的北京科技大学设定的方法列于表 7-1。

表 7-1 铁矿石荷重软化和熔滴性能测定方法的工艺参数

工艺参数	荷重软化性能测定	熔融滴落性能测定
反应管尺寸/mm	ϕ19×70(刚玉质)	ϕ48×300(石墨质)
试样粒度/mm	2～3(预还原后破碎)	10～12.5
试样量	反应管内 20m 高	反应管内 65mm±5mm 高
荷重/(N/cm^2)	0.5×9.8	9.8
还原气体成分	中性气体(N_2)	30%CO+70%N_2
还原气体量/(L/min)	1(N_2)	12
升温速度/(℃/min)	10(0～900℃) 5(>900℃)	10(950℃，恒温 60min) 5(>950℃)
过程测定	试样高度随温度的收缩率	试样的收缩值、差压、熔滴带温度、滴下物
结果表示	T_{BS}：开始软化温度(收缩 4%) T_{BE}：软化终了温度(收缩 40%) ΔT_B：软化温度区间	T_S：开始熔融温度 T_D：开始滴落温度 $\Delta T=T_D-T_S$：熔滴区间 Δp_{max}：最大差压值/×9.8Pa S：熔滴性能特征值 $S=\int(\Delta p_m-\Delta p_S)\cdot dT$ 残留物质量

目前除宝钢已将还原度和低温还原粉化率作为烧结矿的日常考核指标外，铁矿石的高温冶金性能均只用于实验研究。根据大量研究认为，在今后一定时期内，铁矿石的高温性能应努力达到：900℃的还原度应大于或等于 65%；低温还原粉化率 $RDI_{-3.0}$ 应低于 30%；烧结矿、球团矿的开始软化温度高于 1100℃，开始熔融和滴落的温度分别高于 1350℃和低于 1500℃；球团矿的还原膨胀率低于 20%。

(10) 测定焦炭的反应性和抗磨性　焦炭强度对高炉顺行起决定性作用，因为软熔带以下的高温区焦炭是唯一存在的固体，是保证该区料柱透气性的骨架。强度差的焦炭易产生焦粉，会影响高炉的顺行；另外焦粉进入炉渣后使其流动性降低，导致炉缸堆积，使风口大量烧坏。

焦炭的强度包括冷强度和热强度，对高炉冶炼起关键作用的是焦炭的热强度。因此，测定焦炭的反应性和抗磨性，对于改善焦炭的质量并进而提高炼铁产量和质量具有十分重要的意义。

称取一定质量的焦炭试样，置于反应器中，在 (1100±5)℃时与 CO_2 反应 2h 后，以焦炭质量损失的百分数表示焦炭反应性（CRI%）。

反应后的焦炭，经Ⅰ型转鼓试验后，大于 10mm 粒级焦炭占反应后焦炭的质量分数，表示反应后强度（CSR%）。

实验设备包括电阻丝炉，反应器，热电偶，计算机控温系统，CO_2 气瓶一个，N_2 瓶一个，反应后强度测定所用的Ⅰ型转鼓及其控制器，圆孔筛（ϕ25、ϕ21、ϕ18、ϕ15、ϕ10、ϕ5、ϕ3、ϕ1 各 1 个），电子天平，电吹风、烧箱等。电炉、反应器、Ⅰ型转鼓的示意图分别见图 7-13、图 7-14 和图 7-15。

取大于 25mm 的焦炭弃去（泡焦和炉头焦），破碎至小于 25mm，用 ϕ21mm 圆孔筛筛分，取 ϕ21mm 筛上物。去掉片状焦和条状焦，缩分得焦块 2kg，分两次（每次 1kg）置于Ⅰ型转鼓中，以 20r/min 的转速，转 50r，取出后再用 ϕ21mm 的圆孔筛进行筛分，将筛上

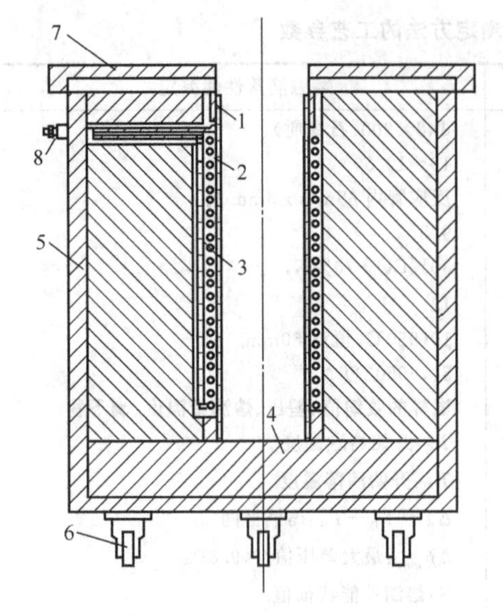

图 7-13 电炉示意图

1—高铝外丝管；2—铁铬铝炉丝；

3,4—硅酸铝纤维棉；5—炉壳；6—脚轮；

7—炉盖；8—绝缘子

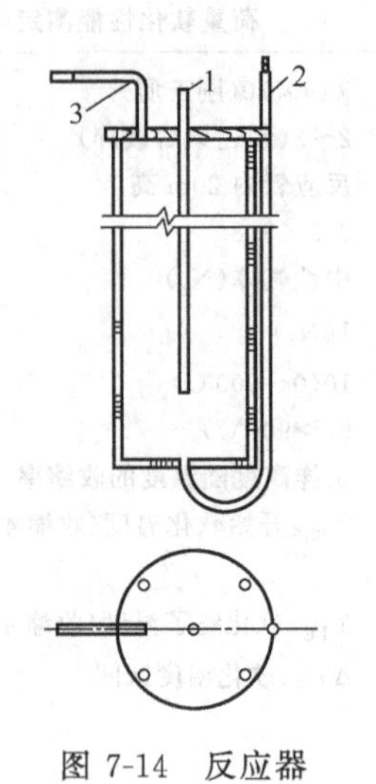

图 7-14 反应器

1—中心热电偶管；2—进气管；

3—排气管

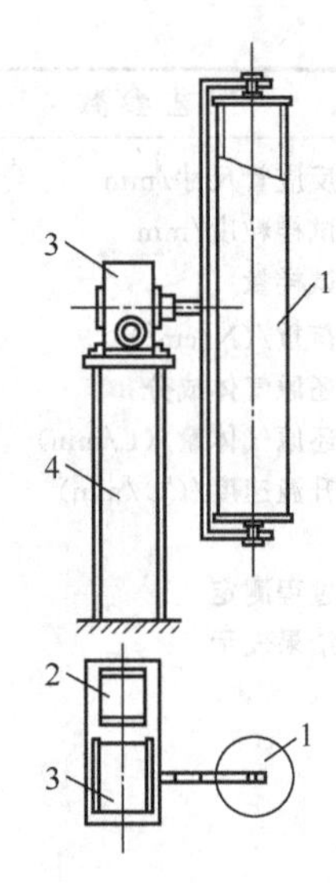

图 7-15 Ⅰ型转鼓

1—鼓体；2—马达；

3—减速机；4—机架

物缩分出 900g 作为试样。

在烘箱内，在 170～180℃的温度下烘 2h 以上，取出焦炭冷却至室温，用四分法将试样分成四份，每份不少于 220g。称取（200±0.5）g 记为 m，待用；然后将其余试样放入干燥瓶中备用。在反应器底部铺一层高约 100mm 的高铝球，上面平放筛板。然后装入以备好的焦炭试样（200±0.5）g。注意装样前调整好高铝球高度，使反应器内焦炭层处于电炉恒温区内，然后将反应器放入炉中。通 0.8L/min N_2 保护。按给定曲线升温，升温速度为 8～16℃/min。当料层温度达 1100℃时，切断 N_2，改通 CO_2，流量为 5L/min，反应 2h。反应 2h 后，停止加热。切断 CO_2，改通 N_2，流量为 2L/min。当冷却到 100℃以下时，停止通 N_2，打开反应器上盖，倒出焦炭称量记为 m_1。将反应后焦炭全部倒入Ⅰ型转鼓内，以 20r/min 的转速共转 30min 后取出，然后取出用 10mm 的圆孔筛筛出大于 10mm 的焦炭，称量为 m_2。

焦炭反应性和反应后强度分别按下式计算：

$$CRI(\%)=\frac{m-m_1}{m}\times 100\% \tag{7-10}$$

$$CSR(\%)=\frac{m_2}{m_1}\times 100\% \tag{7-11}$$

式中 m——焦炭试样质量，g；

m_1——反应后残余焦炭质量，g；

m_2——转鼓后大于 10mm 粒级焦炭质量，g。

7.3 高炉炉料结构

炉料结构就是指炉料组成，高炉炉料结构是否合理，对其生产率、燃料消耗和整个经济效益有直接而重要的影响。

从国内外生产实践的情况看，获得良好冶炼效果的炉料组成并无特定的模式，但在一定的条件下，它有其最佳的搭配方式。可以认为，所谓合理的炉料结构，它是符合本国、本企业的实际情况，能获得较高的生产率、较低的燃料消耗和良好经济效益的炉料结构。

高炉炉料结构合理化不仅是含铁炉料的搭配模式的优化，还应该包括各种含铁炉料自身性能的优化。烧结矿、球团矿和块矿是高炉的基本含铁炉料，高质量的烧结矿、球团矿和块矿可以改善高炉的冶炼条件，有利于高炉顺行和生铁产量、质量的提高，但是质量差的烧结矿、球团矿和块矿就会给高炉生产带来很多问题，严重恶化高炉的经济指标，限制高炉炼铁的发展。含铁炉料质量好坏与其矿物组成、化学成分和矿物之间的结构特征有着密切联系。所以研究烧结矿、球团矿和块矿冶炼性能，以及研究影响含铁炉料冶炼性能的因素及寻找改善其质量的措施具有重要的意义。

烧结矿、球团矿和天然块矿各有其特点，就烧结矿而论，不同类型的烧结矿的性质大不相同。普通酸性烧结矿强度较好，而其还原性相对较差。高碱度烧结矿由于其良好的还原性与强度，已成为合理炉料的主要部分。但高炉炼铁全用高碱度烧结矿，会使炉渣碱度太高，高炉生产会出现困难。所以，用高碱度烧结矿炼铁必须要搭配酸性球团矿或适当比例天然块矿。同理，块矿和其他酸性炉料与高碱度烧结矿搭配也有一个合适比例的问题，各企业可通过熔滴试验研究和工业试验来确定。

目前，国内外大多数高炉都是采用2～3种炉料进行冶炼，并取得了较好的技术经济效果。炉料中大部分为烧结矿，约占60%以上，主要是高碱度烧结矿，只有前苏联还生产较多的自熔性烧结矿。其次是球团矿，约占20%～25%，主要是酸性球团矿，日本、巴西、前苏联等还生产少部分低碱度或自熔性球团矿。天然块矿约占15%～20%，天然矿配比较高的是出产高品位天然块矿较多的澳大利亚等国。目前国内外常见的几种高炉炉料结构类型如下。

① 以高碱度烧结矿为主，配天然块矿；

② 以高碱度烧结矿为主，配酸性球团矿；

③ 以高碱度烧结矿为主，配酸性炉料（包括硅石、天然块矿或球团矿）；

④ 高、低碱度烧结矿搭配使用；

⑤ 以球团矿为主，配高碱度烧结矿或超高碱度烧结矿。

(1) 日本高炉炉料结构　日本高炉原料以高碱度烧结矿为主。1989年烧结矿用量达76.9%，并配以15.6%的块矿和7.5%的球团矿。1979年球团矿配比最高，达14.0%，故熟料比也最高，达89.8%。1980年后，由于重油价格上涨，球团矿售价高，为降低生铁成本，而逐年减少球团矿用量，增加天然块矿用量，至1985年熟料比降至83.7%，并维持在84%左右的水平。

同时，日本又开发了球团烧结法，即HPS法，大量使用价格便宜的细精矿作为烧结原料，1989年于改造后的福山5号烧结机上正式投产，取得了较好的技术经济效果。

(2) 我国高炉炉料结构的优化　高炉炉料结构优化的主要措施是淘汰了自熔性烧结矿，生产高碱度烧结矿；大量进口高品位（TFe含量大于64%）块矿，少量进口酸性球团矿；大力发展竖炉、带式机和链箅机-回转窑球团。开发新型酸性炉料——酸性球团烧结矿。使我国形成了以高碱度烧结矿为主（约82%），块矿（约11%）和酸性球团矿（约7%）为辅的新型炉料结构。较典型的高炉炉料结构有以下几种主要类型。

① 宝钢型　典型的日本高炉炉料结构，酸性炉料以块矿为主、球团为辅是为了降低进口原料的单价。唐钢二铁厂基本上也属于此类型。

② 梅山型　与澳大利亚的部分高炉炉料结构类似。酸性炉料只用天然块矿，为了提高人造富矿率，必须降低烧结矿碱度至1.6左右，同时对入炉块矿的冶金性能要求较高。

③ 包钢型　酸性炉料以球团矿为主，辅以少量天然块矿。该炉料结构在人造富矿质量较好的情况下，对天然块矿冶金性能的要求不必太高。本钢二铁厂、太钢也属此类型。

④ 鞍钢冷矿型（2000年前）　酸性炉料为球团矿，配比以25%～30%为佳。

⑤ 酒钢型　酸性炉料为低碱度球团烧结矿，该炉料结构为国内首创，1999～2000年鞍钢热矿高炉亦属此类型。需进一步改善酸性球团烧结矿的高温冶金性能。

(3) 炉料结构的确定　炉料结构的确定主要是根据企业铁矿石（包括烧结矿、球团矿、富块矿）的供应情况而定。近几年为追求较低成本，优质生矿比例有上升趋势，熟料比有所下降，但基本原则应该保证生产的烧结矿与球团矿用完。铁矿石配比的确定应以不加石灰石为前提，根据各企业的原料情况，当熟料率为100%，则根据高炉渣碱度平衡求出烧结矿与球团矿的配比；需配块矿时则假设其中一种矿石配比（如块矿入炉比例），再确定其他两种（如烧结矿与球团矿的配比）。

若高炉只采用烧结矿和球团矿，根据原料条件，假设烧结矿的配比为x，则球团矿的配比为$(1-x)$。再按照生产经验确定炉渣碱度$R_{渣}$（$R_{渣}=1.05\sim1.15$），然后根据碱度平衡求出x。

$$R_{渣}=\frac{xw(\mathrm{CaO}_{烧})+(1-x)w(\mathrm{CaO}_{球})+QK_{焦}\ w(\mathrm{CaO}_{焦})+QK_{煤}\ w(\mathrm{CaO}_{煤})-0.85\times1.75w(\mathrm{S}_{料})}{xw(\mathrm{SiO}_{2烧})+(1-x)w(\mathrm{SiO}_{2球})+QK_{焦}\ w(\mathrm{SiO}_{2焦})+QK_{煤}\ w(\mathrm{SiO}_{2煤})-2.14Qw(\mathrm{Si})} \tag{7-12}$$

式中　$w(\mathrm{CaO}_{烧}),w(\mathrm{CaO}_{球}),w(\mathrm{CaO}_{煤}),w(\mathrm{CaO}_{焦})$——烧结矿、球团矿、煤粉和焦炭的CaO的百分含量，%；

$w(\mathrm{SiO}_{2烧}),w(\mathrm{SiO}_{2球}),w(\mathrm{SiO}_{2煤}),w(\mathrm{SiO}_{2焦})$——烧结矿、球团矿、煤粉和焦炭的$SiO_2$的百分含量，%；

$w(\mathrm{S}_{料})$——原料中硫的含量，%；

$K_{焦},K_{煤}$——高炉焦比和煤比，t；

Q——单位重量（如1t）的混合矿所能生产的生铁量，如果假设焦、煤带入的铁和进入炉渣和炉尘的铁相等，即有

$$Q=\frac{xw(\mathrm{Fe}_{烧})+(1-x)w(\mathrm{Fe}_{球})}{w(\mathrm{Fe})} \tag{7-13}$$

式中　$w(\mathrm{Si})$——生铁中Si含量，%；

$w(\mathrm{Fe})$——生铁中Fe含量，%。

7.4 当前我国铁矿石来源与高炉技术经济指标

2007～2011年我国铁矿石自产量、进口量、生铁产量及高炉主要技术指标见表7-2和

表 7-3。2011 年我国产铁 1000 万吨以上的企业其生产技术指标取得显著进步（见表 7-4）。以宝钢为代表，其炼铁部分经济技术指标达到或接近了国际先进水平。

表 7-2　我国铁矿石自产量、进口量和生铁产量/(亿吨/年)

年份/年	2007	2008	2009	2010	2011
生铁产量	4.6944	4.6988	5.4374	5.9021	6.2970
自产铁矿石	7.70	8.24	8.6272	10.440	13.270
进口铁矿石	3.7310	4.4413	6.2812	6.180	6.860

表 7-3　2007～2011 年我国高炉生产主要技术指标

年份	利用系数 /(t/m³·d)	焦比 /(kg/t)	煤比 /(kg/t)	燃料比 /(kg/t)	风温 /℃	入炉矿品位 /%	熟料率 /%	劳动生产率 /(吨/年·人)
2007	2.67	392	137	529	1125	57.71	92.49	3669
2008	2.61	396	136	532	1133	57.32	92.68	3925
2009	2.62	374	145	519	1158	57.62	91.38	4482
2010	2.59	369	149	518	1160	57.41	91.69	4715
2011	2.53	374	148	522	1179	56.98	92.21	5050

表 7-4　2011 年我国部分企业高炉经济技术指标

企业	产量 /万吨	焦比 /(kg/t)	煤比 /(kg/t)	燃料比 /(kg/t)	利用系数 /(t/m³·d)	入炉品位 /%	熟料率 /%	风温 /℃	休风率 /%	合格率 %
宝钢	2377.61	306	164	470	2.254	59.59	83.16	1205	1.682	100
鞍钢	2196.59	341	156	497	2.109	59.14	94.96	1174	1.578	100
首钢	1072.36	326	150	476	2.322	58.34	90.61	1217	1.500	100
武钢	1735.04	328	173	501	2.538	58.31	86.95	1155	1.257	100
唐钢	1650.55	342	160	502	2.408	58.41	90.41	1178	2.198	100
本钢	1674.74	409	129	538	2.612	58.53	96.46	1065	1.313	100
马钢	1604.68	361	137	498	2.344	57.89	90.41	1083	0.945	99.26
沙钢	1644.73	346	151	497	2.644	58.53	86.05	1132	0.826	100
莱钢	1448.78	369	164	533	2.539	55.76	96.07	1165	0.786	100
包钢	1035.90	429	123	552	2.161	59.20	94.14	1092	0.586	100
邯钢	1019.52	338	135	473	2.542	58.60	85.02	1185	0.515	100

思　考　题

1. 生球的抗压强度、落下强度、破裂温度表示什么意思？如何测定？怎样表示？

2. 烧结矿和球团矿的转鼓强度如何测定？

3. 铁矿石的还原性、低温还原粉化性和球团矿的还原膨胀性的测定原理是怎样的？各用什么指标表示？

4. 铁矿石的软熔性如何测定？怎样表示？

5. 合理炉料结构主要有哪几种形式？如何确定炉料结构？

参考文献

[1] 张一敏. 球团理论与工艺. 北京：冶金工业出版社，2002.
[2] 罗吉敖. 炼铁学. 北京：冶金工业出版社，1992.
[3] 贺友多. 炼铁学. 北京：冶金工业出版社，1980.
[4] 傅菊英. 烧结球团学. 长沙：中南工业大学出版社，1996.
[5] 薛俊虎. 烧结生产技能知识问答. 北京：冶金工业出版社，2003.
[6] 周传典. 高炉炼铁生产技术手册. 北京：冶金工业出版社，2002.
[7] 卢宇飞. 炼铁工艺. 北京：冶金工业出版社，2006.
[8] 王晓琴. 炼焦工艺. 北京：化学工业出版社，2005.
[9] 郑明东，水恒福，崔平. 炼焦新工艺与技术. 北京：化学工业出版社，2006.
[10] 王筱留. 钢铁冶金学（炼铁部分). 北京：冶金工业出版社，2006.
[11] 杨华明，邱冠周，唐爱东. $CaCl_2$ 对烧结矿 RDI 的影响 [J]. 中南工业大学，1998，29（3）：229-230.
[12] E. Φ. 唯格曼等. 炼铁学. 北京：冶金工业出版社，1993.
[13] 吴胜利，刘宇，杜建新等. 铁矿石的烧结基础特性之新概念，北京科技大学学报，2002，24（3）：254-257.
[14] 叶匡吾. 高炉炉料结构与精料，烧结球团，2001，26（3）：6-7.
[15] 张玉柱，冯向鹏，李振国. 提高低硅烧结矿强度的研究及在生产上的应用 [J]. 钢铁，2004，39（8）：39-40.
[16] 同岗洋次郎 CaO/SiO_2 和 MgO 对烧结矿高温性能的影响 [J]. 铁与钢，1981，67（4）：23-25.
[17] 许满兴. 论工艺参数对烧结产质量的影响及分析 [J]. 烧结球团. 2003，(5)：13.
[18] 刘传伟，陈凤英. 浅谈进口铁矿与中国钢铁工业的关系. 2004 年全国烧结球团技术交流年会论文集：15-18.
[19] 刘竹林，陈子林，汤乐云. 烧结工艺优化的试验研究 [J]. 钢铁，2006，41（5）：15-19.
[20] 刘竹林，高泽平. 湘钢高炉炉料结构优化试验研究 [J]. 烧结球团，2002，27（3）：12-15.
[21] 成兰伯. 高炉炼铁工艺及计算. 北京：冶金工业出版社，1999.
[22] 许满兴. 论新世纪球团矿的质量进步 [J]. 烧结球团，2000，25（6）：14.
[23] 薛正良. 钢铁冶金概论. 北京：冶金出版社，2008.
[24] 傅菊英，朱德庆. 铁矿氧化球团基本原理. 工艺及设备. 长沙：中南大学出版社，2005.